物联网深度学习

[印] 穆罕默德·阿巴杜尔·拉扎克　著

郝艳杰　译

清华大学出版社

北　京

内 容 简 介

本书详细阐述了与物联网深度学习相关的基本解决方案，主要包括物联网生态系统、物联网深度学习技术和框架、物联网中的图像识别、物联网中的音频/语音/声音识别、物联网中的室内定位、物联网中的生理和心理状态检测、物联网安全、物联网的预测性维护、医疗物联网中的深度学习等内容。此外，本书还提供了相应的示例、代码，以帮助读者进一步理解相关方案的实现过程。

本书适合作为高等院校计算机及相关专业的教材和教学参考书，也可作为相关开发人员的自学教材和参考手册。

图书在版编目（CIP）数据

物联网深度学习 /（印）穆罕默德·阿巴杜尔·拉扎克著；郝艳杰译. —北京：清华大学出版社，2021. 2
书名原文：Hands-On Deep Learning for IoT
ISBN 978-7-302-57079-0

Ⅰ. ①物… Ⅱ. ①穆… ②郝… Ⅲ. ①物联网 Ⅳ. ①TP393. 4 ②TP18

中国版本图书馆 CIP 数据核字（2020）第 251127 号

责任编辑：贾小红
封面设计：刘 超
版式设计：文森时代
责任校对：马军令
责任印制：刘海龙

出版发行：清华大学出版社
网 址：http://www.tup.com.cn，http://www.wqbook.com
地 址：北京清华大学学研大厦 A 座 **邮 编：**100084
社 总 机：010-62770175 **邮 购：**010-62786544
投稿与读者服务：010-62776969，c-service@tup.tsinghua.edu.cn
质量反馈：010-62772015，zhiliang@tup.tsinghua.edu.cn
印 装 者：三河市金元印装有限公司
经 销：全国新华书店
开 本：185mm×230mm **印 张：**17.5 **字 数：**347 千字
版 次：2021 年 2 月第 1 版 **印 次：**2021 年 2 月第 1 次印刷
定 价：109.00 元

产品编号：085828-01

译 者 序

2020 年 1 月，一场突如其来的疫情袭击了中国，武汉封城，全国居民被劝阻宅在家中，然后是火神山医院迅速开建，无数医护人员、解放军战士、建筑工人、物流大军源源不断地逆行支援武汉，最终，在全球媒体和网民的围观之下，中国完成了诸多“不可能的任务”，在 10 天之内完成了火神山医院的建设，在两个月内基本斩断了病毒传播的链条，控制住了疫情的发展，取得了抗疫战争的史诗般胜利。

对照此后疫情在欧美诸国的发展，我们认为，中国之所以能取得抗疫战争的胜利，有 3 个重要的因素：一是中央政府的果断决策和全国民众的积极配合；二是全国支援湖北，兄弟同心，其利断金；三是发达的物联网和物流配送系统。

全国范围内的病毒大数据分析系统，追踪到个人的感染检测和同乘路线记录，确保了患者的“应收尽收、应治尽治”；畅通的网络购物和物流系统、智能配送机器人确保人们能安心地宅在家中。如果没有这些软硬件的发展，精准定位病毒感染者就是一句空话，将 1500 万人完全隔绝在家也是不可能做到的，而让 14 亿人宅在家中更是天方夜谭。可以说，这次疫情充分映照了中国科技产业的发展成果，也凸显了物联网软硬件建设的重要性。

物联网和深度学习技术的结合是新兴的产业发展趋势和客观需求。本书深入介绍了物联网生态系统、物联网深度学习技术和框架，并通过一些实际用例详细介绍了基于深度学习的物联网应用的开发，包括基于物联网图像识别技术的道路故障检测系统和固体垃圾分类系统、基于语音识别技术的智能灯和家庭门禁系统、使用 WiFi 指纹进行室内定位、基于物联网中的生理和心理状态检测的远程理疗进度监控和智能教室、物联网中的智能主机入侵检测和基于流量的智能网络入侵检测、飞机燃气涡轮发动机的预测性维护、慢性病的远程管理和痤疮检测等。这些用例对现实物联网应用的开发具有启示意义。

在翻译本书的过程中，为了更好地帮助读者理解和学习，本书以中英文对照的形式保留了大量的术语，这样的安排不但方便读者理解书中的代码，而且也有助于读者通过网络查找和利用相关资源。

本书由郝艳杰翻译，陈凯、马宏华、黄刚、唐盛、黄永强、黄进青、熊爱华等也参与了本书的部分翻译工作。由于译者水平有限，错漏之处在所难免，在此诚挚欢迎读者提出任何意见和建议。

前　言

在物联网（Internet of Things，IoT）时代，大量的传感设备会随着时间的推移而收集并生成各种传感数据，以用于各种应用。这些数据主要由基于应用的大型、快速和实时流组成。与此类大数据或数据流相关分析的使用对于学习新信息、预测未来见解，以及做出明智的决定至关重要，这使得物联网成为一种有价值的商业模式和提高生活质量的技术。

本书将详细介绍被称为深度学习（Deep Learning，DL）的高级机器学习技术，它可以促进各种物联网应用中的数据分析和学习。本书的实际用例涉及数据收集、分析、建模和模型的性能评估，以及各种物联网应用和部署的设置，基本上涵盖了每个实现的全部过程。

通过这些实际用例，读者将了解到如何训练卷积神经网络（CNN），以开发基于图像的道路故障检测和智能固体垃圾分离的应用程序，以及实现由语音启动的智能灯光控制和由循环神经网络（RNN）驱动的家庭门禁系统。读者将了解到如何使用自动编码器和长短期记忆（LSTM）网络掌握室内定位、预测性维护技术和用于大型医院的设备定位的物联网应用等。此外，读者还将学习到具有增强的物联网安全性的医疗保健物联网应用程序的开发技术。

总之，在阅读完本书之后，相信读者会对为具有物联网功能的设备开发复杂的深度学习应用有较为深入的理解，站在新技术腾飞的起点上。

最后我们想说的是，本书以模块化形式编写，因此读者完全可以直接翻到自己感兴趣的内容或想要完成的实际用例进行阅读，当然也可以通读全书以激发自己的灵感。谢谢！祝你阅读愉快！

本书读者

本书适用于希望借助 TensorFlow、Keras 和 Chainer 的强大功能，使用深度学习技术来分析和理解物联网生成的大数据和实时数据流的读者。如果你想构建自己广泛的物联网应用，使它们可以有效运行，并且可以对未来明智决策进行预测，那么本书就是你需要的！因此，本书主要面向的是物联网应用开发人员、数据分析人员，以及在复杂的数值计算方面没有太多的知识背景，但是却很想知道深度学习的真正含义的深度学习爱好者。

内容介绍

本书采用了模块化编写形式，全书共分为 3 篇 10 章。

- 第 1 篇为“物联网生态系统、深度学习技术和框架”，包括第 1 章和第 2 章。
  - 第 1 章“物联网生态系统”，将讨论物联网的端到端生命周期及其相关概念和组成部分，以及需要在物联网中使用深度学习的物联网数据的关键特征和问题。此外，本章还将讨论物联网中分析的重要性以及在数据分析中使用深度学习的动机。
  - 第 2 章“物联网深度学习技术和框架”，将详细阐释深度学习框架和平台的基本概念，它们在后面的所有章节中都是有用的。本章首先将简要介绍机器学习（ML）；然后，将转到深度学习，它是机器学习的一个分支，并基于一组试图对数据中的高级抽象建模的算法；接着本章将简要讨论一些广泛使用的神经网络框架；最后，我们将探讨深度学习框架和库的各种功能，这些功能将用于在支持物联网的设备上开发深度学习应用程序。
- 第 2 篇为“物联网深度学习应用开发”，包括第 3～7 章。
  - 第 3 章“物联网中的图像识别”，将介绍物联网中图像数据处理应用程序的开发。在本章的第一部分中，将简要描述不同的物联网应用及其基于图像检测的决策。此外，本章还将简要讨论两种物联网应用程序及其在实际场景中基于图像检测的实现。在本章的第二部分中，将详细介绍使用深度学习算法的图像检测应用的实现。
  - 第 4 章“物联网中的音频/语音/声音识别”，在本章的第一部分中，将介绍不同的物联网应用及其基于音频/语音识别的决策。此外，本章还将简要讨论两个物联网应用以及它们在实际场景中的基于语音/语音识别的实现。在本章的第二部分中，将详细介绍使用深度学习算法的音频/语音检测应用的实现。
  - 第 5 章“物联网中的室内定位”，将通过一个用例，讨论如何将深度学习技术用于物联网应用中的室内定位。本章将讨论如何从设备中收集数据，例如通过使用深度学习模型分析 WiFi 指纹数据来预测设备或用户在室内环境中的位置。此外，本章还将讨论物联网环境中室内定位服务的一些部署设置。
  - 第 6 章“物联网中的生理和心理状态检测”，将介绍常用于物联网应用的基于深度学习的人类生理和心理状态检测技术。本章的第一部分基于生理和心理状态的检测将简要描述不同的物联网应用及其决策能力。此外，本章还将简要讨论两个物联网应用程序，以及它们在实际场景中的基于生理和心理状态检测的实现。在本章的第二部分中，将详细介绍使用深度学习算法的生理和心理状态检测应用的实现。

- 第 7 章“物联网安全”，将详细介绍基于深度学习的网络和设备的行为数据分析，以及一般物联网应用的安全事件检测技术。本章的第一部分将简要介绍各种物联网安全攻击及其潜在的检测技术，包括基于深度学习/机器学习的攻击。此外，本章还将详细讨论两个物联网用例，在这些用例中，可以通过基于深度学习的异常检测技术来智能地自动检测安全攻击（例如 DoS 攻击和 DDoS）。在本章的第二部分中，将提供两个基于深度学习的安全事件检测用例相应的实现。

- 第 3 篇为“物联网高级分析”，包括第 8～10 章。
  - 第 8 章“物联网的预测性维护”，将介绍如何使用 Turbofan Engine Degradation Simulation（涡扇发动机退化模拟）数据集为物联网的预测性维护开发深度学习解决方案。预测性维护的思想是确定是否可以预测各种类型的故障模式。本章还将讨论如何从具有物联网功能的设备中收集数据以进行预测性维护。
  - 第 9 章“医疗物联网中的深度学习”，将从总体上介绍基于深度学习的医疗物联网解决方案。本章的第一部分将简要介绍物联网在医疗保健中的不同应用，然后将详细讨论两个用例，它们都是可以通过深度学习改进医疗服务或支持医疗服务自动化的物联网解决方案。在本章的第二部分中，将详细介绍这两个用例中基于深度学习的医疗事件或疾病检测部分的实现经验。
  - 第 10 章“挑战和未来”，将对前几章的内容进行总结。然后，将讨论现有深度学习技术在资源有限的物联网设备和嵌入式物联网环境的开发和实现中面临的主要挑战以及示例。最后，本章还将总结许多现有解决方案，并指出某些问题可能的解决方向，这些方向的发展可以填补基于深度学习的物联网分析的现有空白。

充分利用本书

本书用例中模型的训练是在 PC 上完成的，作者的 PC 配置为 Intel Xenon CPU E5-1650 v3@3.5 GHz 和 32 GB RAM（具有 GPU 支持），所以，读者应该拥有不低于该配置的 PC

和 Raspberry Pi 3 平台。此外，读者还应该具有一些 Python 及其库的基本知识，例如 pandas、NumPy、Keras、TensorFlow、scikit-learn、Matplotlib、Seaborn、OpenCV 和 Beautiful Soup 4 等，这将有助于理解本书中的所有概念。

下载示例代码文件

读者可访问 www.packtpub.com 以下载本书的示例代码文件。具体步骤如下：

（1）登录或注册 www.packtpub.com。

（2）选择 Support（支持）选项卡。

（3）单击 Code Downloads & Errata（代码下载和勘误表）。

（4）在 Search（搜索）框中输入图书名称 *Hands-On Deep Learning for IoT*，然后按照屏幕上的说明进行操作。

下载文件后，请确保使用最新版本解压缩或解压缩文件夹：

- WinRAR/7-Zip（Windows 系统）
- Zipeg/iZip/UnRarX（Mac 系统）
- 7-Zip/PeaZip（Linux 系统）

该书的代码包也已经在 GitHub 上托管，对应的网址如下：

https://github.com/PacktPublishing/Hands-On-Deep-Learning-for-IoT

如果代码有更新，则也会在现有 GitHub 存储库上更新。

下载彩色图像

由于黑白印刷的缘故，本书部分图片可能难以辨识颜色差异，为此我们提供了一个 PDF 文件，其中包含本书使用的屏幕截图/图表的彩色图像。读者可以通过以下地址下载：

https://www.packtpub.com/sites/default/files/downloads/9781789616132_ColorImages.pdf

本书约定

本书中使用了许多文本约定。

（1）CodeInText：表示文本中的代码字、数据库表名、文件夹名、文件名、文件扩展名、路径名、虚拟URL、用户输入和Twitter句柄等。以下段落就是一个示例：

```
对于开发人员来说，如果想要轻松完成任务，则可以考虑使用 pandas_profiling 库。有关该库的详细信息，请访问以下网址：
https://github.com/pandas-profiling/pandas-profiling
```

（2）有关代码块的设置如下：

```
# 导入所需的模块
import urllib
from bs4 import BeautifulSoup
from selenium import webdriver
import os, os.path
import simplejson
```

（3）当希望引起读者对代码块的特定部分的注意时，相关的行或项目以粗体显示。示例如下：

```
import pandas as pd
import numpy as np
import tensorflow as tf
from sklearn.preprocessing import scale
from keras.models import Sequential
```

（4）任何命令行输入或输出都采用如下所示的粗体代码形式：

```
$ mkdir css
$ cd css
```

（5）本书还使用了以下两个图标：

表示警告或重要的注意事项。

表示提示或小技巧。

关 于 作 者

Mohammad Abdur Razzaque 博士是英国提赛德大学计算机与数字技术学院的高级讲师。他在分布式系统（物联网、P2P 网络和云计算）方面拥有超过 14 年的研发和教学经验，并且非常熟悉网络安全方面的知识。他是端到端（从传感器到云）物联网解决方案的专家，并一直在提供物联网解决方案和企业中机器学习技术使用方面的咨询服务。此外，他还在这些领域成功发表了 65 篇以上的研究论文。

他拥有都柏林大学计算机科学和信息学院的分布式系统（P2P 无线传感器网络、移动自组织网络）博士学位（2008 年）。

Rezaul Karim 博士是一位具有强大计算机科学背景的研究人员、作家和数据科学爱好者，并在机器学习、深度学习和数据挖掘算法方面拥有 10 年的研究和开发经验。他对应用机器学习、知识图谱和可解释的人工智能（eXplainable Artificial Intelligence，XAI）充满热情，并一直尝试通过使生物信息可解释来解决生物信息研究方面的问题。

目前，他在德国 Fraunhofer FIT 担任研究科学家。他还是德国亚琛工业大学的博士学位候选人。加入 FIT 之前，他曾在爱尔兰数据分析见解中心担任研究员。在此之前，他曾在韩国三星电子担任首席软件工程师。

关于审稿者

Vasilis Tzivaras 是一位富有进取心和热情的计算机工程师，他是一名自由职业者。他在 IEEE UOI SB 担任主席约有 4 年，具有很强的沟通和领导能力。他在 Web 开发和渗透测试方面拥有超过 5 年的经验，并且已经执行了涉及最新技术和框架的多个项目。他对机器人技术的热情推动了四旋翼飞行器和移动机器人的发展。他还实现了能够进行用户交互和自助程序的 DIY 自助家庭系统。此外，他还是 *Building a Quadrotor with Arduino and Raspberry Pi Zero W Wireless Projects* 一书的作者。

Ruben Oliva Ramos 是 Instituto Tecnológico de León 的计算机系统工程师，拥有墨西哥瓜纳华托州 University of Salle Bajio in Leon 的计算机和电子系统工程、远程信息学和网络专业硕士学位。

Ruben Oliva Ramos 在使用 Web 框架和云服务构建物联网应用、开发用于控制和监视与 Arduino 和 Raspberry Pi 连接的设备的 Web 应用程序方面拥有 5 年以上的经验。他还是 *Internet of Things Programming with JavaScript, Raspberry Pi 3 Home Automation Projects* 一书的作者。此外，他在使用 Arduino 和 Visual Basic .NET for Alfaomega 进行监视、控制和数据采集方面也具有丰富的经验。

目　　录

第 1 篇　物联网生态系统、深度学习技术和架构

第 2 篇　物联网深度学习应用开发

第3篇　物联网高级分析

第 1 篇

物联网生态系统、深度学习技术和架构

本篇将介绍物联网（Internet of Things，IoT）生态系统，即物联网数据（即实时大数据）的关键特性。我们将详细解释为什么对于数据来说，分析（Analytics）很有必要，而对于分析来说，深度学习（Deep Learning，DL）又很重要。我们还将研究各种深度学习技术、它们的模型和架构，以及它们在物联网应用领域中的适用性。

本篇包括以下两章：

- 第 1 章　物联网生态系统
- 第 2 章　物联网深度学习技术和架构

第 1 章　物联网生态系统

通过实现对各种物理设备及其环境的轻松访问以及与之交互，物联网（IoT）将促进健康和医疗、智能能源管理和智能电网、运输、交通管理等各个领域的各种应用程序的开发。这些应用程序将生成大的实时/流数据，这将需要大数据分析工具来提取有用的信息并做出明智的决策。所谓的大数据分析工具当然也包括高级机器学习，例如深度学习（Deep Learning，DL）。我们需要了解物联网及其不同组成部分的端到端（End-to-End，E2E）生命周期，以便将高级机器学习技术应用于物联网应用程序生成的数据中。

本章将讨论物联网的端到端生命周期及其相关概念和组件，还将探讨其关键特征以及需要在物联网中使用深度学习的物联网数据问题。

本章将讨论以下主题：

- 物联网的端到端生命周期
- 物联网应用领域
- 在物联网中分析的重要性
- 在物联网数据分析中使用深度学习技术的动机
- 物联网数据的关键特征和要求

1.1　物联网的端到端生命周期

不同的组织和行业对物联网的描述不同。简单而切实的一种定义是：物联网是一个智能物体网络，它可以将物体和数字世界连接在一起。检查物联网解决方案（或者更通俗地说，物联网生态系统）的端到端生命周期，将有助于我们进一步了解它，并更好地理解它为什么适用于机器学习和深度学习。

与物联网的定义类似，在端到端生命周期或物联网架构方面，目前人们并没有达成共识。不同的研究人员已经提出了不同的架构或层，其中最常见的方案是三层和五层生命周期或架构，如图 1-1 所示。

图 1-1（a）显示了三层物联网生命周期或架构；而图 1-1（b）则显示了五层物联网生命周期或架构。

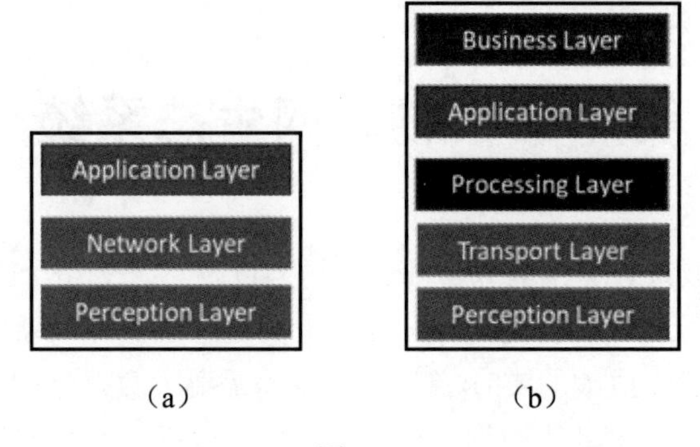

（a）　（b）

图 1-1

原　文	译　文	原　文	译　文
Application Layer	应用层	Business Layer	业务层
Network Layer	网络层	Processing Layer	处理层
Perception Layer	感知层	Transport Layer	传输层

1.1.1　三层物联网端到端生命周期

三层物联网端到端生命周期是物联网解决方案中最基本、使用最广泛的物联网生命周期。图 1-2 显示了医疗保健中的三层物联网端到端生命周期。

三层物联网端到端生命周期包括感知层、网络层和应用层 3 层。分别描述如下所示。

- 感知层（Perception Layer）：这是物理层或传感层，包括具有传感器的事物或设备，这些传感器将收集有关其环境的信息。在图 1-2 中可以看到，医疗保健中的物联网解决方案的端到端生命周期的感知层包括部署了传感器的患者、病床和轮椅。

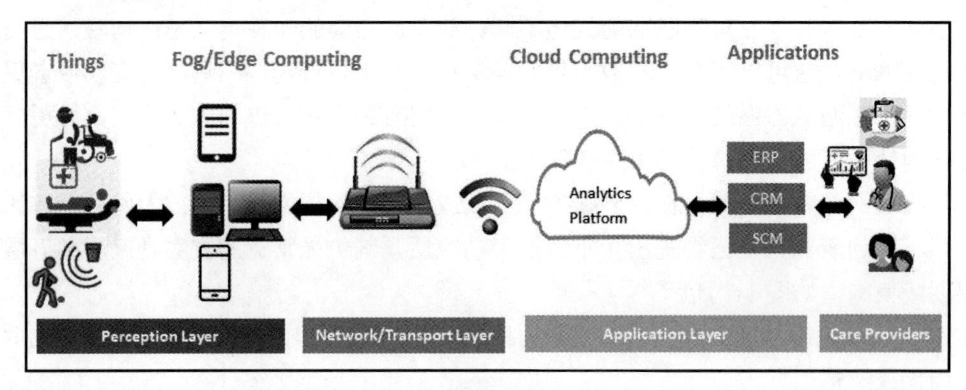

图 1-2

原　　文	译　　文	原　　文	译　　文
Things	事物	Perception Layer	感知层
Fog/Edge Computing	雾/边缘计算	Network/Transport Layer	网络/传输层
Cloud Computing	云计算	Application Layer	应用层
Applications	应用	Care Providers	医护人员
Analytics Platform	分析平台		

- 网络层（Network Layer）：该层负责连接到其他智能事物、网络设备和服务器。另外，该层还负责传输和处理传感器数据。
- 应用层（Application Layer）：该层负责根据传感器的数据向用户提供和特定应用相关的服务。它定义了可以在其中部署物联网的各种应用，例如智能家居、智慧城市和互联健康。

三层物联网端到端生命周期或架构定义了物联网的关键思想，但可能不足以进行研发，因为它们通常涉及物联网的各个方面，这就是为什么人们要提出其他生命周期或架构（如五层生命周期）的原因。

1.1.2　五层物联网端到端生命周期

五层物联网生命周期包括感知层、传输层、处理层、应用层和业务层。感知层和应用层的作用与三层架构中的作用相同，所以这里只介绍其余三层的功能，具体如下所示。

- 传输层（Transport Layer）：该层类似于三层生命周期的网络层。它通过无线、3G/4G/5G、LAN、蓝牙、RFID 和近场通信（Near Field Communication，NFC）等网络将在感知层中所收集的数据传输到处理层，反之亦然。
- 处理层（Processing Layer）：该层也被称为中间件层（Middleware Layer）。它将存储、分析和处理来自传输层的大量数据；它可以管理较低层并向其提供各种服务；它采用了许多技术，例如数据库、云计算和大数据处理模块。
- 业务层（Business Layer）：该层将管理整个物联网系统，包括应用程序、业务和利润模型以及用户隐私等。

1.1.3　物联网系统架构

理解物联网系统的架构对于开发应用程序来说非常重要。考虑不同计算平台级别（包括雾计算级别和云计算级别）的数据处理要求也很重要。考虑到许多物联网应用程序的关键性和时延敏感度（例如，图 1-2 中的医疗保健领域的物联网解决方案），雾计算对于这些应用程序至关重要。图 1-3 非常简要地介绍了雾计算（Fog Computing）的工作原理。

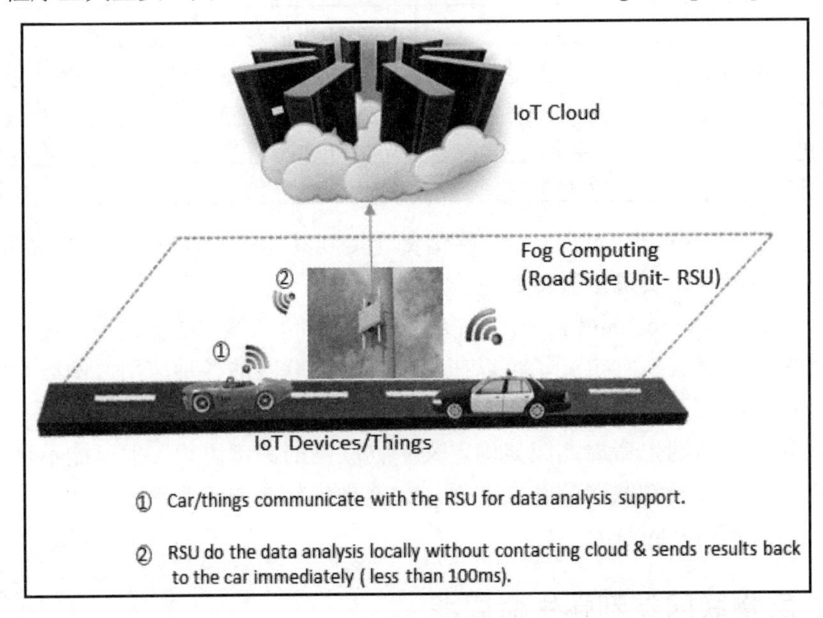

图 1-3

原　　文	译　　文
IoT Cloud	物联网云
Fog Computing(Road Side Unit-RSU)	雾计算（路侧单元-RSU）
IoT Devices/Things	物联网设备/事物
Car/things communicate with the RSU for data analysis support	汽车/事物与 RSU 通信以提供数据分析支持
RSU do the data analysis locally without contacting cloud & sends results back to the car immediately(less than 100ms)	RSU 在不接触云的情况下就地进行数据分析，并立即将结果发送回汽车（少于 100ms）

在图 1-3 中可以看到，在雾计算中，事物（如汽车）的数据不会移动到云中进行处理。通过这种方式，雾计算解决了物联网中云所面临的许多挑战（如高延迟、停机、安全性、隐私和信任），并提供了许多好处，如位置感知、低延迟、对移动性的支持、实时互动、可扩展性和业务敏捷性。图 1-4 显示了雾计算的协议分层架构。

在图 1-4 中可以看到，雾计算架构或包含物联网的雾计算架构由六层组成，即物理和虚拟化层、监视层、预处理层、临时存储层、安全性层和传输层。值得一提的是，预处理层将对从物理或虚拟传感器收集而来的数据进行必要的分析、过滤和修剪，从而执行数据管理任务。

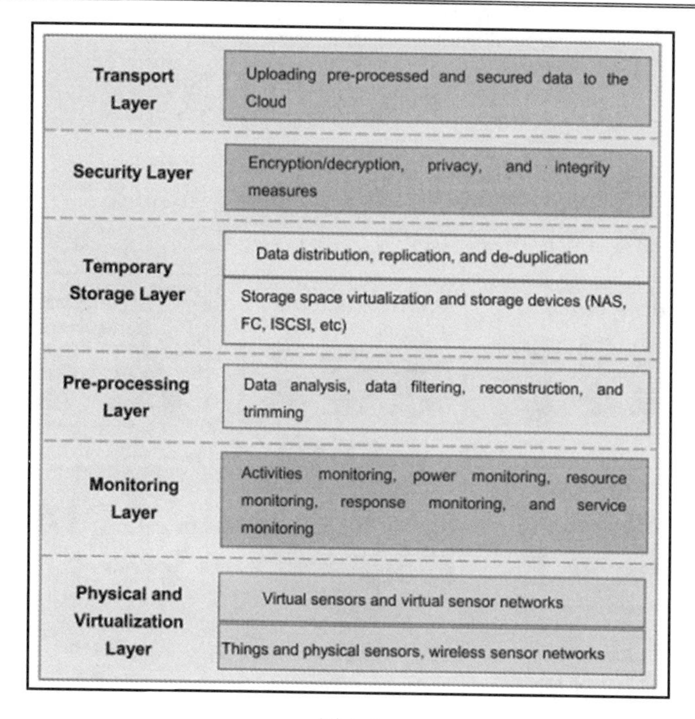

图 1-4

原　文	译　文
Transport Layer	传输层
Uploading pre-processed and secured data to the Cloud	将经过预处理和安全保护的数据上传到云端
Security Layer	安全性层
Encryption/decryption, privacy, and integrity measures	加密/解密、隐私和完整性措施
Temporary Storage Layer	临时存储层
Data distribution, replication, and de-duplication	数据分配、复制和去重（删除重复数据）
Storage space virtualization and storage devices(NAS,FC, ISCSI,etc)	存储空间虚拟化和存储设备（NAS、FC、ISCSI 等）
Pre-processing Layer	预处理层
Data analysis,data filtering,reconstruction, and trimming	数据分析、数据过滤、重建和修剪
Monitoring Layer	监视层
Activities monitoring, power monitoring, resource monitoring, response monitoring, and service monitoring	活动监视、电源监视、资源监视、响应监视和服务监视
Physical and Virtualization Layer	物理和虚拟化层
Virtual sensors and virtual sensor networks	虚拟传感器和虚拟传感器网络
Things and physical sensors, wireless sensor networks	事物和物理传感器、无线传感器网络

1.2 物联网应用领域

通过轻松访问各种物理设备或事物（如车辆、机器、医疗传感器等）并与之交互，物联网促进了许多不同领域中应用程序的开发。图 1-5 突出显示了物联网的关键应用领域。

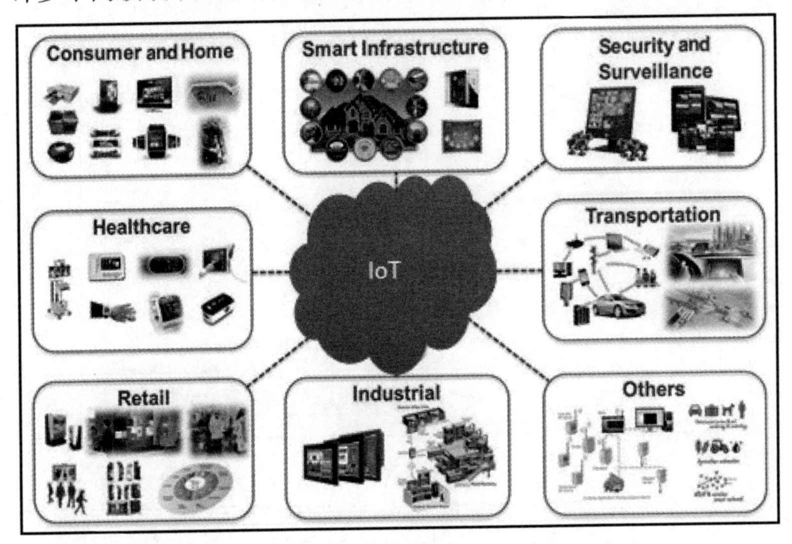

图 1-5

原　　文	译　　文	原　　文	译　　文
Consumer and Home	消费者和家庭	Transportation	交通运输
Smart Infrastructure	智能基础设施	Retail	零售
Security and Surveillance	安全与监视	Industrial	产业
Healthcare	卫生保健	Others	其他
IoT	物联网	—	—

可以看到，物联网的应用包括医疗保健、工业自动化（如工业 4.0）、能源管理和智能电网、交通运输、智能基础设施（如智能家居和智慧城市）、零售以及许多其他领域，它们将使我们的生活和社会变得越来越美好。到 2025 年，这些应用每年将对全球经济产生 4 万亿～11 万亿美元的影响。如此巨额财富的主要贡献者（按照它们的预计贡献值排序）包括以下方面。

- 工厂或行业：包括运营管理和预测性维护。
- 城市：包括公共安全、卫生、交通控制和资源管理。

- 医疗保健：包括监测和管理疾病并改善健康状况。
- 零售：包括自助结账和库存管理。
- 能源：包括智能电网。

对这些应用的巨大需求意味着物联网服务及其生成的大数据的惊人增长。

1.3 在物联网中分析的重要性

虽然物联网设备可以生成和收集到大量的数据，但是，只有在应用程序可以从中提取到一些业务价值的情况下，各种应用领域中的物联网才堪称有效。在这种条件下，物联网数据分析在物联网解决方案中就显得至关重要。美国信息技术研究和分析公司 Gartner 将物联网分析（IoT Analytics）确定为物联网中使用的两项顶级技术之一。

物联网分析是数据分析工具和过程的应用，可从物联网设备以不同方式生成的大量数据中获取见解（Insight）。物联网分析对于从物联网设备或事物生成的数据中提取见解至关重要。更具体地说，物联网业务模型能够以多种方式（目的）分析事物生成和收集的信息，例如，了解客户的行为、提供服务、改进产品和服务，以及识别和抓住业务时机等。当需要理解其数据时，这些物联网业务模型或应用程序中的大多数，其主要元素是用于预测、数据挖掘和模式识别的智能学习或机器学习机制。传统的机器学习机制或技术可以很好地与结构化数据配合使用，但是它们与非结构化数据合作时却是一团乱麻。

Google 的 Nest 学习型恒温器就是一个例子，该 Nest 学习型恒温器以结构化的方式记录温度数据，然后应用机器学习算法来了解其用户的温度偏好和时间表的模式。然而，该 Nest 学习型恒温器不能理解非结构化数据，例如多媒体数据，即音频信号和视觉图像。

此外，传统的机器学习算法的训练依赖于手工制作和工程设计的特征集，由于异质性和应用程序的动态性，这在许多物联网应用程序中可能并不容易。例如，在工厂中，故障可能是随机的和千变万化的，特征集可能无法做到完备的分类。因此，物联网需要新的分析方法，包括深度学习。

1.4 在物联网数据分析中使用深度学习技术的动机

近年来，许多物联网应用程序一直在积极利用复杂的深度学习技术，该技术使用神经网络捕获并了解其环境。例如，目前市场上比较火爆的人工智能音箱产品就被认为是一种物联网应用程序，因为它将物理和人类世界以及数字世界联系在一起，它可以通过深度学习理解人类的声音命令。

此外，Microsoft 的 Windows 面部识别安全系统（一种物联网应用程序）使用了深度学习技术来执行诸如识别用户面部时将门解锁的任务。深度学习和物联网是 2017 年三大战略技术趋势之一，并在 Gartner Symposium/ITxpo 2016 上宣布。对于深度学习的广泛关注是基于传统的机器学习算法无法满足物联网系统的新兴分析需求这一事实。反过来说，相对于传统的机器学习方法，深度学习算法或模型通常会带来两项重要的改进。首先，它们减少了用于模型训练的手工制作和工程特征集的需求，其结果就是，我们可以通过深度学习模型轻松提取物联网应用中某些对于人类来说可能并不明显的功能。其次，深度学习模型也可以提高预测的准确性。

然而，由于深度学习容易受到资源限制的特性（深度学习通常具有很高的 CPU 和内存等计算资源需求），很难在物联网应用中启用深度学习，尤其是在边缘计算设备、雾计算设备和终端设备中启用深度学习。此外，物联网数据也不同于一般的大数据，我们需要探索物联网数据的属性以及它们与一般大数据的区别，以便更好地了解物联网数据分析的要求。

1.5 物联网数据的关键特征和要求

来自物联网应用的数据具有两个特征，需要在分析方法上进行不同的处理。许多物联网应用（例如远程病人监护或自动驾驶汽车）都会连续生成数据流，这会产生大量的连续数据；许多其他应用（例如用于市场营销的消费品分析、对于森林动植物或水下生物的监控等）所产生的数据都是作为大数据源积累的。流数据是在短时间内生成或捕获的，需要快速分析以提取即时有用的见解并快速做出决策。

相形之下，术语大数据（Big Data）是指庞大的数据集，这些数据集通常无法使用普通的硬件和软件平台进行存储、管理、处理和分析。这两种类型的数据需要区别对待，因为它们对分析响应的要求是不同的。

大数据分析（例如商业智能和事务分析）的结果可以在数据生成若干天之后交付，但流数据分析的结果却应该在几百毫秒（ms）到几秒（s）的时间段内就准备就绪。例如，在无人驾驶汽车中，紧急制动时的响应时间需求为大约 100ms。图 1-6 突出显示了物联网数据的主要特征及其分析要求。

许多物联网应用（例如监视实时平均温度的应用程序）都依赖多个数据源。在这种情况下，数据融合（Fusion）、聚合（Aggregation）和共享就在这些应用中起着至关重要的作用。对于时间敏感的物联网应用（如远程患者监护或无人驾驶汽车）而言，这尤其重要，在这种应用中，需要及时聚合数据，以便将所有数据汇总在一起进行分析，并且立即提供可靠且准确的可行见解。

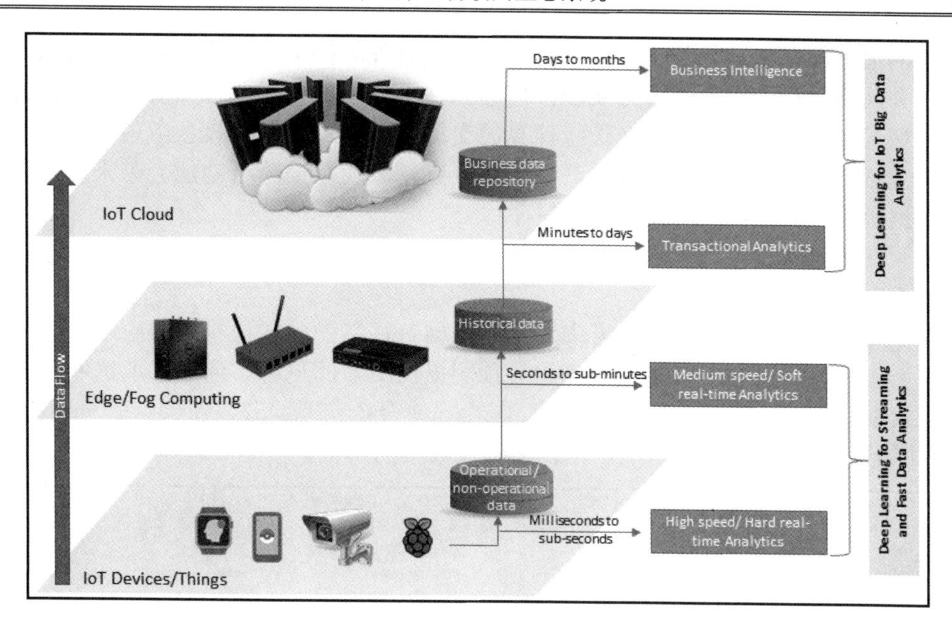

图 1-6

原　　文	译　　文
Data Flow	数据流
IoT Cloud	物联网云
Edge/Fog Computing	边缘计算/雾计算
IoT Devices/Things	物联网设备/事物
Days to months	从数日到数月不等
Business Intelligence	商业智能
Business data repository	业务数据存储库
Minutes to days	从数分钟到数日不等
Transactional Analytics	事务分析
Historical data	历史数据
Seconds to sub-minutes	从数秒到几分钟不等
Medium speed/Soft real-time Analytics	中速/软实时分析
Operational/non-operational data	运营/非运营数据
Milliseconds to sub-seconds	从毫秒到几秒钟不等
High speed/Hard real-time Analytics	高速/硬实时分析
Deep Learning for IoT Big Data Analytics	针对物联网数据分析的深度学习
Deep Learning for Streaming and Fast Data Analytics	针对流传输和快速数据分析的深度学习

一般来说，即使在高性能计算系统或云平台中，流数据的分析也具有挑战性。流数

据分析的潜在解决方案是基于数据并行性和增量处理的框架。尽管这些技术可以减少时间延迟并从流数据分析框架返回响应，但它们并不是实时物联网应用的最佳解决方案。在这种情况下，最好在雾计算或边缘计算的支持下，通过物联网设备或边缘设备使流数据分析更接近数据源。当然，向物联网设备或事物添加数据分析功能会带来新的挑战，例如数据源的计算、存储和耗电的限制等。

物联网负责通过将数十亿个智能设备连接在一起，并经常收集有关设备状态及其环境的数据来生成大数据。

从原始传感器采集的大量数据中识别和挖掘有意义的模式是物联网应用中大数据分析的核心工具，因为它可以为决策和趋势预测提供更多的见解。通过提取这些见解，物联网大数据对于许多企业而言至关重要，因为它使得企业能够获得超越竞争对手的优势。图 1-7 使用 6 个 V（6V）突出显示了物联网大数据的特征。

Volume
• How much data?
- Billion devices will generate data in ZetaBytes.
Velocity
• How fast can I access?
-IoT data can be accessed in real time.
Variety
• What type of data?
-Structured & unstructured IoT data
- Heterogenous format of IoT data
Veracity
•Is IoT data reliable?
-Most IoT data are.
- Crowdsensing data may not be.
Variability
•What are the rate of different IoT data flows?
- Flow rate depends on applications, time, and space.
Value
Usability and utility of data.
-Most IoT data tremendously useful.

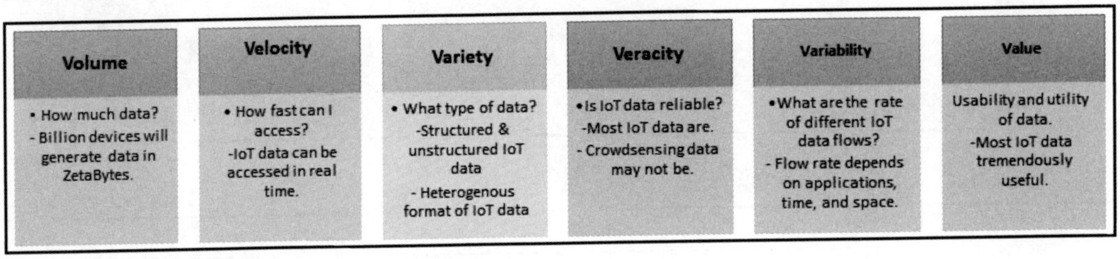

图 1-7

原　　文	译　　文
Volume	容量（Volume）
How much data? Billion devices will generate data in ZetaBytes	究竟有多少数据？ ——数十亿个设备将生成 ZB 级的数据（1ZB=1024EB，1EB=1024PB，1PB=1024TB，1TB=1024GB，1GB=1024MB）
Velocity	速度（Velocity）
How fast can I access? IoT data can be accessed in real time	究竟可以有多快？ ——物联网数据可以实时访问
Variety	多样性（Variety）
What type of data? Structured & unstructured IoT data Heterogeneous format of IoT data	有哪些类型的数据？ ——结构化和非结构化物联网数据 ——物联网数据的异构格式
Veracity	真实性（Veracity）
Is IoT data reliable? Most IoT data are Crowdsensing data may not be	物联网数据可靠吗？ ——大多数物联网数据都是可靠的 ——众包数据则不一定

续表

原　　文	译　　文
Variability	易变性（Variability）
What are the rate of different IoT data flows? Flow rate depends on applications,time,and space	各种物联网数据流的速率是多少？ ——具体的数据流速率取决于应用、时间和空间
Value	价值（Value）
Usability and utility of data Most IoT data tremendously useful	数据的可用性和实用性强吗？ ——大多数物联网数据非常有用

1.5.1　快速和流式物联网数据的真实示例

远程病人监护是物联网在医疗保健中最明显和最受欢迎的应用之一。这种应用有时也被称为远程医疗（Telehealth），通过该应用，患者可以连接到医护人员，并在必要时获得实时反馈。此应用生成的数据（如心率或血压的变化）将实时流式传输，这些数据需要快速处理，以方便护理人员可以对患者的情况迅速做出反应。

图 1-8 显示了目前市场上可以看到的远程患者监视系统的屏幕截图。

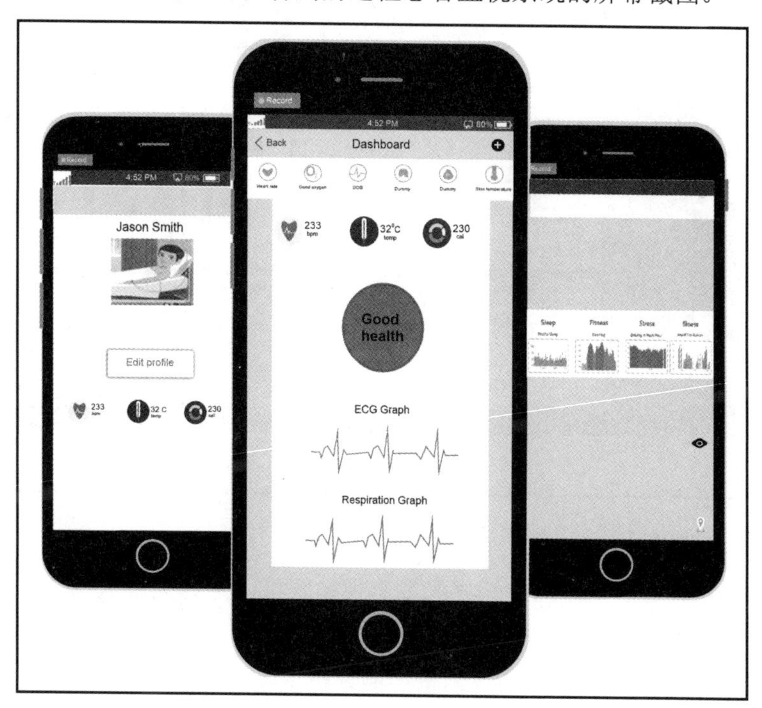

图 1-8

1.5.2　物联网大数据的现实示例

智能电网是物联网大数据的重要来源。智能电表通过生成并收集用户能耗的精确测量值，在智能电网系统中发挥着重要作用。当前，许多国家的能源供应商都对学习本地能源消耗模式、预测其客户需求，以及基于实时分析做出适当的决策感兴趣。

物联网大数据的另一个示例是智能设备生成的数据。图 1-9 显示了使用物联网数据进行营销的消费品分析过程。

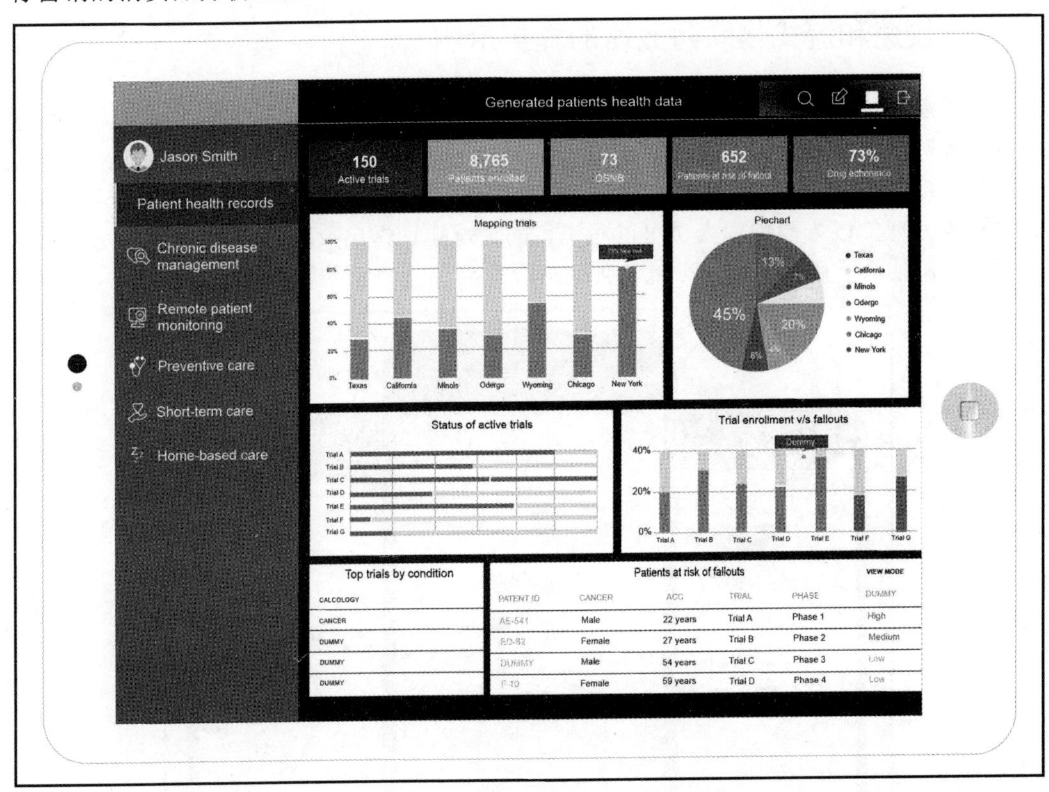

图 1-9

在图 1-9 中，启用了物联网的远程患者监视系统可以生成大量数据，以进行处理、存储和分析。不仅如此，其他诸如智能咖啡机、智能冰箱和自动售货机之类的智能设备也可以生成大数据，这类大数据可用于消费产品分析上。

1.6 小　结

本章介绍了物联网端到端生命周期的两个不同的分层视图，并且还研究了物联网的系统架构和关键应用领域。在此基础上，我们定义了物联网分析的含义及其在物联网应用中的重要性，并特别强调了深度学习的应用动机。我们讨论了物联网的关键特征及其在分析中的相应要求。最后，我们还介绍了一些真实的物联网示例，这些示例可生成快速的流式数据以及大数据。

开发人员必须了解不同的深度学习模型及其不同的实现框架的基础，才能在不同的物联网应用中使用它们。第 2 章将列出流行的深度学习模型，包括卷积神经网络、长短期记忆和自动编码器。除此之外，我们还将讨论一系列流行的深度学习开发框架，包括 TensorFlow 和 Keras。

1.7 参考资料

[1] Pallavi Sethi and Smruti R. Sarangi, Internet of Things: Architectures, Protocols, and Applications, Journal of Electrical and Computer Engineering, vol. 2017, Article ID 9324035, 25 pages, 2017.

[2] Atlam, H.F.; Walters, R.J.; Wills, G.B. Fog Computing and the Internet of Things: A Review. Big Data Cogn. Comput. 2018, 2, 10.

[3] James Manyika, Michael Chui, Peter Bisson, Jonathan Woetzel, Richard Dobbs, Jacques Bughin, and Dan Aharon, Unlocking the potential of the Internet of Things, which is available at https://www.mckinsey.com/business-functions/digital-mckinsey/our-insights/the-internet-of-things-the-value-of-digitizing-the-physical-world.

[4] Stamford, Conn, Gartner Identifies the Top 10 Internet of Things Technologies for 2017 and 2018, which is available online at https://www.gartner.com/newsroom/id/3221818

[5] J. Tang, D. Sun, S. Liu and J. Gaudiot, Enabling Deep Learning on IoT Devices, in Computer, vol. 50, no. 10, pp. 92-96, 2017.

[6] M. Mohammadi, A. Al-Fuqaha, S. Sorour, and M. Guizani, Deep Learning for IoT Big Data and Streaming Analytics: A Survey, in IEEE Communications Surveys and Tutorials, which is available at (DOI) 10.1109/COMST.2018.2844341.

[7] K. Panetta (2016), Gartner's top 10 strategic technology trends for 2017, which is available at http://www:gartner:com/smarterwithgartner/gartners-top-10-technology-trends-2017/

[8] https://www.napierhealthcare.com/lp/remote-patient-telehealth-monitoring?gclid=CjwKCAjwxILdBRBqEiwAHL2R865Aep4MKgFknoctRLDOk3VtSNQWiRdTFyRR-e2es-yaz_e6Dp6hNhoCmV4QAvD_BwE.

[9] https://www.softwareadvice.com/resources/iot-data-analytics-use-cases/.

第 2 章　物联网深度学习技术和框架

在物联网时代，开发人员可以从众多传感设备中生成并收集大量涉及广泛领域和应用的传感数据。在此类数据流上应用分析以发现新信息、预测未来见解并做出受控决策是一项艰巨的任务，这使物联网成为商业智能（Business Intelligence，BI）和生活质量改善技术的理想范例。

当然，启用物联网的设备上的分析需要一个平台，该平台将包含机器学习（Machine Learning，ML）和深度学习（Deep Learning，DL）框架、软件堆栈和硬件，例如图形处理单元（Graphical Processing Unit，GPU）和张量处理单元（Tensor Processing Unit，TPU）。

本章将讨论深度学习架构和平台的一些基本概念，这些概念将在随后的所有章节中使用。我们将从机器学习的简要介绍开始；然后，我们将转到深度学习，并解释深度学习是机器学习的一个分支，同时还将解释深度学习是基于一组试图对数据中的高级抽象进行建模的算法；接着我们将简要讨论一些非常著名和广泛使用的神经网络架构；最后，我们将探讨可用于在支持物联网的设备上开发深度学习应用的深度学习框架和库的各种功能。

本章将讨论以下主题：

- 机器学习简介。
- 机器学习任务。
- 深度学习深入研究。
- 人工神经网络。
- 神经网络架构。
- 物联网的深度学习框架和云平台。

2.1　机器学习简介

机器学习方法实际上是基于一组统计和数学算法的，这些算法可以执行诸如分类、回归分析、概念学习、预测建模、聚类和有用模式挖掘之类的任务。开发人员使用机器学习算法的目标是自动改善整个学习过程，以使我们可能完全不需要人机交互，或者至少尽可能减少这种互动的程度。

2.1.1 学习算法的工作原理

Tom M.Mitchell 从计算机科学的角度解释了“学习”的真正含义：

“如果某计算机程序在任务 T 中的性能（由 P 衡量）随着经验 E 的提高而提高，则该计算机程序可被称为从经验 E 中学习有关某类任务 T 和性能度量 P 的信息。”

根据此定义，我们可以得出结论，计算机程序或机器可执行以下操作。

- 从数据和历史中学习。
- 可因学习经验累积而获得提高。
- 迭代地增强可用于预测问题结果的模型。

由于上述要点是预测分析的核心，因此我们使用的几乎所有机器学习算法都可以视为优化问题。这是关于寻找最小化目标函数的参数，例如成本函数和正则化这两项的加权总和。一般来说，目标函数由以下两个组成部分。

- 控制模型复杂度的正则化器（Regularizer）。
- 在训练数据上测量模型误差的损失。

另外，正则化（Regularization）参数定义了在最小化训练误差和模型复杂度之间的权衡，以避免过拟合（Overfitting）的问题。

现在，如果这两个分量都是凸的，那么它们的总和也是凸的。因此，使用机器学习算法时，目标是获得在进行预测时返回最小误差的函数的最佳超参数（Hyperparameter）。也就是说，通过使用凸优化技术（Convex Optimization），我们可以使函数最小化，直到函数收敛到最小误差为止。

假定问题是凸的，则通常更容易分析算法的渐近行为（Asymptotic Behavior），它显示的是随着模型观察到越来越多的训练数据，算法的收敛速度有多快。机器学习的任务是训练模型，以便它可以从给定的输入数据中识别复杂的模式，并且可以自动进行决策。因此，进行预测仅是针对新的（即未观察到的）数据测试模型并评估模型本身的性能。当然，为了使预测模型成为一个成功的模型，数据在整个过程中扮演了极其重要的角色，它在所有的机器学习任务中都被高度重视。实际上，我们馈送到机器学习系统的数据必须由数学对象（例如向量）组成，以便它们可以使用这些数据。

根据可用的数据和要素类型，预测模型的性能可能会大幅波动。因此，在模型评估之前，选择正确的特征是最重要的步骤之一，这称为特征工程（Feature Engineering），其中与数据相关的领域知识仅用于创建选择性或有用的特征，以帮助准备要使用的特征向量（Feature Vector），从而使机器学习算法起作用。

例如，比较酒店的优劣是一项非常困难的任务，除非我们已经有入住多家酒店的个人经验。但是，我们可以开发出一个机器学习模型，然后使用成千上万条评论和特征（例如，酒店拥有的星级、房间的大小、位置和客房服务等）对其进行训练，最终使该项任务变得非常轻松。本章将讨论若干个这样的示例。

当然，在开发这样的机器学习模型之前，了解一些机器学习概念也很重要。

2.1.2　机器学习的一般经验法则

机器学习的一般经验法则是，数据越多，则预测模型就越好。然而，拥有更多的特征通常会造成混乱，以至于性能急剧下降，尤其是在数据集是多维的情况下。整个学习过程需要输入数据集，该数据集可以拆分为以下 3 种类型（或已经按这 3 种类型提供）。

- 训练集（Training Set）：这是来自历史或实时数据的知识库，用于拟合机器学习算法的参数。在训练阶段，机器学习模型将利用训练集找到网络的最佳权重，并通过最小化训练误差来达到目标函数。在这里，将使用反向传播规则或优化算法来训练模型，但是在学习过程开始之前需要设置所有超参数。
- 验证集（Validation Set）：这是用于调整机器学习模型参数的一组示例。它可以确保模型经过良好的训练，并且可以避免过拟合。一些机器学习从业者也将其称为开发集（Development Set）。
- 测试集（Test Set）：在模型训练完成之后，可以使用测试集来评估它在未知数据上的性能。所谓未知数据（Unseen Data）就是指要预测的数据。例如，在使用 2019—2020 年某只股票的交易数据训练模型之后，要使用该模型预测 2020—2021 年该股票的交易，由于该年度的交易尚未发生，因此它就是未知数据。此步骤也称为模型推断（Model Inferencing）。在使用测试集评估了最终模型之后（即当我们对模型的性能完全满意时），则不必进一步调整模型，而是可以将训练之后的模型部署在可用于生产的环境中。

通常的做法是将输入数据（在经过必要的预处理和特征工程之后）拆分为 60%用于训练、20%用于验证和 20%用于测试，但这实际上取决于具体的用例。有时，我们还需要根据数据集的可用性和质量对数据执行上采样（Upsampling）或下采样（Downsampling）。在机器学习任务之间，关于不同类型的训练集的学习经验法则可能会有所不同，我们将在 2.2 节“机器学习任务”中展开讨论。然而，在此之前，不妨先快速了解一些机器学习中的常见现象。

2.1.3 机器学习模型中的一般问题

当我们使用输入数据进行训练、验证和测试时，一般来说，学习算法无法准确地学习到 100%的准确率，这涉及训练、验证和测试误差（或损失）。机器学习模型中可能会遇到以下两种类型的错误。

- ❑ 不可减少的误差。
- ❑ 可减少的误差。

即使是使用最健壮和最复杂的模型，也无法减少不可减少的误差（Irreducible Error）。然而，可减少的误差（Reducible Error）则是可以减少的，它具有两个分量，分别被称为偏差（Bias）和方差（Variance）。因此，要理解模型（即预测误差），我们只需要关注偏差和方差即可。偏差表示预测值与实际值之间的距离。一般来说，如果平均预测值与实际值（标签）有很大差异，则偏差会更高。

如果机器学习模型非常简单，无法对输入和输出变量之间的关系进行建模（即无法很好地捕获数据的复杂性），那么它将具有较高的偏差。因此，一个具有高偏差的过于简单的模型会导致数据欠拟合（Underfitting）；而具有高方差的过于复杂的模型则会导致数据过拟合。图 2-1 从左至右分别显示了过拟合、欠拟合和刚好拟合（Just-Right Fit）的模型的外观。

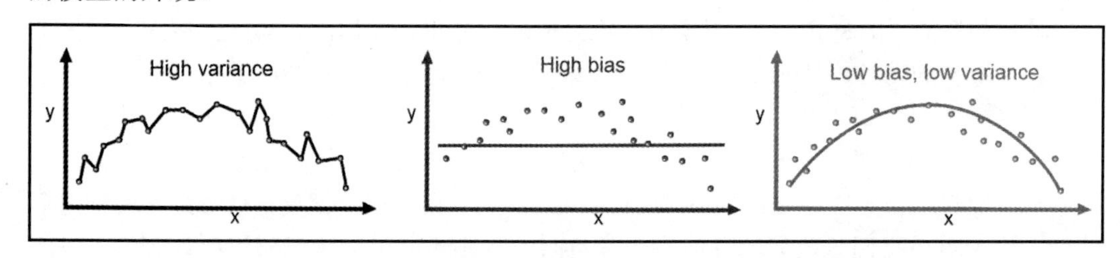

图 2-1

原　　文	译　　文
High variance	高方差
High bias	高偏差
Low bias, low variance	低偏差，低方差

方差表示预测值和实际值之间的变异性（Variability），描述的是它们的分散程度。如果模型具有较高的训练误差，并且验证误差或测试误差与训练误差相同，则该模型具有较高的偏差；相反，如果模型具有较低的训练误差，但具有较高的验证误差或较高的测试误差，则该模型具有较高的方差。这意味着机器学习模型通常在训练集上表现很好，

但在测试集上却表现不佳（因为误差率很高）。最终，它产生的是过拟合模型。我们可以再次概括过拟合和欠拟合。

- 欠拟合：如果训练集和验证集误差都相对相等且非常高，则说明该模型很可能欠拟合训练数据。
- 过拟合：如果模型在训练集上的误差很小而在验证集上的误差很高，那么该模型很可能过拟合训练数据。刚好拟合的模型学习得很好，并且在未知数据上的表现也将更好。

提示：

偏差-方差权衡：高偏差和高方差问题通常被称为偏差-方差权衡（Bias-Variance Trade-off），因为模型不能同时太复杂或太简单。理想情况下，开发人员应力求同时具有低偏差和低方差的最佳模型。

现在我们已经理解了机器学习算法的基本工作原理。然而，根据问题类型和解决问题的方法，机器学习任务可以有所不同，例如监督学习、无监督学习和强化学习。2.2 节将详细讨论这些学习任务。

2.2　机器学习任务

尽管每个机器学习问题或多或少都是一个优化问题，但是解决它们的方式可能有所不同。实际上，学习任务可以分为 3 类，即监督学习、无监督学习和强化学习。

2.2.1　监督学习

监督学习（Supervised Learning）也称为有监督学习，是最简单、最著名的自动学习任务。监督学习基于许多预定义的示例，在这些示例中，每个输入应该归属的类别是已知的，如图 2-2 所示。

图 2-2 显示了监督学习的典型工作流程。参与者（例如，数据科学家或数据工程师）执行提取/转换/加载（Extraction/Transformation/Load，ETL）以及必要的特征工程（包括特征提取、选择等），以获取包含特征和标签的适当数据，从而可以将它们输入模型中。然后，他们将数据拆分为训练集、验证集和测试集。其中，训练集用于训练机器学习模型；而验证集用于验证训练是否存在过拟合问题并进行正则化验证；然后参与者将在测试集（未知数据）上评估模型的性能。

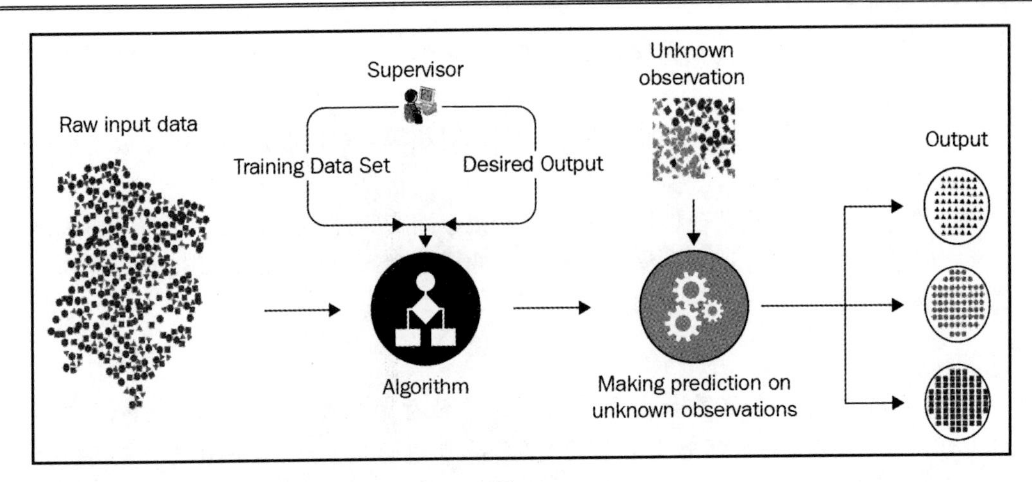

图 2-2

原　　文	译　　文	原　　文	译　　文
Raw input data	原始输入数据	Algorithm	算法
Supervisor	监督者	Unknown observation	未知观察
Training Data Set	训练数据集	Making prediction on unknown observations	对未知的观察结果做出预测
Desired Output	期望输出	Output	输出

但是，如果性能不令人满意，则参与者可以执行额外的调整，以获得基于超参数优化的最佳模型。最后，他们将在用于生产的环境中部署最佳模型。在整个生命周期中，可能涉及许多参与者（如数据工程师、数据科学家或机器学习工程师），他们独立或协作执行每个步骤。监督学习环境包括分类和回归任务。分类（Classification）用于预测数据点属于哪个类别（离散值），它还用于预测类属性的标签。图 2-3 总结了这些步骤。

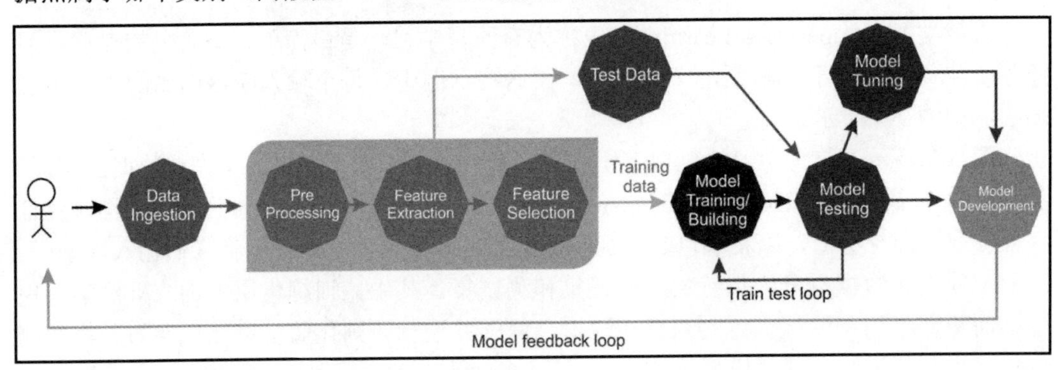

图 2-3

原　　文	译　　文	原　　文	译　　文
Data Ingestion	数据采集	Training data	训练数据
Pre Processing	预处理	Model Training/Building	模型训练/构建
Feature Extraction	特征提取	Model Testing	模型测试
Feature Selection	特征选择	Model Development	模型开发
Test Data	测试数据	Train test loop	训练测试循环
Model Tuning	模型调整	Model feedback loop	模型反馈循环

另外，回归（Regression）用于预测连续值并可对类属性进行数值预测。在监督学习的环境中，通常将输入数据集按所需的学习过程随机拆分为 3 组，例如，训练集为 60%，验证集为 10%，测试集为 30%。

2.2.2　无监督学习

如果没有给出标签，那么该如何汇总和分组数据集呢？你可能会尝试通过找到数据集的基础结构并测量统计属性（如频率分布、均值和标准偏差）来回答这个问题。如果问题是如何有效地以压缩格式表示数据，那么你可能会回答说将使用某些软件进行压缩，尽管你可能并不知道该软件将如何进行压缩。图 2-4 显示了无监督学习任务的典型工作流程。

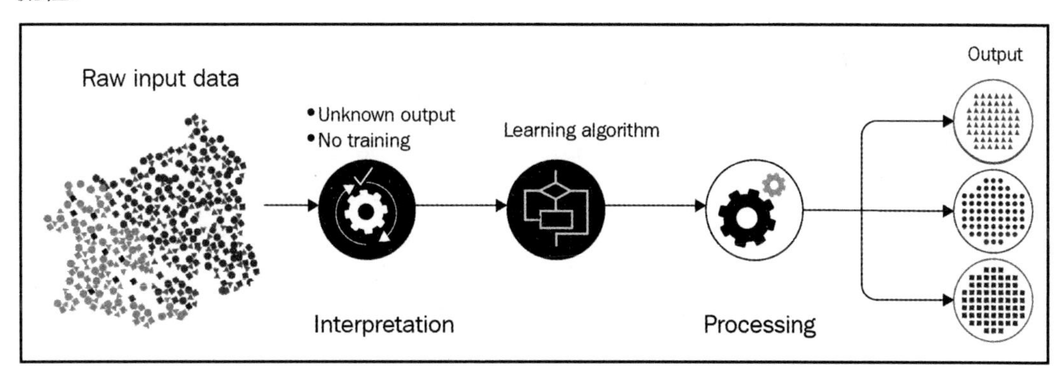

图 2-4

原　　文	译　　文	原　　文	译　　文
Raw input data	原始输入数据	Learning algorithm	学习算法
Unknown output	未知输出	Processing	处理
No training	未训练	Output	输出
Interpretation	解释	—	—

在图 2-4 中的这些工作流程恰恰是无监督学习的两个主要目标，它主要是一个数据驱动的过程。我们称这种学习为无监督学习（Unsupervised Learning），因为你将不得不处理未标记的数据。以下引语来自 AI 研究总监 Yann LeCun：

“人类和动物的大多数学习都是无监督学习。如果说智力是蛋糕，那么无监督学习就是蛋糕的糕体，监督学习就是外面的那一层糖衣，而强化学习则是蛋糕上的樱桃。我们知道如何制作糖衣和樱桃，但是却不知道如何做蛋糕。我们需要先解决无监督学习的问题，然后才能思考真正的 AI。”

——来源：Predictive Learning，NIPS 2016，Yann LeCun，Facebook Research

一些最广泛使用的无监督学习任务包括以下内容。

- 聚类（Clustering）：基于相似性（或统计属性）对数据点进行分组，例如，像 Airbnb 之类的公司经常会将其公寓和房屋按地理位置分组，邻近的在一组，以便客户可以更轻松地浏览列出的住房。
- 降维（Dimensionality Reduction）：压缩数据时应尽可能保留其结构和统计属性，例如，经常需要减少数据集的维数以进行建模和可视化。
- 异常检测（Anomaly Detection）：在很多应用中都很有用，例如识别信用卡欺诈、识别工业生产过程中的硬件故障，以及识别大规模数据集中的异常值等。
- 关联规则挖掘（Association Rule Mining）：通常用于市场购物篮分析，例如发现顾客经常一起购买哪些商品。

2.2.3 强化学习

强化学习（Reinforcement Learning）是一种人工智能方法，致力于通过与环境的交互来学习系统。在强化学习中，系统的参数会根据从环境中获得的反馈进行调整，进而提供有关系统决策的反馈。图 2-5 显示了一个人做出决策的过程，他到达目的地的最短路径原本是显见的，但是现在因为环境的反馈（拥堵）可能需要做出调整。

注意：

在图 2-5 中的代理（Agent）是指驻留在某一环境下，能持续自主地发挥作用，具备驻留性、反应性、社会性和主动性等特征的计算实体。在 AI 领域，Agent 被看作是一种在环境中“生存”的实体，它既可以是硬件（如机器人），也可以是软件。

我们可以再来看一个例子。假设要对一个国际象棋的机器人棋手进行系统建模，为了增强其棋力，系统就利用了图 2-5 中移动的结果。据说这样的系统就是一种强化学习的系统。在该用例中，你每天都采用相同的路线上班。然而，有一天，你突然感到好奇，并决定尝试另一条路线以寻找最短的路径。同样，根据你的经验和使用其他路线所花费的时间，你将决定是否应该更频繁地选择该特定路线。事实上，在对机器人棋手进行系统建模的过程中，可以研究更多这样的示例。

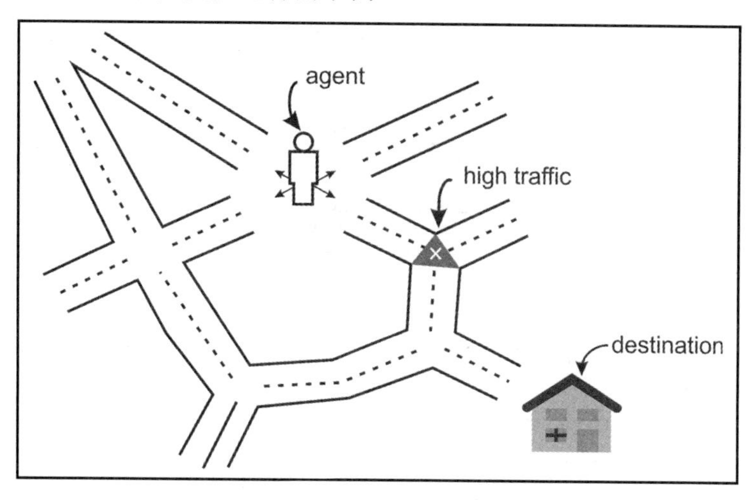

图 2-5

原　　文	译　　文
agent	代理
high traffic	拥堵
destination	目的地

到目前为止，我们已经了解了机器学习的基本工作原理和各种学习任务。下文将讨论每个学习任务及其示例。

2.2.4　学习类型及其应用

我们已经了解了机器学习算法的基本工作原理，并且了解了机器学习的基本任务，以及它们如何解决特定领域的问题。然而，这些学习任务中的每一个都可以使用不同的算法解决，如图 2-6 所示。

然而，图 2-6 仅列出了使用不同机器学习任务的一些用例和应用程序。在实践中，机器学习被用于许多用例和应用程序中。本书将尝试讨论其中的一些内容。

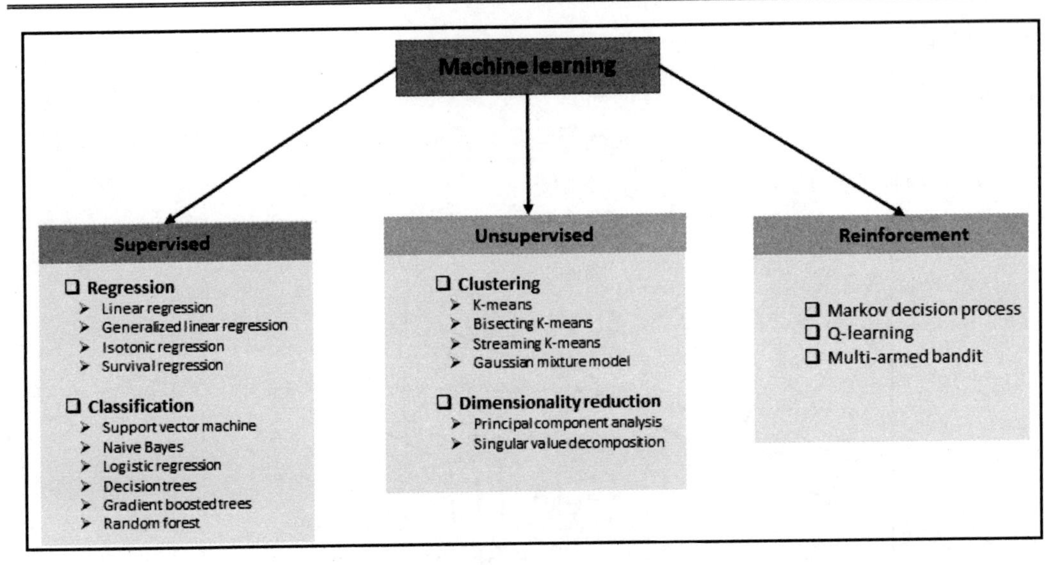

图 2-6

原　　文	译　　文	原　　文	译　　文
Machine learning	机器学习	Unsupervised	无监督学习
Supervised	监督学习	Clustering	聚类
Regression	回归	K-means	K 均值
Linear regression	线性回归	Bisecting K-means	二分 K 均值
Generalized linear regression	广义线性回归	Streaming K-means	流式 K 均值
Isotonic regression	等渗回归	Gaussian mixture model	高斯混合模型
Survival regression	生存回归	Dimensionality reduction	降维
Classification	分类	Principal component analysis	主成分分析
Support vector machine	支持向量机	Singular value decomposition	奇异值分解
Naive Bayes	朴素贝叶斯	Reinforcement	强化学习
Logistic regression	逻辑回归	Markov decision process	马尔科夫决策过程
Decision trees	决策树	Q-learning	Q-learning 算法
Gradient boosted trees	梯度提升树	Multi-armed bandit	多臂老虎机算法
Random forest	随机森林	—	—

2.3　深度学习深入研究

对于物联网数据来说，在常规大小的数据分析中使用的简单机器学习方法不再有效，应由更可靠的机器学习方法代替。尽管经典的机器学习技术使研究人员能够识别相关变量的组或聚类，但是这些方法的准确性和有效性都将随着大型和多维数据而降低。

在处理大型和多维数据集时，用于小规模数据分析的简单机器学习方法无效。然而，深度学习（DL）是机器学习的一个分支，并基于一组试图对数据中的高级抽象进行建模的算法，深度学习可以解决此问题。Ian Goodfellow 在他的 *Deep Learning* 一书（MIT Press，2016）中将深度学习定义如下：

“深度学习是一种特殊的机器学习，它通过学习将世界表示为概念的嵌套层次结构，从而实现了强大的功能和灵活性，其中的每个概念都是相对于较简单的概念定义的，而较抽象的表示则是根据不太抽象的概念来计算的。”

类似于机器学习模型，深度学习模型也接受输入 X，并从中学习高级抽象或模式以预测 Y 的输出。例如，深度学习模型可以基于上周的股价，预测第二天的股价。在对此类历史库存数据进行训练时，深度学习模型会尝试最小化预测值与实际值之间的差异。通过这种方式，深度学习模型尝试归纳到以前从未见过的输入中，并对测试数据进行预测。

现在，你可能会问，如果机器学习模型可以完成相同的任务，那么为什么还需要深度学习呢？好吧，深度学习模型往往在处理大量数据时表现良好，而旧的机器学习模型在某一点之后就止步不前，无法改进。受大脑结构和功能启发的深度学习的核心概念称为人工神经网络（Artificial Neural Network，ANN）。

作为深度学习的核心，人工神经网络可以帮助你学习输入数据集和输出之间的关联，从而做出更可靠、更准确的预测。然而，深度学习并不仅限于人工神经网络。已存在许多理论上的进步、软件堆栈和硬件上的改进都使深度学习得以普及。让我们来讨论一个示例，假设我们要开发一种预测分析模型，例如动物识别器，其中的系统必须解决以下两个问题。

- ❑ 对代表猫或狗的图像进行分类。
- ❑ 对狗和猫的图像进行聚类。

如果使用典型的机器学习方法解决第一个问题，则必须定义动物的面部特征（耳朵、眼睛和胡须等），并编写一种方法，以识别在对特定动物进行分类时，哪些特征更为重要（通常是非线性的）。然而，与此同时，该方法无法解决第二个问题，因为用于聚类图像的经典机器学习算法（如 K 均值）无法处理非线性特征。考查图 2-7，该图显示了一个工作流程，即如果给定图像是猫，那么我们将按照该工作流程进行分类。

深度学习算法使这两个问题更进一步，在确定哪些特征对于分类或聚类最重要之后，将自动提取最重要的特征；相反，当使用经典的机器学习算法时，我们将不得不手动提供特征。深度学习算法将采取更复杂的步骤。例如，首先在对猫或狗进行聚类时，深度学习算法将确定最相关的边缘，然后尝试分层查找形状和边缘的各种组合，这称为 ETL。

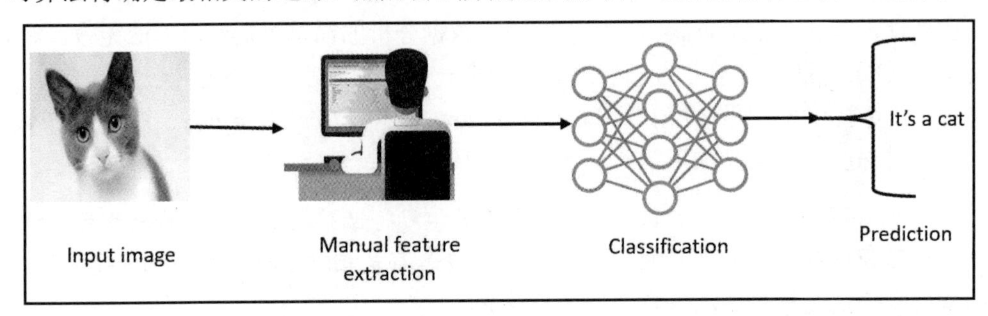

图 2-7

原　　文	译　　文
Input image	输入图像
Manual feature extraction	人工提取特征
Classification	分类
Prediction	预测
It's a cat	这是猫

随后，经过若干次迭代，深度学习算法将对复杂的概念和特征进行分层识别。基于识别出的特征，深度学习算法将决定哪些特征对动物进行分类最为重要，此步骤被称为特征提取（Feature Extraction）。最后，深度学习算法将取出标签列，并使用自动编码器（AutoEncoder，AE）进行无监督训练，以提取潜在特征，进而重新分配给 K 均值进行聚类。随后，深度学习算法将聚类分配硬化损失（Clustering Assignment Hardening Loss，CAH Loss）和重构损失（Reconstruction Loss）共同优化到最佳聚类分配。

然而，在实践中，提供给深度学习算法的往往是原始图像，而算法并不像人类那样观察图像，因为它只知道每个像素的位置及其颜色。图像分为多个分析层，例如，在较低级别上进行的是软件分析——这是一些像素的网格，其任务是检测一种颜色或各种细微差别。如果找到了某些东西，算法将通知下一级，此时它会检查给定的颜色是否属于更大的形式，如线条。该过程将继续进行到更高的级别，直到算法理解所显示的内容为止，该过程如图 2-8 所示。

尽管狗与猫的比较是一个非常简单的分类器的示例，但是能够执行此类操作的软件现已被广泛使用，例如在人脸识别系统或在 Google 上搜索图像的系统中都可以找到这种软件，这种软件基于深度学习算法；相反，如果使用线性机器学习算法，则无法构建此类应用程序，因为这些算法无法处理非线性的图像特征。

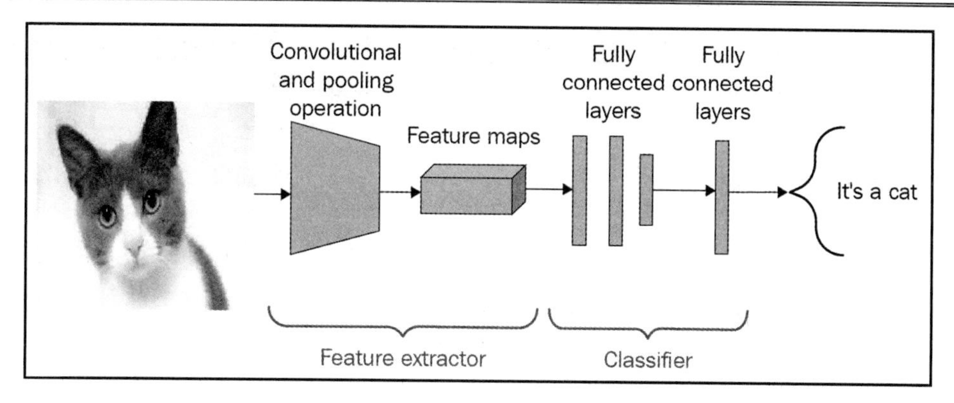

图 2-8

原　　文	译　　文	原　　文	译　　文
Convolutional and pooling operation	卷积和池化运算	It's a cat	这是猫
Feature maps	特征图	Feature extractor	特征提取器
Fully connected layers	全连接层	Classifier	分类器

此外，在使用机器学习方法时，我们通常只处理一些超参数。然而，当混入神经网络时，事情就变得相当复杂。其原因有两个：一个原因是，在每一层中有数百万甚至数十亿个超参数需要调整，以至于成本函数变成非凸的；另一个原因是，隐藏层中使用的激活函数是非线性的，所以成本是非凸的。在后面的章节中将更详细地讨论这种现象，现在先来快速了解人工神经网络（ANN）。

2.4　人工神经网络

受人脑工作方式启发的人工神经网络（ANN）构成了深度学习及其真正实现的核心。没有人工神经网络，今天围绕深度学习进行的革命便是不可能的。因此，当理解深度学习时，我们需要了解神经网络如何工作。

2.4.1　人工神经网络与人脑

人工神经网络代表人类神经系统的一个方面，模拟了神经系统由许多使用轴突相互交流的神经元的组成方式。神经系统的工作原理是：受体从内部或外部接受刺激，然后，它们将此信息传递给生物神经元进行进一步处理。除了名为轴突（Axon）的长延伸区之外，还有许多树突（Dendrite）。朝向轴突的末梢，存在名为突触末梢（Synaptic Terminal）

的微小结构，用于将一个神经元连接到其他神经元的树突上。生物神经元从其他神经元接收短的电脉冲（称为信号），作为响应，它们会触发自己的信号。

因此，我们可以总结出，神经元（Neuron）包括一个细胞体（也称为体细胞）、一个或多个树突（用于接收来自其他神经元的信号），以及一个轴突（用于执行由神经元生成的信号）。当某个神经元向其他神经元发送信号时，该神经元将处于活动状态；然而，当某个神经元从其他神经元接收信号时，该神经元则处于非活动状态。在空闲状态下，神经元会累积在达到某个激活阈值之前接收到的所有信号。这整个过程促使研究人员测试 ANN。

2.4.2 人工神经网络发展简史

受生物神经元工作原理的启发，Warren McCulloch 和 Walter Pitts 于 1943 年根据神经活动的计算模型提出了第一个人工神经元模型。这种简单的生物神经元模型，也被称为人工神经元（Artificial Neuron，AN），仅有一个或多个二进制（开/关）输入和一个输出。当超过一定数量的输入处于活动状态时，AN 会简单地激活其输出。

该示例听起来太简单，但是，即使是使用这种简化的模型，也可以构建 AN 网络。当然，这些网络还可以组合起来以计算复杂的逻辑表达式。这个简化的模型启发了 John von Neumann、Marvin Minsky 和 Frank Rosenblatt 等许多人，他们提出了另一种称为感知器（Perceptron）的模型。该感知器是过去 60 年中我们见过的最简单的 ANN 架构之一。它基于一个被称为线性阈值单元（Linear Threshold Unit，LTU）的略有不同的 AN。LTU 与 AN 唯一的区别是，前者的输入和输出现在是数字，而不是二进制开/关值。每个输入连接都与一个权重关联，线性阈值单元（LTU）计算其输入的加权总和，随后将阶跃函数（类似于激活函数的作用）应用于该总和，最后输出结果。

感知器的缺点之一是其决策边界是线性的。因此，感知器无法学习复杂的模式，也无法解决一些简单的问题，例如异或（eXclusive OR，XOR）。然而，后来研究人员通过堆叠多个称为 MLP 的感知器，进而在某种程度上消除了感知器的局限性。

因此，ANN 和深度学习的最重大进展存在以下时间线：除了我们已经讨论过的人工神经元（1943 年）和感知器（1958 年）的发展基础外，1969 年，Marvin Minsky 和 Seymour Papert 将 XOR 公式化为线性不可分问题，1974 年，Paul Werbos 演示了用于训练感知器的反向传播算法。

然而，最重大的进步发生在 1982 年，当时 John Hopfield 提出了霍普菲尔德网络（Hopfield Network）。然后，神经网络和深度学习的教父之一 Hinton 和他的团队在 1985 年提出了玻尔兹曼机（Boltzmann Machine）。1986 年，Geoffrey Hinton 成功地训练了

MLP，而 Jordan M.I 则提出了循环神经网络（Recurrent Neural Network，RNN）。同年，Paul Smolensky 还提出了玻尔兹曼机的改进版本，称为受限玻尔兹曼机（Restricted Boltzmann Machine，RBM）。随后，在 1990 年，Lecun 等人提出了 LeNet，这是一种深度神经网络架构。概括来说，人工神经网络大致的发展简史如图 2-9 所示。

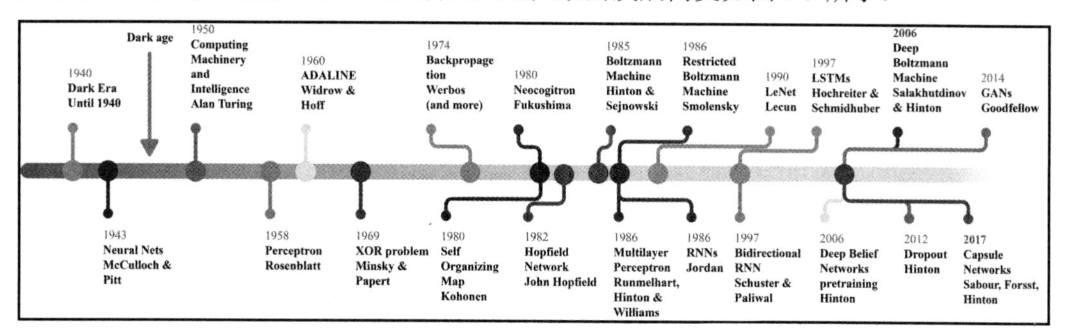

图 2-9

原　文	译　文	原　文	译　文
Dark Era Until 1940	初始阶段 从 1940 年开始	Multilayer Perceptron	多层感知器
Neural Nets	神经元网络	Restricted Boltzmann Machine	受限玻尔兹曼机
Dark age	起步阶段	RNNs	循环神经网络
Computing Machinery and Intelligence	计算机器和智能	Bidirectional RNN	双向循环神经网络
Perceptron	感知器	LSTMs	长短期记忆
XOR problem	XOR 问题	Deep Belief Networks pretraining	深度置信网络预训练
Backpropagetion Werbos(and more)	反向传播 Werbos 等人	Deep Boltzmann Machine	深度玻尔兹曼机
Self Organizing Map	自组织映射	GANs	生成对抗网络
Hopfield Network	霍普菲尔德网络	Capsule Networks	胶囊网络
Boltzmann Machine	玻尔兹曼机	—	—

对于人工神经网络来说，20 世纪 90 年代最重要的一年是 1997 年，当时 Jordan 等人已经提出了循环神经网络（Recurrent Neural Network，RNN）。同年，Schuster 等人提出了长期短期记忆（Long-Short Term Memory，LSTM）的改进版本和称为双向循环神经网络（Bidirectional Recurrent Neural Network）的原始 RNN 的改进版本。

尽管在计算上取得了重大进步，但从 1997—2005 年，我们并没有经历太多进步。随后，在 2006 年，Hinton 和他的团队又通过堆叠多个 RBM 提出了深度置信网络（Deep Belief

Network，DBN），再次引起轰动。然后在 2012 年，Hinton 发明了 dropout 算法，该技术显著改善了深度神经网络中的正则化和过拟合。之后，Ian Goodfellow 等人推出了生成对抗网络（Generative Adversarial Network，GAN），这是图像识别的重要里程碑。2017 年，Hinton 提出了胶囊网络（CapsNet），以克服常规 CNN 的局限性，这是迄今为止最显著的里程碑之一。我们将在本章后面讨论这些架构。

2.4.3 人工神经网络的学习原理

在生物神经元概念的基础上，出现了人工神经网络的术语和思想。与生物神经元相似，人工神经元包含以下内容。

- ❑ 一个或多个传入连接，聚合来自神经元的信号。
- ❑ 一个或多个输出连接，用于将信号传输到其他神经元。
- ❑ 激活函数，用于确定输出信号的数值。

除了神经元的状态外，还需要考虑突触权重（Synaptic Weight），因为这会影响到网络内的连接。每个权重都有一个由 W_{ij} 表示的数值，它是连接神经元 i 和神经元 j 的突触权重。现在，对于每个神经元 i，可以通过 $x_i = (x_1, x_2, \cdots, x_n)$定义输入向量，并且可以通过 $w_i = (w_{i1}, x_{i2}, \cdots, x_{in})$定义权重向量。现在，根据神经元的位置，权重和输出函数确定单个神经元的行为。然后，在正向传播期间，隐藏层中的每个单元都会收到以下信号：

$$\text{net}_i = \sum_j W_{ij} X_j \tag{2-1}$$

但是，在权重中，还有一种特殊的权重，被称为偏置单元（Bias Unit），简写为 b。从技术上讲，偏置单元未连接到任何先前的层，因此它们没有真正的活动。然而，偏差 b 值仍允许神经网络将激活函数向左或向右移动。在考虑了偏置单元的因素后，可以将神经网络输出公式修改为如下形式：

$$\text{net}_i = \sum_j W_{ij} X_j + b_j \tag{2-2}$$

式（2-2）表明，每个隐藏单元均得到输入总和乘以相应的权重，这被称为求和结（Summing Junction）。然后，求和结中的结果输出将通过激活函数被传递，它将压缩输出，如图 2-10 所示。

然而，实际的神经网络架构是由输入层、隐藏层和输出层组成的，而这些输入层、隐藏层和输出层又是由组成网络结构的节点组成的，它仍然遵循人工神经元模型的工作原理，如图 2-10 所示。

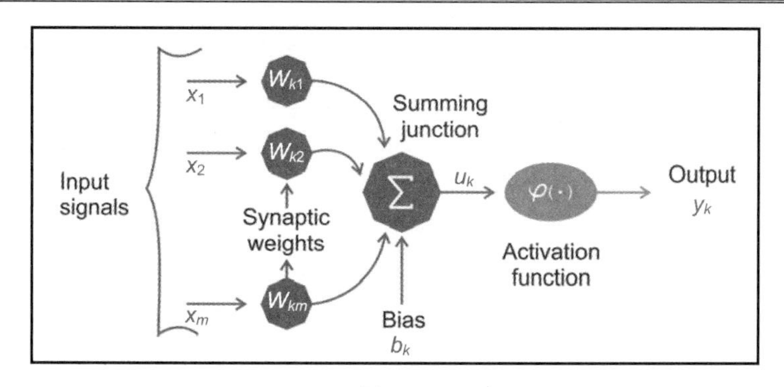

图 2-10

原　　文	译　　文	原　　文	译　　文
Input signals	输入信号	Bias	偏置单元
Synaptic weights	突触权重	Activation function	激活函数
Summing junction	求和结	Output	输出

值得一提的是，输入层仅接受数字数据，例如实数形式的特征和具有像素值的图像。图 2-11 显示了一个神经网络架构，它具有一个输入层、3 个隐藏层和一个输出层，可以基于包含 784 个特征的数据来解决多类（例如，分为 10 类）的分类问题。

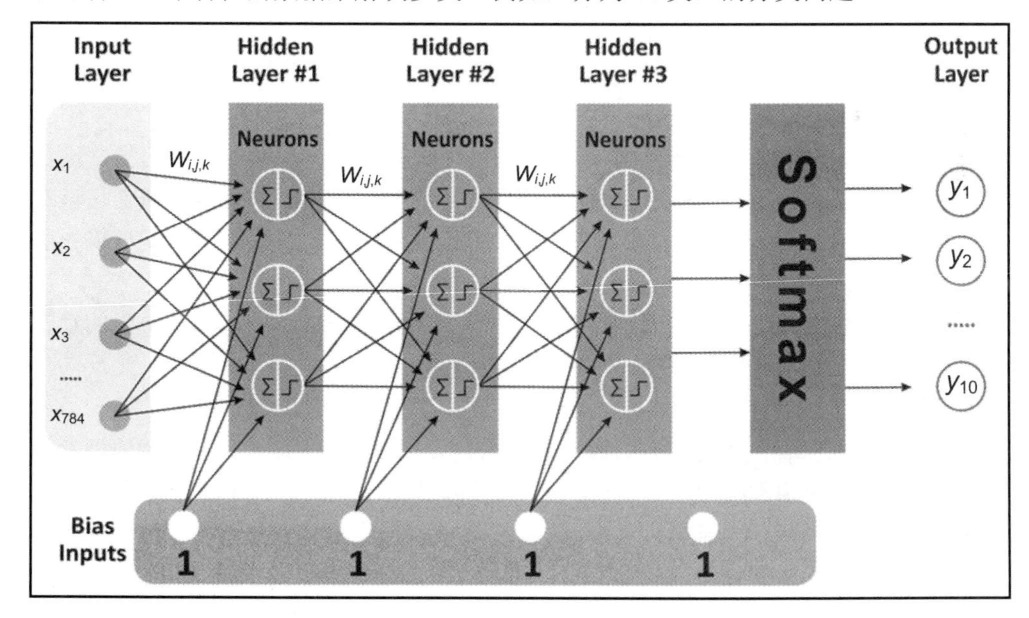

图 2-11

原　　文	译　　文	原　　文	译　　文
Input Layer	输入层	Neurons	神经元
Hidden Layer	隐藏层	Bias Inputs	偏置输入
Output Layer	输出层	—	—

在这里，隐藏层将执行大部分计算以学习模式，然后网络使用一个称为损失函数（Loss Function）的特殊数学函数评估其准确性（方法是将其预测值与实际输出进行比较）。它可能是一个复杂的均方误差（Mean Squared Error），也可能是一个非常简单的均方误差，其定义如下：

$$\mathrm{MSE}=\frac{1}{n}\sum_{i=1}^{n}(Y_i-\hat{Y}_i)^2$$

在上述公式中，$\hat{Y}$是网络做出的预测，而 Y 则表示实际或预期输出。最后，当误差不再减少时，神经网络会收敛并通过输出层进行预测。

1. 训练神经网络

神经网络的学习过程将被配置为权重优化的迭代过程。权重在每个训练时期（Epoch）都将更新（使用训练集中的全部样本完成一次训练称为一个 Epoch，中文也有人称一个 Epoch 为一代或一个轮次）。一旦训练开始，目标是通过最小化损失函数来生成预测，然后在测试集上评估网络的性能。我们已经知道了人工神经元的简单概念。然而，仅产生一些人工信号尚不足以学习复杂的任务。有鉴于此，通常使用的监督学习算法是反向传播算法（Backpropagation Algorithm），该算法常用于训练复杂的 ANN。

归根结底，训练这样的神经网络也是一个优化问题，在该问题中，我们尝试通过使用梯度下降（Gradient Descent，GD）进行反向传播，通过调整网络权重和偏置，以迭代方式使误差最小化。这种方法迫使网络反向回溯其所有层以更新权重，并在与损失函数相反的方向上跨越节点更新偏置。

然而，使用梯度下降（GD）的过程并不能保证达到全局最小值。隐藏单元的存在和输出函数的非线性意味着错误的行为非常复杂，并且具有许多局部最小值。此反向传播步骤通常使用许多训练批次（Batch）执行数千次或数百万次（使用训练集中的一小部分样本完成一次反向传播的参数更新，这一小部分样本称为一个 Batch），直至模型参数收敛到使成本函数最小化的值为止。当验证集的误差开始增加时，训练过程结束，因为这可能标志着过拟合阶段的开始。图 2-12 显示了在搜索误差函数 E 的最小值时，我们将向 E 的梯度 G 最小的方向移动。

使用 GD 的缺点是收敛时间太长，这使得其无法满足处理大规模训练数据的需求。因此，研究人员提出了一种更快的 GD，称为随机梯度下降（Stochastic Gradient Descent,

SGD），SGD 也是在深度神经网络（Deep Neural Network，DNN）训练中广泛使用的优化器。在 SGD 中，我们每次迭代仅使用来自训练集中的一个训练样本以更新网络参数，这是真实成本梯度的随机近似值。

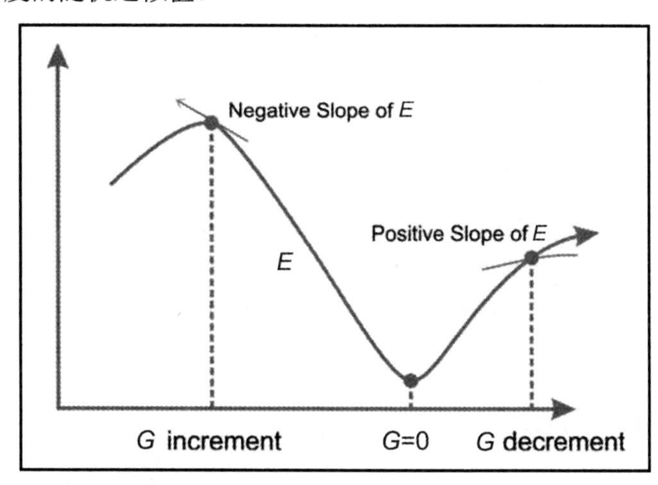

图 2-12

原　　文	译　　文	原　　文	译　　文
Negative Slope of *E*	*E* 的负斜率	*G* increment	*G* 增加
Positive Slope of *E*	*E* 的正斜率	*G* decrement	*G* 减少

注意：

当前还有其他高级优化器，例如 Adam、RMSProp、ADAGrad 和 Momentum 等，它们中的每一个都是 SGD 的直接或间接优化版本。

2. 权重和偏差初始化

现在有一个很棘手的问题：如何初始化权重？如果我们将所有权重初始化为相同的值（如 0 或 1），则每个隐藏的神经元将获得相同的信号。不妨尝试将其进行如下分解。

- 如果将所有权重都初始化为 1，则每个单元将获得等于输入总和的信号。
- 如果所有权重均为 0，那么这种情况甚至更糟，因为隐藏层中的每个神经元都将获得零信号。

在网络权重初始化方面，Xavier 初始化被广泛使用。Xavier 类似于随机初始化，但通常效果更好，因为默认情况下 Xavier 可以根据输入和输出神经元的总数来识别初始化比率。

你可能想知道在训练常规深度神经网络时是否可以摆脱随机初始化。事实上，最近一些研究人员一直在谈论随机正交矩阵初始化（Random Orthogonal Matrix Initialization），其性能优于训练深度神经网络的任何随机初始化。在初始化偏置值时，可以将其初始化为 0。但是将偏置设置为较小的恒定值（例如所有偏置为 0.01）可确保所有线性整流函数（Rectified Linear Unit，ReLU）都能传播梯度。但是，它的性能并不好，也没有显示出持续的改进。因此，建议仍设置偏置为 0。

3. 激活函数

为了使神经网络学习复杂的决策边界，可以将非线性激活函数应用于其某些层。常用函数包括 Tanh、ReLU、softmax 及其变体。从技术上讲，每个神经元都可以接收一个信号，该信号是作为输入连接的神经元的突触权重和激活值的加权和。在这方面使用最广泛的函数之一是所谓的 S 型逻辑函数（Sigmoid Logistic Function），其定义如下：

$$\text{Out}_i = \frac{1}{(1+\text{e}^{-x})}$$

S 型逻辑函数的域包括所有实数，并且共同域是(0, 1)。这意味着作为神经元输出（根据其激活状态的计算）获得的任何值将始终为 0～1。图 2-13 显示了 Sigmoid 激活函数和 Tanh 激活函数之间的差异，其中 Sigmoid 激活函数解释了神经元的饱和度比率，从不活动（等于 0）到完全饱和（发生在预定的最大值，也就是等于 1）。

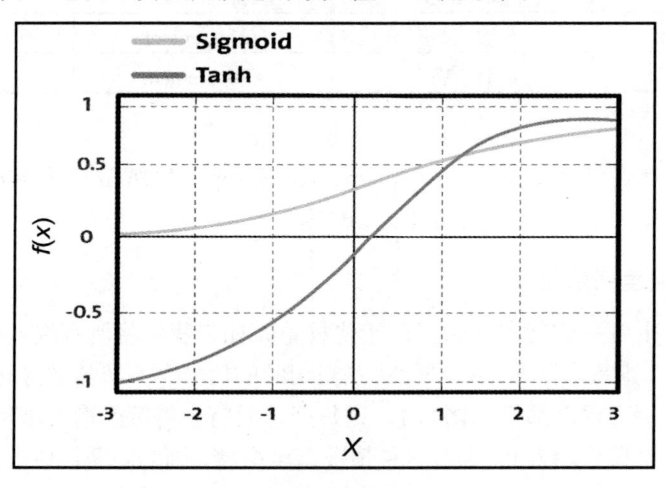

图 2-13

另外，双曲正切（Hyperbolic Tangent）或 Tanh 是激活函数的另一种形式。Tanh 展平了-1～1 的实数值。图 2-13 中，特别是从数学角度讲，Tanh 激活函数可以表示如下：

$$\tanh(x) = 2\sigma(2x) - 1$$

一般来说，在前馈神经网络（FeedForward Neural Network，FFNN）的最后一级，将 softmax 函数用作决策边界。这是常见的情况，尤其是在解决分类问题时。softmax 函数用于多类分类问题中所有可能类的概率分布。

综上所述，选择合适的激活函数和网络权重初始化方法是使网络发挥最佳性能并有助于获得良好训练的两个问题。

在了解了人工神经网络的简要历史后，2.5 节将深入研究不同的架构，以便对它们的具体用法有所了解。

2.5　神经网络架构

到目前为止，研究人员已经提出并使用了许多神经网络架构。然而，它们或多或少都基于少数核心神经网络架构。可以将深度学习架构分为以下 4 类。

- 深度神经网络（DNN）。
- 卷积神经网络（CNN）。
- 循环神经网络（RNN）。
- 新兴架构。

当然，深度神经网络、卷积神经网络和循环神经网络具有许多改进的变体。尽管大多数变体都是为了解决特定领域的研究问题而提出或开发的，但基本工作原理仍然遵循原始的深度神经网络、卷积神经网络和循环神经网络架构。下面将简要介绍这些架构。

2.5.1　深度神经网络

深度神经网络是具有复杂的深层次结构的神经网络，每一层中都有大量神经元，并且它们之间存在许多连接。尽管深度神经网络指的是非常深的网络，但为简单起见，我们将多层感知器（Multi-Layer Perceptron，MLP）、堆叠式自动编码器（Stacked AutoEncoder，SAE）和深度置信网络（Deep Belief Network，DBN）均视为深度神经网络架构。这些架构主要用作前馈神经网络（FFNN），这意味着信息将从输入层传播到输出层。

顾名思义，多层感知器（MLP）就是将多个感知器以层的形式堆叠在一起，其中各层均作为有向图（Directed Graph）连接。从根本上讲，多层感知器是最简单的前馈神经网络之一，因为它仅具有 3 层，即输入层、隐藏层和输出层。这样，信号就从输入层传播到隐藏层，再传播到输出层，如图 2-14 所示。

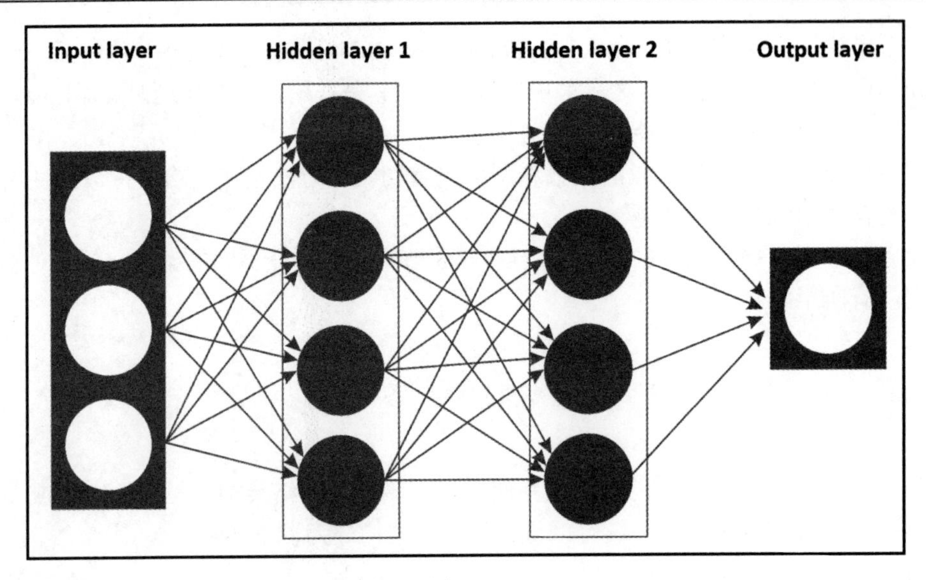

图 2-14

原　　文	译　　文
Input layer	输入层
Hidden layer1	隐藏层 1
Hidden layer2	隐藏层 2
Output layer	输出层

堆叠式自动编码器（SAE）的基本构建块是自动编码器，而深度置信网络（DBN）的基本构建块则是受限玻尔兹曼机（Restricted Boltzmann Machine，RBM）。与 MLP（以监督方式训练的前馈神经网络）不同，SAE 和 DBN 均分为两个阶段进行训练，即无监督的预训练和有监督的微调。在无监督的预训练中，各层按顺序堆叠，并以分层的方式使用已经用过的未标记数据进行训练。

在有监督的微调中，将输出分类器层堆叠起来，并通过对标记数据进行重新训练来优化完整的神经网络。多层感知器（MLP）的一个问题是，它经常会过拟合数据，因此它不能很好地泛化。为了克服这个问题，Hinton 等人提出了深度置信网络（DBN）。深度置信网络使用贪婪的逐层预训练算法，并由可见层和多个隐藏的单元层组成。深度置信网络的基本构建块是受限玻尔兹曼机（RBM），如图 2-15 所示，其中就有若干个受限玻尔兹曼机依次堆叠。

在图 2-15 中最上面的两层之间具有无向的对称连接，而在它们下面的层则建立的是有向连接。尽管 DBN 获得了很大的成功，但现在已被自动编码器（AE）取代。

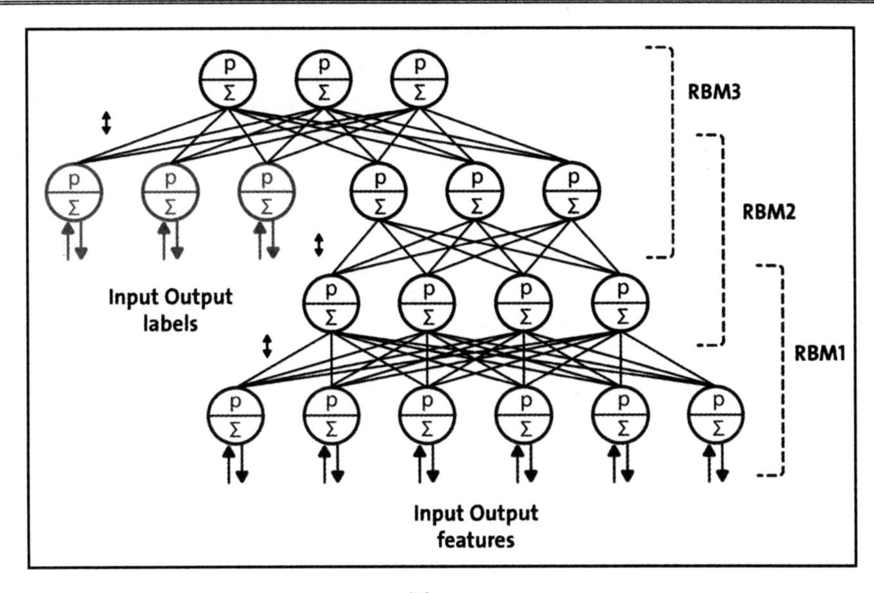

图 2-15

原　　文	译　　文
Input Output labels	输入/输出标签
Input Output features	输入/输出特征

2.5.2　自动编码器

自动编码器（AE）是神经网络的特殊类型，它可以从输入数据中自动学习。自动编码器由两部分组成，即编码器和解码器。编码器将输入压缩为潜在空间表示（Latent-Space Representation），随后，解码器部分会尝试从此表示中以重构原始输入数据。

- 编码器（Encoder）：使用称为 $h = f(x)$ 的函数对输入进行编码或压缩为潜在空间表示形式。
- 解码器（Decoder）：使用称为 $r = g(h)$ 的函数对潜在空间表示形式的输入进行解码或重构。

因此，可以通过 $g(f(x)) = 0$ 的函数来描述自动编码器，其中，我们希望 0 接近 x 的原始输入。图 2-16 显示了自动编码器的工作原理。

自动编码器对于数据降噪和数据可视化降维非常有用，因为它们可以比主成分分析（PCA）更有效地学习所谓表示（Representation）的数据投影。

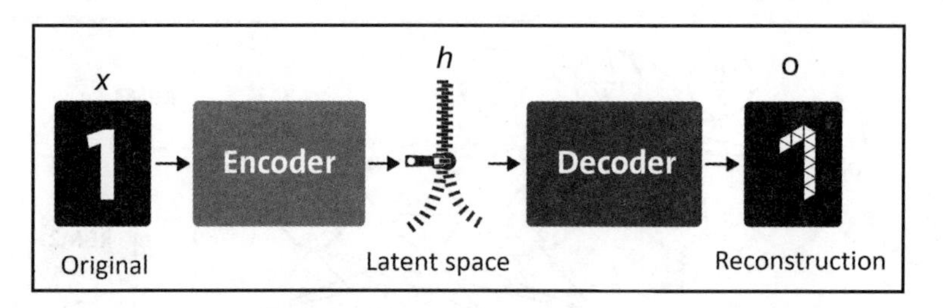

图 2-16

原　文	译　文
Original	原始输入
Encoder	编码器
Latent space	潜在空间
Decoder	解码器
Reconstruction	重构

2.5.3 卷积神经网络

卷积神经网络（Convolutional Neural Network，CNN）在计算机视觉（如图像识别）中已经取得了很多成就并被广泛采用。与 MLP 或 DBN 相比，卷积神经网络中的连接模式明显不同。一些卷积层以级联（Cascade）形式连接。每层都由 ReLU 层、池化层（Pooling Layer）、其他卷积层（+ReLU）和另一个池化层作为备份，然后是全连接层（Fully Connected Layer）和 softmax 层。图 2-17 是用于面部识别的卷积神经网络的架构示意图，该卷积神经网络将面部图像作为输入并预测了诸如愤怒、厌恶、恐惧、快乐和悲伤等之类的情绪。

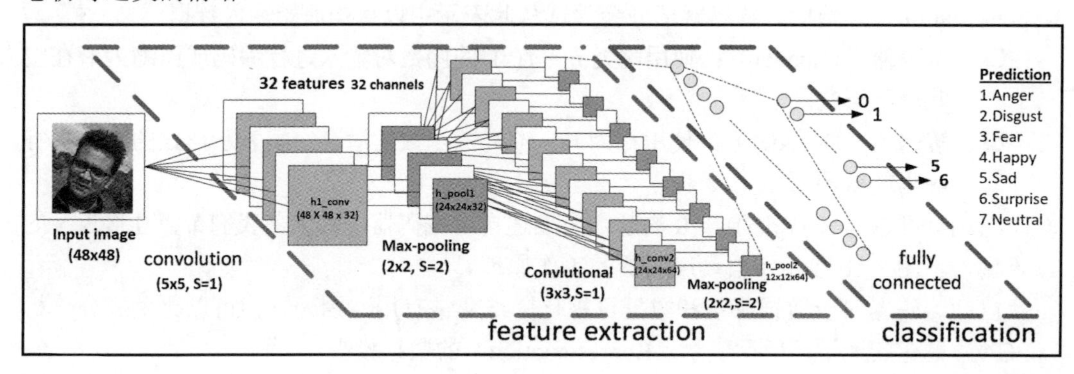

图 2-17

原　　文	译　　文	原　　文	译　　文
Input image	输入图像	Prediction	预测
convolution	卷积	Anger	愤怒
32 features	32 个特征	Disgust	厌恶
32 channels	32 个通道	Fear	恐惧
Max-pooling	最大池化	Happy	快乐
Convlutional	卷积层	Sad	悲伤
fully connected	全连接	Surprise	惊讶
feature extraction	特征提取	Neutral	中性
classification	分类	—	—

重要的是，深度神经网络对于像素的组织方式没有先验知识，因为深度神经网络不知道附近的像素是否紧密。卷积神经网络通过在图像的较小区域中使用特征图，在较低层中嵌入了这种先验知识，而较高层则会将较低层的特征组合为更大的特征。

此设置适用于大多数的自然图像，从而使卷积神经网络相对于深度神经网络具有决定性的领先优势。每个卷积层的输出是一组由单个内核过滤器生成的对象，称为特征图（Feature Map）。随后，可以使用特征图来定义下一层的新输入。卷积神经网络中的每个神经元都会产生一个输出，后面跟着一个激活阈值，该阈值与输入成正比，但不受限制。

2.5.4　循环神经网络

在循环神经网络（Recurrent Neural Network，RNN）中，单元之间的连接形成有向循环（Directed Cycle）。循环神经网络架构最初是由 Hochreiter 和 Schmidhuber 于 1997 年构思的。循环神经网络架构具有标准的多层感知器（MLP），再加上添加的循环，这样循环神经网络架构就可以利用 MLP 强大的非线性映射功能。它们也具有某种形式的记忆。图 2-18 显示了一个非常基本的循环神经网络，该循环神经网络包含了一个输入层、两个循环层和一个输出层。

然而，这种基本的循环神经网络将遭受梯度消失和爆炸问题的困扰，无法对长期依赖关系进行建模。此类架构还包括长短期记忆（Long-Short Term Memory，LSTM）、门控循环单元（Gated Recurrent Unit，GRU）、双向 LSTM 和其他变体。需要指出的是，LSTM 和 GRU 可以克服常规循环神经网络的缺点，即梯度消失/爆炸问题和长短期依赖。

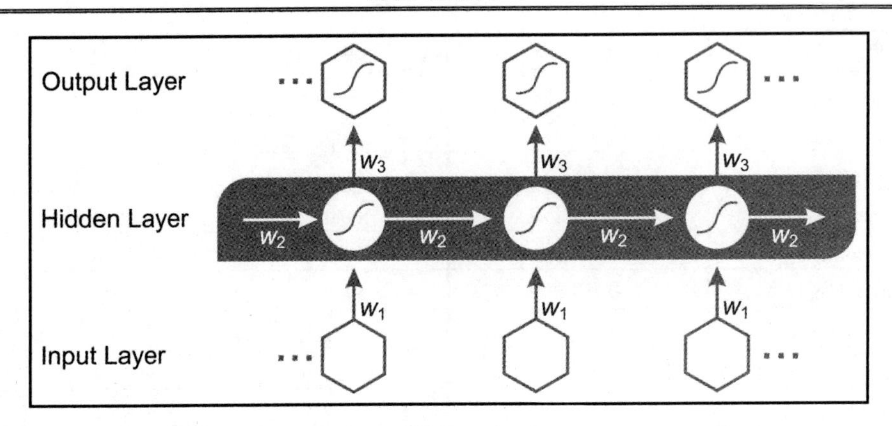

图 2-18

原　　文	译　　文
Output Layer	输出层
Hidden Layer	隐藏层
Input Layer	输入层

2.5.5　新兴架构

研究人员已经提出了许多其他新兴的深度学习架构，例如深度时空神经网络（Deep Spatio Temporal Neural Network，DST-NN）、多维递归神经网络（Multi-Dimensional Recurrent Neural Network，MD-RNN）和卷积自动编码器（Convolutional AutoEncoder，CAE）。尽管如此，还有更多新兴的网络不断涌现，如胶囊网络（这是卷积神经网络的改进版本，旨在消除常规卷积神经网络的缺点）、用于图像识别的循环神经网络（RNN）和用于简单图像生成的生成对抗网络（Generative Adversarial Network，GAN）。除此之外，用于个性化和深度强化学习的因式分解机（Factorization Machine）也正在广泛使用。

1. 残差神经网络

由于有时存在数以百万计的超参数和其他实际因素，因此训练更深的神经网络确实很困难。为了克服这一局限性，何凯明等人提出了一种残差（Residual）学习框架，以简化对更深的网络的训练。有关详细信息，可访问以下网址：

https://arxiv.org/abs/1512.03385v1

他们还明确地将层重新配置为参考层输入来学习残差函数，而不是学习非参考函数。这样一来，这些残差网络更易于优化，并且可以通过深度的增加来提高准确率。缺点是通过简单地堆叠残差块来构建网络将不可避免地限制优化能力。为了克服这个限制，Ke Zhang 等人也建议使用多层残差网络，有关详细信息，可访问以下网址：

https://arxiv.org/abs/1608.02908

2. 生成对抗网络

生成对抗网络（GAN）是深度神经网络架构，由相互对抗的两个网络组成（“对抗”的名称即由此而来）。Ian Goodfellow 等人在一篇论文中介绍了生成对抗网络，有关详细信息，可访问以下网址：

https://arxiv.org/abs/1406.2661v1

在生成对抗网络中有两个主要组件，即生成器（Generator）和鉴别器（Discriminator），其工作原理如图 2-19 所示。

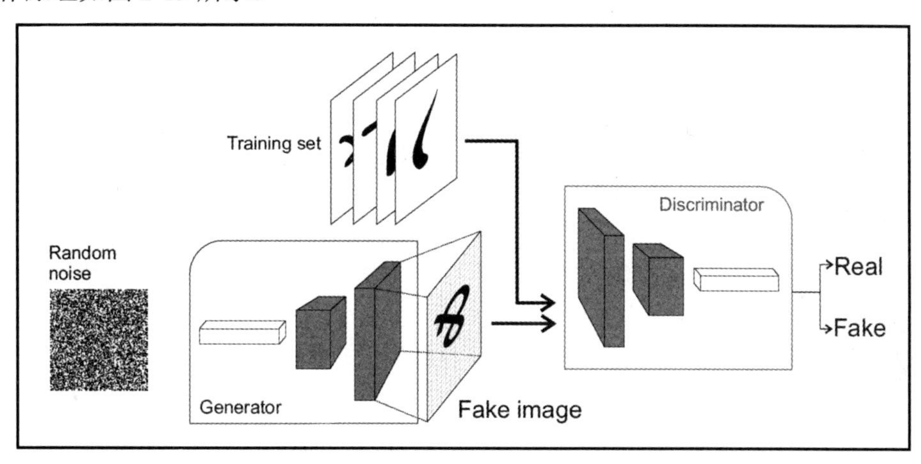

图 2-19

原　文	译　文	原　文	译　文
Random noise	随机噪声	Discriminator	鉴别器
Training set	训练集	Real	真
Generator	生成器	Fake	假
Fake image	假图像	—	—

在 GAN 架构中，生成器和鉴别器相互对抗，具体如下。

- 生成器尝试从特定的概率分布中生成数据样本，并且与实际对象非常相似。
- 鉴别器将判断其输入是来自原始训练集还是来自生成器部分。

许多深度学习从业人员认为GAN是最重要的进步之一，因为GAN可以用来模拟数据的任何分布，并且可以根据数据分布来学习GAN，以创建机器人艺术家图像、超级分辨率图像、文本-图像合成、音乐和语音等。例如，对于对抗训练的概念，Facebook的AI研究总监Yann LeCun就认为GAN是机器学习过去10年中最有意思的想法。

3. 胶囊网络

在卷积神经网络中，每一层都通过缓慢的感受野（Receptive Field，RF）或最大池化（Max Pooling）运算以更细粒度的层次理解图像。所谓“感受野”就是卷积神经网络每一层输出的特征图上的像素点在原始图像上映射的区域大小。如果图像具有旋转、倾斜或非常不同的形状或方向，则卷积神经网络将无法提取此类空间信息，并且在图像处理任务中显示出非常糟糕的性能。即使是卷积神经网络中的池化运算，也无法有效防止此类位置不变。卷积神经网络中的这个问题导致了胶囊网络（CapsNet）的出现，Geoffrey Hinton等人在题为*Dynamic Routing Between Capsules*（胶囊之间的动态路由）的论文中提出了胶囊网络的概念。有关详细信息，可访问以下网址：

https://arxiv.org/abs/1710.09829

“胶囊是一组神经元，它们的活动向量代表特定类型的实体（例如对象或对象的一部分）的实例化参数。”

与不断添加层的常规深度神经网络不同，CapsNet的思路是在单个图层内添加更多图层。这样一来，CapsNet就变成了神经层的嵌套集合。在CapsNet中，使用物理学中使用的路由算法来分别计算胶囊的向量输入和输出，该算法将以迭代方式传递信息并处理自洽场（Self- Consistent Field，SCF）过程。

图2-20显示了一个简单的三层CapsNet的示意图。DigitCaps层中每个胶囊的活动向量的长度指示每个类的实例的存在，并将用于计算损失。

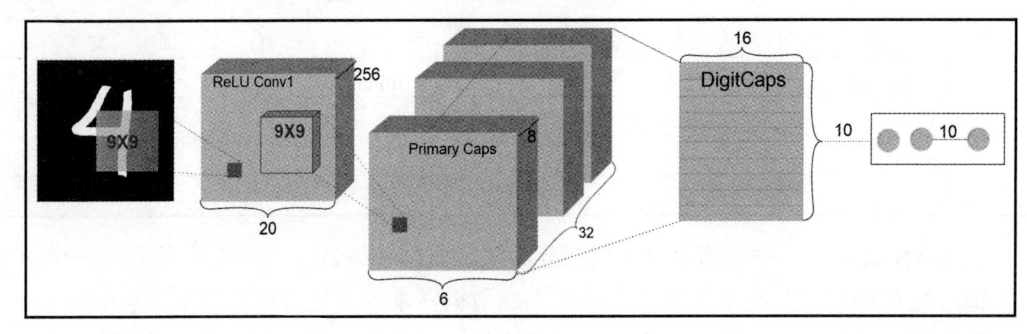

图2-20

在理解了神经网络的工作原理以及不同的神经网络架构之后，如果你能亲自动手实践一些操作，那将是非常棒的。但是，在此之前，不妨先了解一些流行的深度学习库和框架，它们是实现这些网络架构所需的附件。

2.5.6　执行聚类分析的神经网络

研究人员已经提出了 K 均值的若干种变体来解决高维输入空间的问题。但是，它们在本质上仍仅限于线性嵌入，因此，我们无法对非线性关系建模。无论如何，这些方法的微调仅基于聚类分配的硬化损失，因此无法实现细粒度的聚类准确率。由于聚类结果的质量取决于数据分布，因此深度神经网络架构可以帮助模型学习从数据空间到低维特征空间的映射，在其中可以按迭代方式优化聚类目标。在过去的几年中，研究人员已经提出了若干种方法，试图将深度神经网络的表示能力用于预处理聚类输入。

一些值得注意的方法包括深度嵌入式聚类（Deep Embedded Clustering，DEC）、深度聚类网络（Deep Clustering Network）、判别式增强聚类（Discriminatively Boosted Clustering）、聚类卷积神经网络（Clustering CNN）、深度嵌入网络（Deep Embedding Network）、卷积深度嵌入式聚类（Convolutional Deep Embedded Clustering）以及图像深度表示的联合无监督学习。其他方法包括具有非参数聚类的深度学习、基于卷积神经网络的联合聚类和具有特征漂移补偿的表示学习、在神经网络中学习潜在表示以进行聚类、使用卷积神经网络进行聚类以及使用卷积自动编码器嵌入进行深度聚类等。

这些方法中的大多数都或多或少地遵循相同的原理，即使用深度架构将表示学习（Representation Learning）的输入转换为潜在表示（Latent Representation），并将这些表示用作特定聚类方法的输入。这样的深度神经网络架构包括多层感知器（MLP）、卷积神经网络（CNN）、深度置信网络（DBN）、生成对抗网络（GAN）和变分自动编码器（Variational Auto-Encoder，VAE）。图 2-21 显示了一个基于深度学习的聚类示例，说明了如何使用卷积自动编码器提高深度嵌入式聚类（DEC）网络的聚类性能，并共同优化重构损失和 CAH 损失。编码器层之外的潜在空间被馈送到 K 均值算法，以进行软聚类分配。模糊的遗传变异表示存在重构误差。

总之，在这些方法中，涉及以下 3 个重要步骤：使用深度神经网络架构提取适用于聚类算法的深度特征；组合聚类损失和非聚类损失；而最后则是进行网络更新以共同优化聚类损失和非聚类损失。

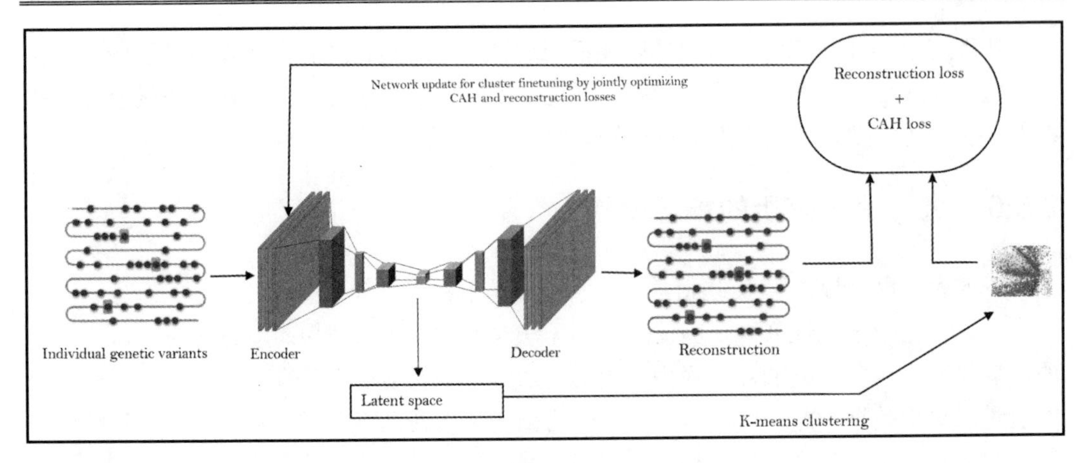

图 2-21

原　文	译　文
Individual genetic variants	个体遗传变异
Encoder	编码器
Latent space	潜在空间
Decoder	解码器
Reconstruction	重构
K-means clustering	K 均值聚类
Network update for cluster finetuning by jointly optimizing CAH and reconstruction losses	用于聚类微调的网络更新，可共同优化 CAH 和重构损失
Reconstruction losses + CAH loss	重构损失+CAH 损失

资料来源：Karim et al., Recurrent Deep Embedding Networks for Genotype Clustering and Ethnicity Prediction, arXiv: 1805.12218

2.6　物联网的深度学习框架和云平台

目前有若干种流行的深度学习框架，它们各有其优缺点。其中一些基于桌面系统，而另一些则基于云平台，开发人员可以在其中部署/运行深度学习应用程序。然而，在使用图形处理器时，大多数在开放许可下发布的库都是有益的，最终可以帮助加快学习过程。此类框架和库包括 TensorFlow、PyTorch、Keras、Deeplearning4j、H2O 和 Microsoft 认知工具包（CogNitive ToolKit，CNTK）。甚至在几年前，包括 Theano、Caffee 和 Neon 在内的其他实现也被广泛使用。但是，现在这些已经过时。

Deeplearning4j（DL4J）是为 Java 和 Scala 语言构建的最早的商业级、开源、分布式深度学习库之一，它也提供了对 Hadoop 和 Spark 的集成支持。DL4J 专为在分布式 GPU 和 CPU 上的业务环境中使用而构建。DL4J 旨在成为最先进的即插即用型产品，并具有比配置更多的约定，可为非研究人员提供快速的原型制作，其众多库都可以与 DL4J 集成，无论是用 Java 还是 Scala 开发机器学习应用程序，都可以使 Java 虚拟机（Java Virtual Machine，JVM）的体验更轻松。与 JVM 的 NumPy 相似，ND4J 提供了线性代数的基本运算（包括矩阵创建、加法和乘法），而 ND4S 则是用于线性代数和矩阵运算的科学计算库。ND4J 还为基于 JVM 的语言提供了 *n* 维数组。

图 2-22 显示了 2018 年的 Google 趋势，说明了 TensorFlow 的受欢迎程度。

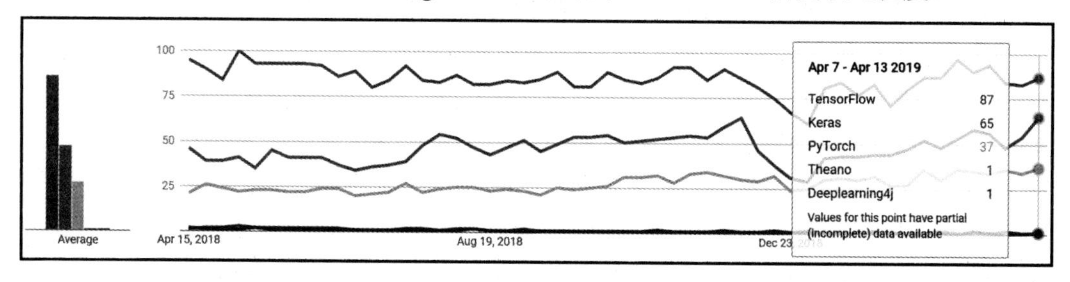

图 2-22

这里还有必要介绍 Chainer 开源框架。与这些框架一样，Chainer 也是一个功能强大、灵活且直观的深度学习框架，它支持 CUDA 计算，只需寥寥几行代码即可利用 GPU，它也可以毫不费力地在多个 GPU 上运行。最重要的是，Chainer 支持各种网络架构，包括前馈网络、卷积网络、循环网络和递归网络，它还支持 per-batch 架构。Chainer 中另一个有趣的功能是它支持正向计算，通过它可以包含 Python 的任何控制流语句而不会缺乏反向传播的能力。Chainer 使得代码更直观且易于调试。

2018 年，深度学习框架功能的评分还显示 TensorFlow、Keras 和 PyTorch 远远领先于其他框架，有关详细信息，可访问以下网址：

https://towardsdatascience.com/deep-learning-framework-power-scores-2018-23607ddf297a

上述评分的根据是对深度学习框架的使用情况、受欢迎程度和兴趣来计算的。

除了上述库之外，云平台中还有一些针对深度学习的最新计划，其思路是将深度学习功能带入具有数十亿个数据点和高维数据的大数据中。如 Amazon Web Services（AWS）、Microsoft Azure、Google Cloud Platform 和 NVIDIA GPU Cloud（NGC）等都提供其公共云原生的机器和深度学习服务。

2017 年 10 月，AWS 发布了适用于 Amazon Elastic Compute Cloud（Amazon EC2）

P3 实例的 Deep Learning AMI（DLAMI）。这些 AMI 预先安装了深度学习框架，例如 TensorFlow、Gluon 和 Apache MXNet，它们已针对 Amazon EC2 P3 实例中的 NVIDIA Volta V100 GPU 进行了优化。深度学习服务目前提供 3 种类型的 AMI，即 Conda AMI、Base AMI 和带有源代码的 AMI。CNTK 是 Microsoft Azure 的开源深度学习服务，即与 AWS 产品类似，它着重于可帮助开发人员构建和部署深度学习应用程序的工具。Azure 还提供了一个模型库，其中包含诸如代码示例之类的资源，以帮助企业开始使用该服务。

另外，NGC 使用 GPU 加速容器为 AI 科学家和研究人员提供了支持，有关详细信息，可访问以下网址：

https://www.nvidia.com/en-us/data-center/gpu-cloud-computing

NGC 具有容器化的深度学习框架，例如 TensorFlow、PyTorch 和 MXNet 等，这些框架已经过 NVIDIA 调整、测试和认证，可以在参与的云服务提供商的最新 NVIDIA GPU 上运行。当然，也可以通过各自的市场获得第三方服务。

在基于云的物联网系统开发市场方面，目前可分为 3 类明显的途径：一是现成的平台（如 AWS IoT Core、Azure IoT Suite 和 Google Cloud IoT Core），使用它们意味着供应商锁定（即只能使用某个云平台的产品）和高端的批量定价，如果你需要更具成本效益的可扩展性，则需要进行权衡；二是在 Linux 堆栈上合理建立的 MQTT 配置（如 Eclipse Mosquitto）；三是正在发展中的新兴的协议和产品（例如，Nabto 的 P2P 协议），这些协议和产品正在努力吸引开发人员的兴趣和社区投资，以寻求将来在市场上占有一席之地。

作为深度学习框架，Chainer 神经网络是所有由 Intel Atom、NVIDIA Jetson TX2 和 Raspberry Pi 驱动的设备的理想选择。因此，在使用 Chainer 时就不需要从头开始为设备构建和配置机器学习框架。Chainer 为 3 种流行的机器学习框架（包括 TensorFlow、Apache MXNet 和 Chainer）提供了预先构建的软件包，它的工作方式取决于 Greengrass 上的库，以及使用 Amazon SageMaker 生成的或直接存储在 Amazon S3 存储桶中的一组模型文件。开发人员可以从 Amazon SageMaker 或 Amazon S3 中将机器学习模型部署到 AWS Greengrass 上，用作机器学习推理的本地资源。从概念上讲，AWS IoT Core 可以充当将机器学习推理部署到前沿的管理平面上。

2.7　小　结

本章介绍了一些基本的深度学习主题。我们从基本而全面的机器学习入门知识开始了自己的旅程，然后逐渐转向深度学习和不同的神经网络架构，接着简要概述了最重要的深度学习框架，这些框架可用于为支持物联网的设备开发深度学习应用程序。

物联网应用（如智能家居、智慧城市和智能医疗保健等）在很大程度上依赖视频或图像数据处理来制定决策。在第 3 章中，我们将介绍用于物联网应用的基于深度学习的图像处理，包括图像识别、分类和对象检测等功能。此外，我们还将介绍如何在物联网应用中进行视频数据的处理。

第 2 篇

物联网深度学习应用开发

本篇将介绍如何使用深度学习为各种用例创建应用，如图像识别、音频/语音/声音识别、室内定位以及生理和心理状态检测等。我们还将通过示例演示如何创建应用程序，使用聚类算法在物联网中检测异常。

本篇包括以下 5 章:

第 3 章　物联网中的图像识别

未来许多物联网应用（包括智能家居、智慧城市和智能医疗保健等）都将广泛使用基于图像识别的决策（例如智能门或锁的人脸识别）。机器学习（ML）和深度学习（DL）算法可用于图像识别和决策，因此它们在物联网应用领域有非常光明的前景。本章将针对物联网应用介绍基于深度学习的图像数据处理方法。

本章的第一部分将简要介绍不同的物联网应用及其基于图像检测的决策。此外，我们还将简要讨论物联网应用程序及其在实际场景中基于图像检测的实现。本章的第二部分将介绍使用深度学习算法的图像检测应用程序的实现。

本章将讨论以下主题：

- 物联网应用和图像识别。
- 用例一：基于图像的自动故障检测。
- 用例二：基于图像的智能固体垃圾分离。
- 物联网中用于图像识别的迁移学习。
- 物联网应用中用于图像识别的卷积神经网络。
- 收集用例一的数据。
- 收集用例二的数据
- 数据预处理。
- 模型训练。
- 评估模型。

3.1　物联网应用和图像识别

物联网应用中的图像识别格局正在迅速变化。移动处理能力、边缘计算和机器学习的显著进步为在许多物联网应用中广泛使用图像识别铺平了道路。例如，配备了高分辨率摄像头的无所不在的移动设备（在许多物联网应用中是关键组件），促进了世界各地每个人的图像和视频的生成。

此外，智能摄像头（如 IP 摄像头和带有摄像头的 Raspberry Pi）已在许多地方用于不同应用，如智能家居、校园和工厂。许多物联网应用（包括智慧城市、智能家居、智慧健康、智慧教育、智慧工厂和智慧农业等）均使用图像识别/分类做出决策。图 3-1 显示了这些应用均使用一种或多种图像识别服务。

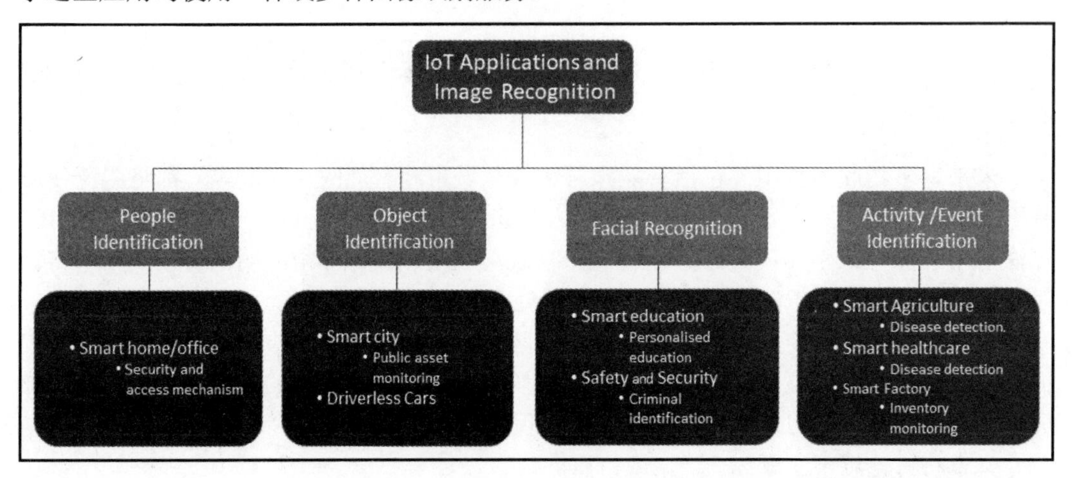

图 3-1

原　　文	译　　文
IoT Applications and Image Recognition	物联网应用和图像识别
People Identification	人员识别
Smart home/office Security and access mechanism	智能家居/办公 ——安全和访问机制
Object Identification	对象识别
Smart city public asset monitoring Driverless Cars	智慧城市 ——公共资产监控 无人驾驶汽车
Facial Recognition	人脸识别
Smart education Personalised education Safety and Security Criminal identification	智慧教育 ——个性化教育 安全保障 ——刑事鉴定
Activity/Event Identification	活动/事件识别
Smart Agriculture Disease detection Smart healthcare Disease detection Smart Factory Inventory monitoring	智慧农业 ——病虫害检测 智能医疗 ——疾病检测 智能工厂 ——库存监控

下面将详细讨论图 3-1。

- 人员识别：一般来说，安全、友好地访问家庭、办公室和任何其他场所均可能是一项有挑战性的任务。使用包括物联网解决方案在内的智能设备可以提供对许多场所的安全而友好的访问。以办公室或家庭门禁系统为例，我们通常使用一把或多把钥匙进入家庭或办公室，如果丢失了这些钥匙，不仅会给我们带来不便，而且如果其他人找到这些钥匙，还会使我们的安全处于危险之中。在这种情况下，基于图像识别的人员识别可以用作智能家居或办公室的无钥匙门禁系统。
- 对象识别：在许多领域，包括无人驾驶汽车、智慧城市和智能工厂，都非常需要基于物联网的自动对象识别。例如，智慧城市应用（诸如智能车牌识别和车辆检测以及城市范围内的公共资产监控等）可以使用基于图像识别的对象检测服务。同样，智能工厂可以使用对象检测服务进行库存管理。
- 人脸识别：基于图像处理的人脸检测和识别技术发展非常迅速，它已经产生了包括刷脸支付在内的广泛应用。由于具有生物识别技术的智能手机已经成为社会常态，智能手机和基于物联网的人脸识别可用于许多应用（如安全性和智慧教育）。例如，在智能课堂（教育）中，可以使用人脸识别系统来识别对演讲的响应。
- 事件识别：许多人类疾病（如手足口病）、动物疾病（如家禽疾病）和植物病的症状是显而易见的，可以使用集成了基于深度学习的图像分类的物联网解决方案以数字方式检测这些疾病。

3.2　用例一：基于图像的自动故障检测

城市中的公共资产（如道路、公共建筑和旅游场所）均是各有特点的，并且分布在城市的各个区域。世界上大多数城市在监视、故障检测和报告这些资产方面均面临挑战。例如，在许多城市中，居民经常会报告设备故障，但是在许多情况下，报告的准确性和效率均为一个问题。在智慧城市中，则可以监控这些资产，并可以通过物联网应用检测和报告其故障。例如，在城市的各个路口所安装的一个或多个传感器（如摄像头或麦克风）可用于道路故障监视和检测。

道路是城市中的重要资产，而且有很多缺点。通勤者和车辆遇到的一些最令人沮丧的危险和异常是坑坑洼洼、上下颠簸和道路崎岖。重要的是，车辆可能经常面临悬架问题、转向失准和爆胎危险，这也可能导致事故。与道路故障相关的损失成本很高，例如，仅与道路坑洼相关的损坏每年就使英国司机损失 17 亿英镑。带有适当深度学习算法支持的物联网应用程序可用于自动检测这些故障并适当地对其进行报告，这意味着可以按具有成本效益的方式减少与道路故障有关的损失的数量。

图 3-2 显示了用例的实现包括 3 个主要元素。

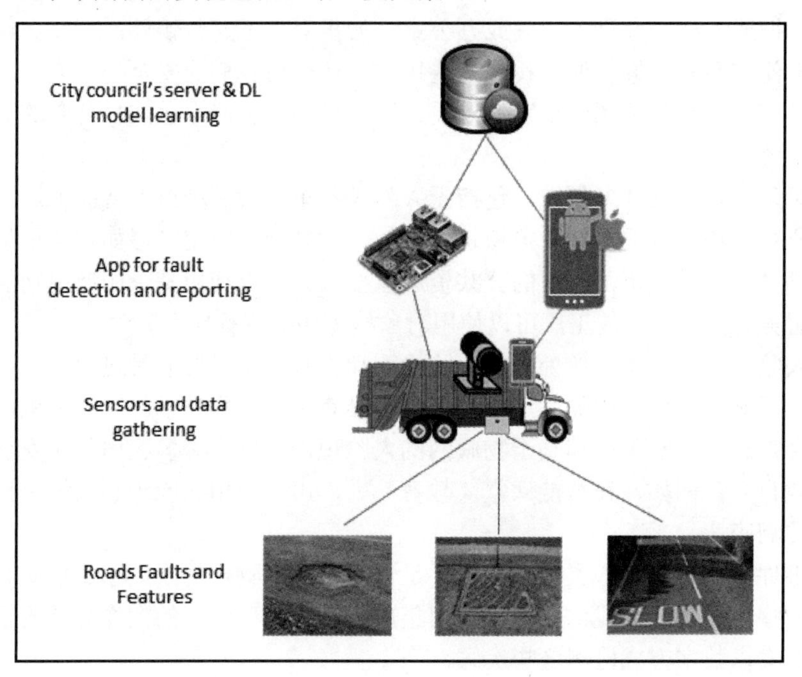

图 3-2

原　　文	译　　文
City council's server & DL model learning	市政管理服务器和深度学习的模型学习
App for fault detection and reporting	故障检测和报告的应用程序
Sensors and data gathering	传感器和数据收集
Roads Faults and Features	道路故障与特征

下面将详细了解这些组件。

- 传感器和数据收集：用于数据收集的传感器的选择取决于资产和故障类型。如果将智能手机用作边缘计算设备，则其摄像头可用于感应和收集有关道路故障的数据；相反，如果使用 Raspberry Pi 作为边缘计算设备，则需要使用外部摄像头，因为 Raspberry Pi 中没有内置摄像头。图 3-2 显示了用于用例实现的 Raspberry Pi 和摄像头。这里使用了具有 1 GB RAM 的 Raspberry Pi 3 B+型设备和一个 500

万像素传感器（带定焦镜头的 Omnivision OV5647 传感器）。摄像头的采样率或摄影率将取决于车辆的速度和道路故障的可用性。例如，如果智能手机摄像头或安装在车辆上的摄像头可以每秒捕获一张图片，那么当车速为 40km/h 或更低速时，手机或 Raspberry Pi 将能够在两秒钟内检测到故障。一旦检测到故障并捕获了图像，该图像就会被发送给检测方法。

- 故障检测和报告：在此阶段，将安装边缘计算设备（包括一个应用程序）。智能手机或 Raspberry Pi 中已安装的应用程序将加载预训练的故障检测和分类模型。车辆的智能手机或 Raspberry Pi 摄像头拍照后（按照采样率），这些模型将对潜在故障进行检测和分类，并报告给应用程序服务器（当地市政管理机构）。
- 市政管理服务器和故障检测模型：市政管理服务器负责以下任务。
  - 使用参考数据集学习故障检测和分类模型。
  - 传播和更新边缘计算设备的模型。
  - 接收和存储故障数据。

基于图像的模型学习和道路故障检测的验证是该实现的核心。本章的第二部分将描述上述用例的基于深度学习的异常检测的实现（详见 3.4 节“物联网中用于图像识别的迁移学习”）。本章配套的代码文件夹中提供了所有必需的代码。

3.3　用例二：基于图像的智能固体垃圾分离

固体垃圾是全球性挑战。固体垃圾的管理非常昂贵，垃圾管理不当也严重影响了全球经济、公共卫生和环境。一般来说，诸如塑料、玻璃瓶和纸张之类的固体垃圾是可回收的，并且它们需要有效的回收方法才能在经济和环境方面获得更大的收益。然而，在大多数国家/地区，现有的回收过程都是手动完成的。另外，市民或消费者经常对回收方法感到困惑，例如，对于干湿垃圾的分类一度成为全民关注的话题。

在这个问题上，物联网具有独特的优势，因为在机器学习和深度学习（尤其是基于图像的对象识别）的支持下，可以轻松地识别各种废弃物的类型并相应地进行分类，而无须任何人工干预。

基于图像的智能固体垃圾分离的实现包括两个关键组件。

- 带有独立腔室的垃圾箱，以及可以控制的每种固体垃圾的盖子。
- 用于图像识别的深度学习模型的物联网基础架构。

该实现的第一个组件不在本书的讨论范围之内，我们要考虑的是第二个组件。图 3-3 显示了该用例的物联网实现包括两个主要元素。

图 3-3

原　　文	译　　文
Entry for trash	垃圾入口
Sensor2: weight sensor	传感器 2：重量传感器
Sensor1: Camera	传感器 1：摄像头
Computing platform with image recognition	带图像识别功能的计算平台

下面将详细了解第二个组件。

- 传感器和数据收集：用于数据收集的传感器的选择取决于固体垃圾的类型及其特征。例如，许多玻璃瓶和塑料瓶的颜色和外观非常相似，但是它们的重量一般来说有明显的不同。对于该用例，可以考虑使用以下两个传感器。
  - 一个或多个摄像头：用于在垃圾入口处捕获垃圾图像。
  - 重量传感器：获取垃圾的重量。

  我们使用 Raspberry Pi 作为计算平台。该用例使用的是具有 1 GB RAM 的 Raspberry Pi 3 B+型设备和一个 500 万像素的传感器（带定焦镜头的 Omnivision OV5647 传感器）进行测试的。一旦图像和重量被感知并捕捉，它们就会被发送给分类方法。
- 垃圾检测和分类：这是实现的关键要素。Raspberry Pi 将使用深度学习加载预训练的垃圾检测和分类模型，一旦检测算法检测到垃圾并将其分类，它就会启动控制系统以打开相应的盖子并将其移入垃圾箱中。

该用例场景着重于城市公共区域（包括公园、旅游景点、环境美化和其他娱乐场所）的垃圾管理。一般来说，这些地区的市民和游客会单独处理他们的垃圾。重要的是，他们处理的物品数量很少，每次也就一两件。

3.4 节将描述上述用例所需的基于深度学习的图像识别的实现。本章的代码文件夹中提供了所有必需的代码。

3.4　物联网中用于图像识别的迁移学习

一般来说，迁移学习（Transfer Learning）意味着将预训练的机器学习模型表示迁移到另一个问题。近年来，这已成为将深度学习模型应用于问题的一种流行方法，尤其是在图像处理和识别中，因为它可以用较少的数据来训练深度学习模型。

图 3-4 显示了两个模型，即标准深度学习模型的架构（见图 3-4（a））和迁移学习深度学习模型的架构（见图 3-4（b））。

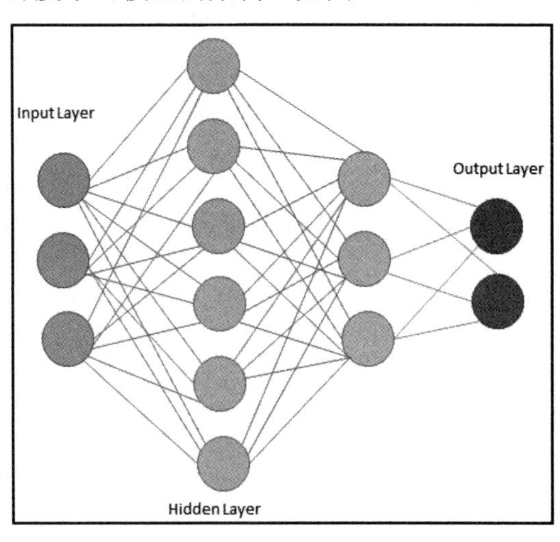

（a）

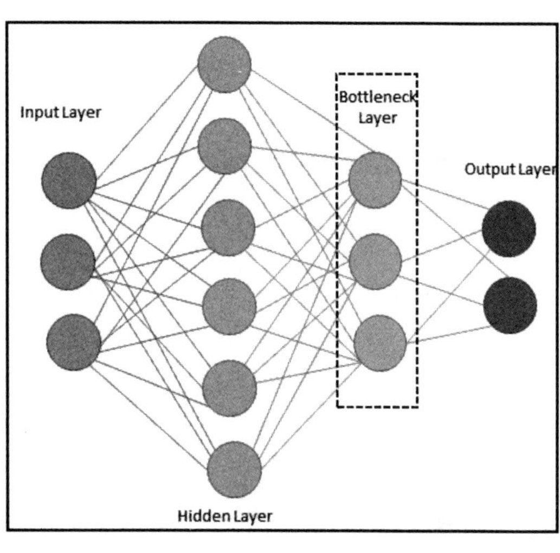

（b）

图 3-4

原　　文	译　　文	原　　文	译　　文
Input Layer	输入层	Hidden Layer	隐藏层
Output Layer	输出层	Bottleneck Layer	瓶颈层

在如图 3-4（a）所示的标准深度学习模型的架构图中，经过全面训练的神经网络在初始层中获取输入值，然后通过必要的转换将信息依次向前馈送，直到倒数第二层（也称为瓶颈层）构建了输入的高级表示形式，可以更轻松地将其转换为最终输出。该模型的完整训练涉及优化每个连接中使用的权重和偏差项（以蓝色标记）。在大型且异构的数据集中，这些权重和偏差项的数量可能为数百万。

在迁移学习中，我们可以使用前面的和中间的层，而仅对后面的层进行重新训练。迁移学习的一种流行方法是对除最后一层以外的整个网络重用经过预训练的权重，并通过使用新数据集对网络进行再训练来重新学习最后一层或分类部分的权重。在如图 3-4（b）所示的迁移学习深度学习模型的架构图中，我们重新使用了橙色连接，并使用新的数据集对网络进行了重新训练，以了解最后一层的绿色连接。

提示：

由于黑白印刷的缘故，本书部分图片可能难以辨识颜色差异，为此我们提供了一个 PDF 文件，其中包含本书使用的屏幕截图/图表的彩色图像。读者可以通过以下地址下载：

https://www.packtpub.com/sites/default/files/downloads/9781789616132_ColorImages.pdf

许多预训练的深度学习模型（包括 Inception-V3 和 MobileNets 模型）可用于迁移学习。Inception-V3 模型接受过 ImageNet 大规模视觉识别竞赛（ILSVRC）训练，它可以将图像分为 1000 类，例如 Zebra、Dalmatian 和 Dishwasher 等。

Inception-V3 包含以下两个部分。

- 具有卷积神经网络的特征提取部分，可从输入中提取特征。
- 具有全连接的层和 softmax 层的分类部分，它可以根据第一部分中标识的特征对输入数据进行分类。

如果要使用 Inception-V3 模型，可以重用特征提取部分，并使用我们的数据集重新训练分类部分。

迁移学习有以下两个优势。

- 训练新数据更快。
- 通过较少的训练数据解决问题，而不必从头开始学习。

迁移学习的这些功能对于在物联网资源受限的边缘设备中实现深度学习模型特别有用，因为这意味着我们不需要训练特别消耗资源的特征提取部分，这样就可以使用较少的计算资源和时间来训练模型。

3.5 物联网应用中用于图像识别的卷积神经网络

卷积神经网络（Convolutional Neural Network，CNN）具有不同的实现。AlexNet 就是这样一种实现，它曾经赢得了 ImageNet 大规模视觉识别竞赛 ILSVRC2012 的胜利。从那时起，卷积神经网络在计算机视觉、图像检测和分类中变得无处不在。直到 2017 年 4 月，总的趋势是建立更深、更复杂的网络以实现更高的准确性。然而，这些更深、更复杂的网络虽然提供了更高的准确性，但并不总是使网络更加高效，特别是在大小和速度方面颇受诟病。而在许多实际应用中，尤其是在物联网应用中（例如自动驾驶汽车和病人监护仪），识别任务需要在资源受限的（处理、内存）平台上及时完成。

在这种背景下，2017 年 4 月推出了 MobileNet V1。2018 年 4 月，此版本的 MobileNet 进行了改进，发布了其第二个版本（MobileNet V2）。MobileNet 及其变体是高效的卷积神经网络深度学习模型的物联网应用，尤其是基于图像识别的物联网应用。接下来我们将简要介绍 MobileNet。

MobileNet 是流行和广泛使用的深度学习模型（即卷积神经网络）的实现，它们专门为资源受限的移动设备而设计，以支持分类、检测和预测。安装有深度学习模型的个人移动设备（包括智能手机、可穿戴设备和智能手表）可改善用户体验，提供随时随地的访问权限，并具有安全性、隐私性和能耗方面的其他优点。重要的是，移动设备中的新兴应用将需要更高效的神经网络，以实现与现实世界的实时交互。

图 3-5（a）显示了在 MobileNet V1 中是如何将标准卷积滤波器替换为两层的。它使用了深度卷积（见图 3-5（b））和逐点卷积（见图 3-5（c））来构建深度可分离的滤波器。

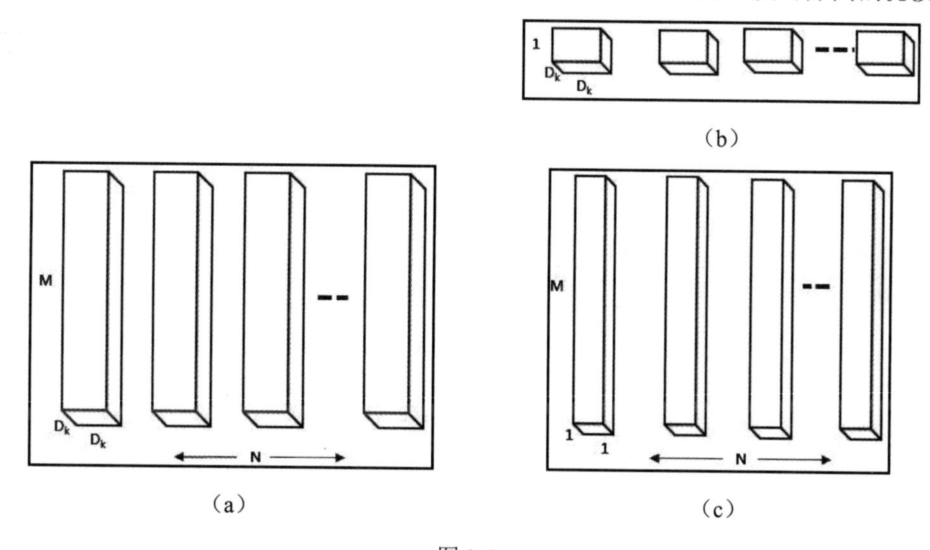

（a）　（b）　（c）

图 3-5

MobileNet V1 将标准卷积（见图 3-5（a））分解成深度卷积（见图 3-5（b））以及 1×1 的逐点卷积（见图 3-5（c））的主要动机是卷积层的计算成本很高，可以用所谓的深度可分离卷积（Depthwise Separable Convolution）代替。在 MobileNet V1 中，深度卷积过程对每个输入通道使用单个滤波器，然后逐点卷积对早期深度卷积的输出使用 1×1 卷积过程。图 3-6 显示了标准卷积滤波器示意图，标准卷积可以在一个步骤中同时完成过滤和将输入组合为一组新输出的操作。与标准卷积神经网络不同，MobileNet 中的深度可分离卷积（分解之后）以将其分为两层，即用于过滤的层和用于组合的单独层。

图 3-6 显示了 MobileNet V1 分解之后的体系结构。由于该模型仅需要计算数量明显更少的参数，因此这种分解极大地减少了计算量和模型的大小。例如，MobileNet V1 只需要计算 420 万个参数，而完整的卷积网络则需要计算 2930 万个参数。

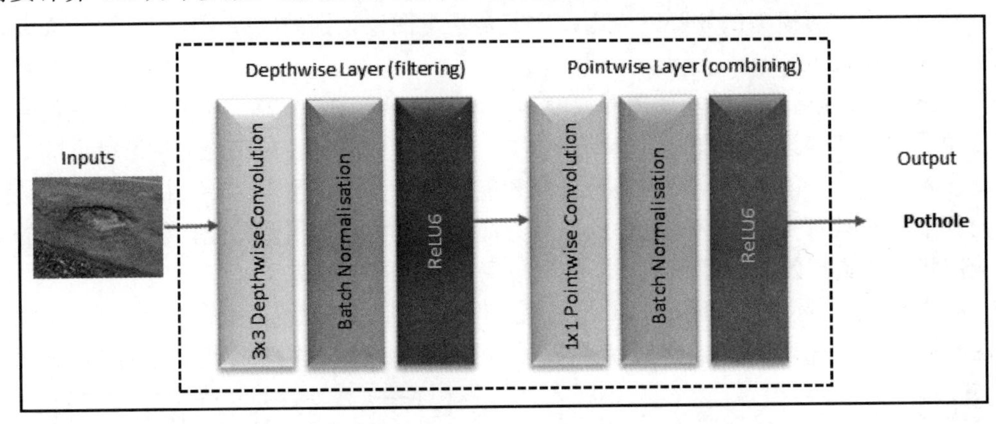

图 3-6

原　　文	译　　文	原　　文	译　　文
Inputs	输入	Pointwise Layer(combining)	逐点层（组合）
Depthwise Layer(filtering)	深度层（过滤）	1×1 Pointwise Convolution	1×1 逐点卷积
3×3 Depthwise Convolution	3×3 深度卷积	Output	输出
Batch Normalisation	批量标准化	Pothole	识别出道路坑洼

MobileNet V2 是 MobileNet V1 的更新和显著改进的版本，它大大改进并推动了现有的移动视觉识别，包括分类、检测和语义分割。与 MobileNet V1 一样，MobileNet V2 作为 TensorFlow-Slim Image Classification Library（图像分类库）的一部分被发布。如果需要，可以在 Google Colaboratory 中浏览其功能。此外，MobileNet V2 还可作为 TF-Hub 上的模块使用，并且可以在以下位置找到预训练的检查点或用于迁移学习的已保存的模型：

https://github.com/tensorflow/models/tree/master/research/slim/nets/mobilenet

图 3-7 显示了 MobileNet V2 的简单体系结构。MobileNet V2 作为 MobileNet V1 的扩展已被开发，它使用深度可分离卷积作为有效的构建块。此外，MobileNet V2 在架构中还包括了两个新特性：一个是层之间的线性瓶颈；另一个是瓶颈之间的快捷连接。

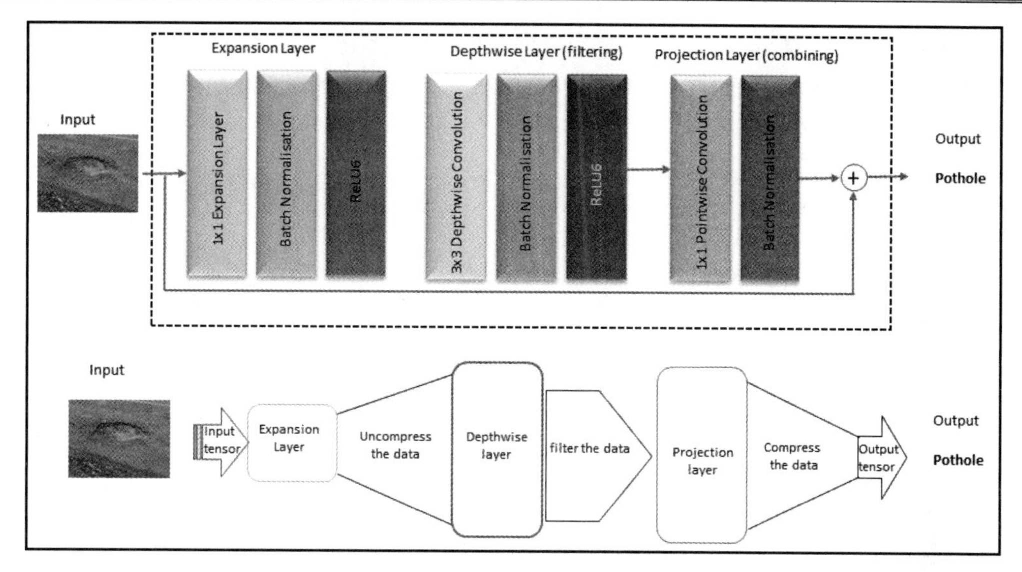

图 3-7

原　　文	译　　文	原　　文	译　　文
Input	输入	Pothole	识别出道路坑洼
Expansion Layer	扩展层	Input tensor	输入张量
1×1 Expansion Layer	1×1 扩展层	Uncompress the data	解压缩数据
Batch Normalisation	批量标准化	Depthwise layer	深度层
Depthwise Layer(filtering)	深度层（过滤）	filter the data	过滤数据
3×3 Depthwise Convolution	3×3 深度卷积	Projection layer	投影层
Projection Layer(combining)	投影层（组合）	Compress the data	压缩数据
1×1 Pointwise Convolution	1×1 逐点卷积	Output tensor	输出张量
Output	输出	—	—

3.6　收集用例一的数据

我们可以使用智能手机摄像头或 Raspberry Pi 摄像头收集数据，并自行准备数据集，或者从 Internet（即通过 Google、Bing 等搜索引擎）中下载现有图像并准备数据集，也可以使用现有的开源数据集。对于用例一，我们结合使用了两者。我们下载了现有的道路坑洼图像（最常见的道路破损现象之一）数据集，并使用 Google 搜索引擎中搜索到的更多图像更新了数据集。用于坑洼识别的开源数据集（PotDataset）由英国克兰菲尔德大学发布，该数据集包括坑洼（Pothole）对象和非坑洼对象的图像，非坑洼对象涵盖了 Manhole（井盖）、Pavement（人行道）、Road Marking（道路标记）和 Shadow（阴影）。图像被手动注解并组织到以下相应文件夹中。

- Manhole
- Pavement
- Pothole
- Road Marking
- Shadow

在将深度学习算法应用于数据之前，必须先浏览数据集。为了进行浏览，可以在数据集上运行 image_explorer.py，如下所示。

```
python image_explorer.py datset_original
```

图 3-8 显示了数据浏览过程的屏幕截图。

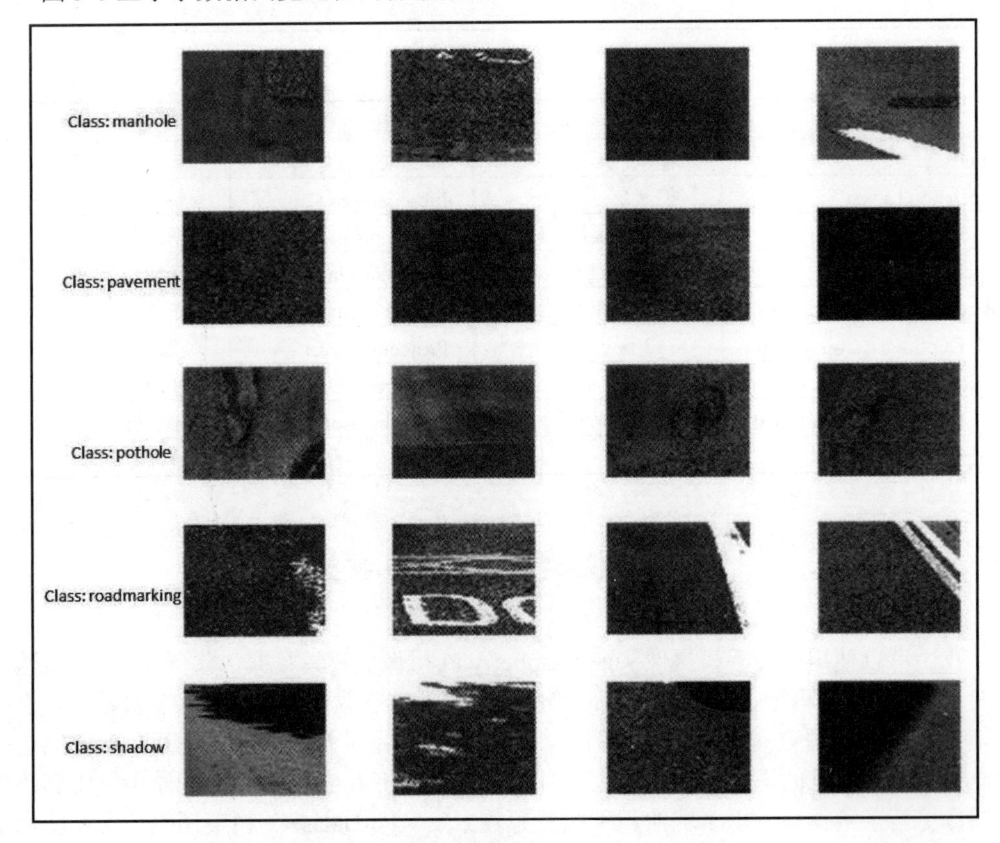

图 3-8

如数据浏览图所示，如果仅使用智能手机摄像头，则坑洼和非坑洼对象之间的差异并不总是显而易见的。结合使用 IR 和智能手机摄像头可以改善这种情况。此外，我们还发现，在此处使用的坑洼图像可能不足以覆盖如下所示的各种道路坑洼现象：

- ❑ 使用过的数据集中的许多图像表明，坑洼已经得到维护/修复。
- ❑ 在所使用的数据集中有一些面积较大的道路坑洼的图像。

在这种情况下，我们决定通过从互联网上收集更多图像来更新坑洼图像数据集。接下来，我们简要讨论数据收集过程。

（1）搜索：使用任何 Web 浏览器（例如 Chrome）转到 Google，然后在 Google 图片中搜索坑洼图像。搜索窗口将类似于图 3-9。

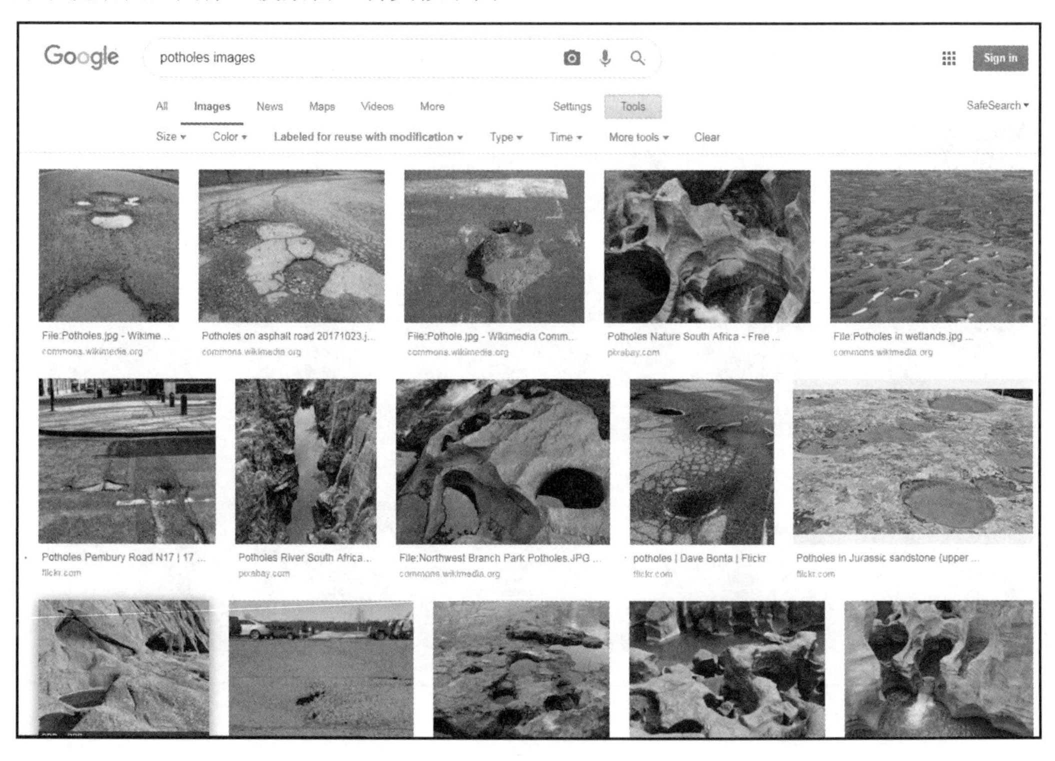

图 3-9

注意：

可以通过以下方式选择无版权的图像：单击 Tools（工具）按钮，然后将使用权更改为 Labeled for reuse with modification。

也可以使用“坑洼路面”关键字通过百度图片搜索引擎搜索到大量相关图片。

（2）收集图像 URL：该步骤可以使用寥寥几行 JavaScript 代码收集图像 URL。收集的 URL 可以在 Python 中用于下载图像。在 macOS 中，可以通过单击 View（视图）| Developer（开发人员）| JavaScript Console（JavaScript 控制台）以选择 JavaScript 控制台。这里假设使用的是 Chrome 浏览器，当然也可使用 Firefox；在 Windows 系统中，则通过单击 Google Chrome | More tools（更多工具）| Developer tools（开发人员工具），然后选择 Console（控制台），如图 3-10 所示。

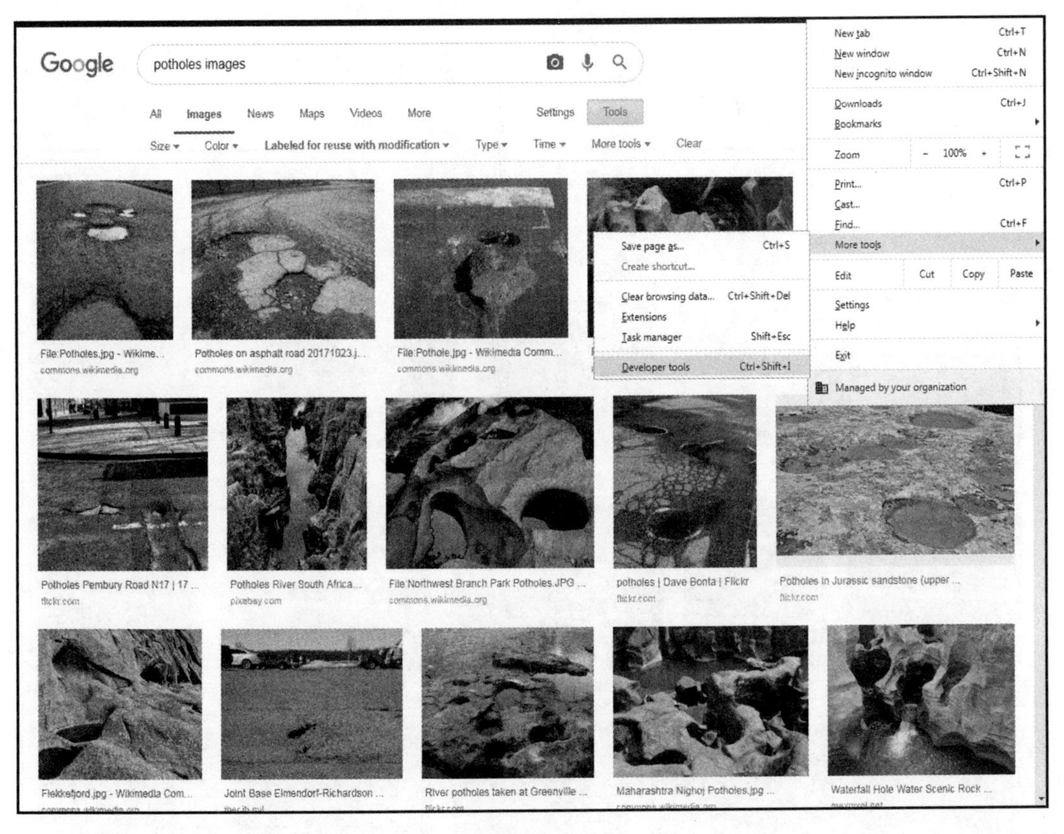

图 3-10

在选择 JavaScript 控制台之后，将看到一个浏览器窗口，如图 3-11 所示。这将使用户能够以类似于 REPL 的方式执行 JavaScript。

（3）现在按顺序执行以下操作。

① 滚动页面并向下浏览，直到找到适用于数据集的所有有用图像（注意：请使用不受版权保护的图像）。之后，需要收集所选图像的 URL。

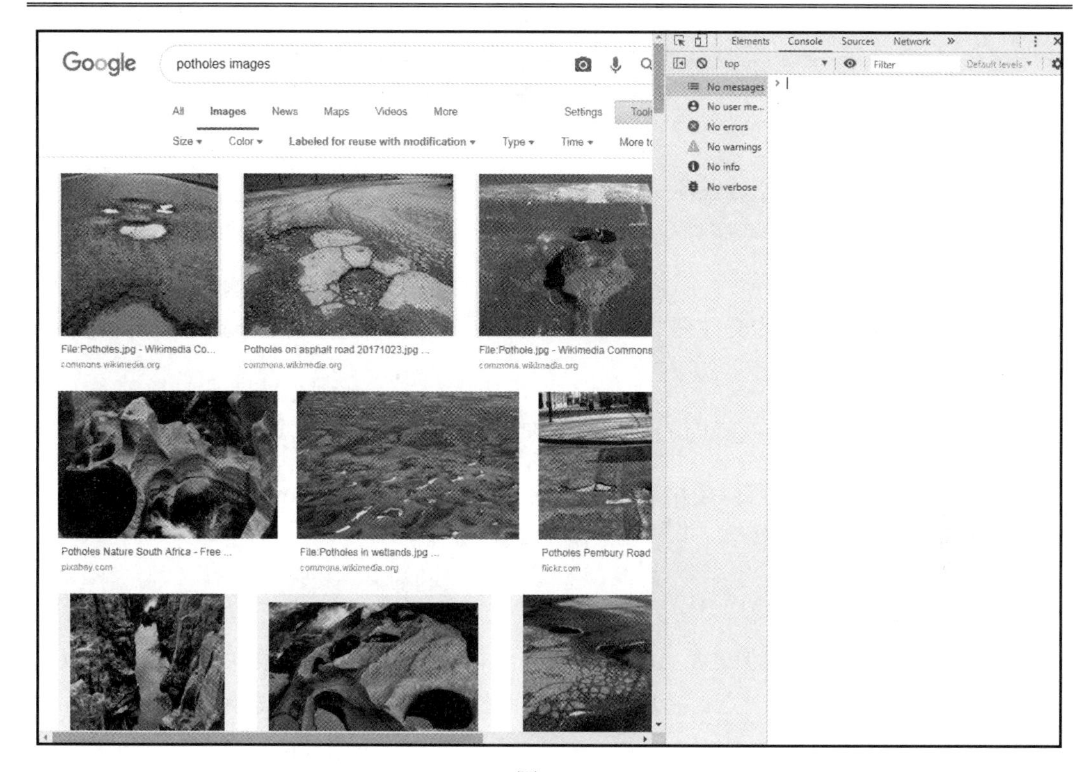

图 3-11

② 现在移至 JavaScript 控制台，然后将以下 JavaScript 代码复制并粘贴到控制台中：

```
// 将 jquery 放入 JavaScript 控制台中
var scriptJs = document.createElement('scriptJs');
scriptJs.src =
"https://ajax.googleapis.com/ajax/libs/jquery/2.2.0/jquery.min.js";
document.getElementsByTagName('head')[0].appendChild(scriptJs)
```

③ 上面的代码将提取 jQuery JavaScript 库。现在可以使用 CSS 选择器通过以下代码行收集 URL 列表：

```
// 收集选定的 URL
var urls_images = $('.rg_di .rg_meta').map(function() {
return JSON.parse($(this).text()).ou; });
```

④ 使用以下代码行将 URL 写入文件（每行一个）中：

```
// 将 URL 写入文件中
var text_url_Save = urls_images.toArray().join('\n');
```

```
var hiddenComponents = document.createElement('a');
hiddenComponents.href = 'data:attachment/text,' +
encodeURI(text_url_Save);
hiddenComponents.target = '_blank';
hiddenComponents.download = 'imageurls.txt';
hiddenComponents.click();
```

一旦执行了前面的代码行，默认的下载目录中就会有一个名为 imageurls.txt 的文件。如果要将它们下载到特定的文件夹中，可以将上面代码中的 hiddenComponents.download = 'imageurls.txt' 一行改写如下：

```
hiddenComponents.download ='你要指定的文件夹/imageurls.txt'
```

（5）下载图像：现在可以使用之前下载的 imageurls.txt 运行 download_images.py（在本章的代码文件夹中可以找到）以下载图像，代码如下：

```
python download_images.py imageurls.txt
```

（6）浏览：在下载图像之后，还需要对其进行浏览，以删除不相关的图像。可以通过一些手动检查来做到这一点。之后，还需要调整图像大小并将其转换为灰度图像，以匹配先前下载的数据集。

图 3-12 显示了道路坑洼和非坑洼图像数据集的文件夹结构。

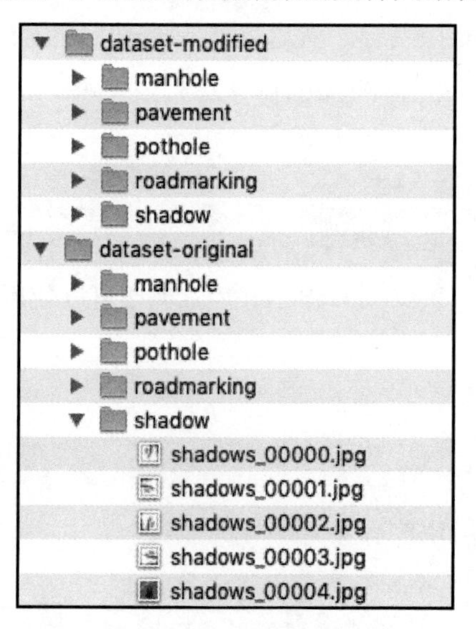

图 3-12

3.7　收集用例二的数据

与用例一一样，可以通过数码摄像头收集数据，也可以使用现有的开源数据集或二者的结合。我们将使用现有的开源数据集来实现分类算法，该数据集来自美国的城市环境。由于固体垃圾的类型可能会因国家/地区而异，因此最好根据用例所使用的国家/地区来更新数据集。该数据集包含 6 种固体垃圾，即 glass（玻璃）、paper（纸张）、cardboard（纸板）、plastic（塑料）、metal（金属）和 trash（垃圾）。数据集包含 2527 张图像，并对其进行了注解和组织到相应的文件夹中，如图 3-13 所示。

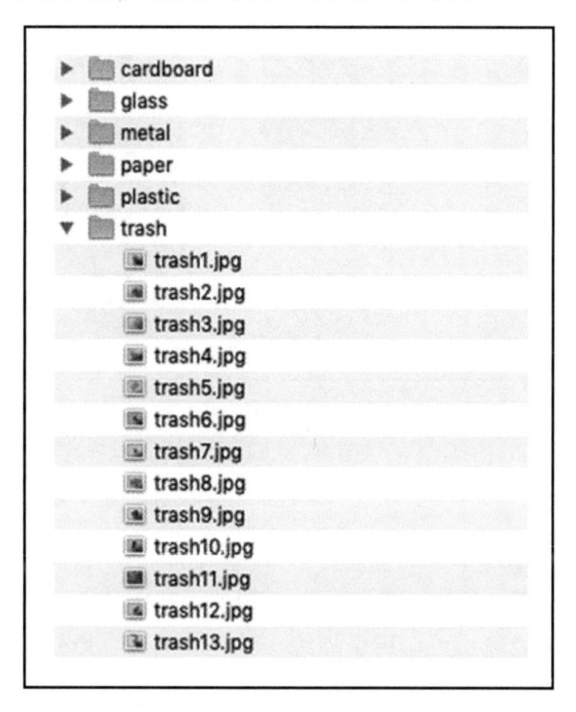

图 3-13

图 3-14 显示了用例二的数据浏览截图。可以看到，glass（玻璃）图像和 plastic（塑料）图像可能会混淆分类算法。在这种情况下，重量传感器数据可用于解决此问题。

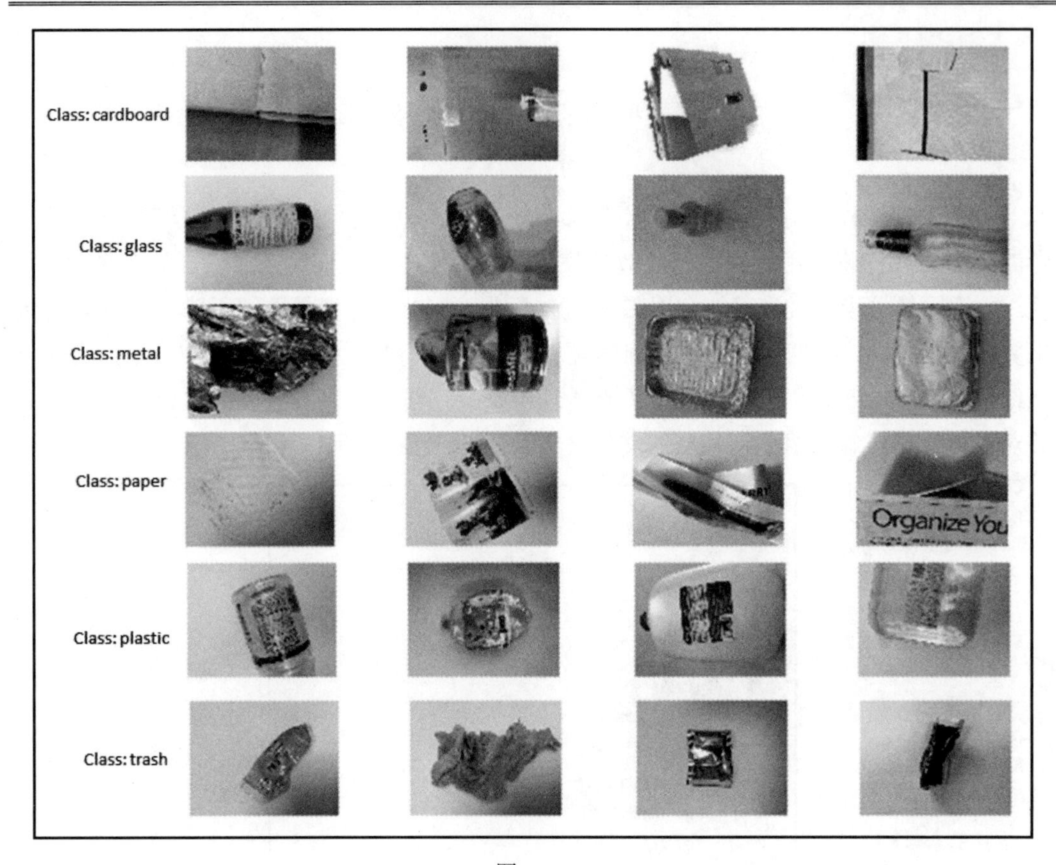

图 3-14

3.8　数据预处理

数据预处理是深度学习管道的重要步骤。用例中使用的坑洼图像和固体垃圾图像上的现有数据集已经过预处理，可以用于训练、验证和测试。原始图像和修改图像（为道路坑洼类下载的其他图像）都组织为子文件夹，每个子文件夹均以 5 个类别之一命名，并且仅包含该类别的图像。在准备训练图像集时需要注意以下问题。

- 数据大小：我们需要为每个类收集至少 100 张图像，以训练出效果良好的模型。收集的图像越多，经过训练的模型的准确性就可能越好。所使用的数据集中的 5 个类别中的每个类别都有 1000 多个样本图像。此外，还需要确保图像很好地表示了应用程序在实际实现中将实际面临的内容。

- 数据的异质性（Heterogeneity）：为训练而收集的数据应是异质性的。例如，关于道路坑洼的图像应该是在尽可能不同的路面情况下，在不同的时间、使用不同的设备进行拍摄而获得的形状各异的图像。

3.9 模型训练

如前所述，我们使用的迁移学习不需要从头开始训练；在许多情况下，使用新的数据集对模型进行重新训练就足够了。

我们在台式计算机上重新训练了卷积神经网络的两种流行架构或模型，即 Incentive V3 和 MobileNet V1。在这两个模型中均花费了不到一个小时的时间以重新训练模型，这是迁移学习方法的优势。在运行位于本章配套代码文件夹中的 retrain.py 文件之前，我们还需要了解关键参数的列表。如果在 Linux/macOS 终端或 Windows 命令提示符中输入 python retrain.py -h，那么将会看到一个类似于图 3-15 所示的窗口，其中包含其他信息（即每个参数的概述）。必选参数是图像目录，它是图 3-12 和图 3-13 中所显示的文件夹视图上的数据集的目录之一。

```
usage: retrain.py [-h] [--image_dir IMAGE_DIR] [--output_graph OUTPUT_GRAPH]
                  [--intermediate_output_graphs_dir INTERMEDIATE_OUTPUT_GRAPHS_DIR]
                  [--intermediate_store_frequency INTERMEDIATE_STORE_FREQUENCY]
                  [--output_labels OUTPUT_LABELS]
                  [--summaries_dir SUMMARIES_DIR]
                  [--how_many_training_steps HOW_MANY_TRAINING_STEPS]
                  [--learning_rate LEARNING_RATE]
                  [--testing_percentage TESTING_PERCENTAGE]
                  [--validation_percentage VALIDATION_PERCENTAGE]
                  [--eval_step_interval EVAL_STEP_INTERVAL]
                  [--train_batch_size TRAIN_BATCH_SIZE]
                  [--test_batch_size TEST_BATCH_SIZE]
                  [--validation_batch_size VALIDATION_BATCH_SIZE]
                  [--print_misclassified_test_images] [--model_dir MODEL_DIR]
                  [--bottleneck_dir BOTTLENECK_DIR]
                  [--final_tensor_name FINAL_TENSOR_NAME] [--flip_left_right]
                  [--random_crop RANDOM_CROP] [--random_scale RANDOM_SCALE]
                  [--random_brightness RANDOM_BRIGHTNESS]
                  [--architecture ARCHITECTURE]
```

图 3-15

下面我们将提供两个命令用例：用例一用于重新训练模型 Incentive V3；用例二则将在已修改的数据集（dataset-modified）上重新训练 MobileNet V1。为了重新训练 Incentive

V3，我们没有传递 architecture 参数值，因为它是 retrain.py 中包含的默认架构。对于其余参数，包括训练、验证和测试集之间的数据分配比例，使用的是默认值。在该用例中，我们使用数据的拆分规则是将 80%的图像放入主训练集中，将 10%的图像用于进行验证，最后将 10%的数据作为测试集，该测试集用于测试分类器的实际分类性能。

当运行 Incentive V3 模型的训练和验证时，可使用以下命令：

```
python retrain.py \
--output_graph=trained_model_incentive-modified-dataset/retrained_
graph.pb \
--output_labels=trained_model_incentive-modified-dataset/
retrained_labels.txt \
--image_dir=dataset-modified
```

当运行 MobileNet V1 模型的训练和验证时，可使用以下命令：

```
python retrain.py \
--output_graph=trained_model_mobilenetv1-modified-
dataset/retrained_graph.pb \
--output_labels=trained_model_mobilenetv1-modified-
dataset/retrained_labels.txt \
--architecture mobilenet_1.0_224 \
--image_dir=dataset-modified
```

一旦运行了上述命令，它就会在给定目录中生成再训练模型（retrained_graph.pb）和标记文本（retrained_labels.txt），并且提供目录摘要，其中包括模型的训练和验证的摘要信息。

TensorBoard 可以使用摘要信息（带有默认值 retrain_logs 的--summaries_dir 参数）来可视化模型的各个方面，包括网络及其性能图。如果在终端或命令提示符中输入以下命令，则将运行 TensorBoard：

```
tensorboard --logdir retrain_logs
```

TensorBoard 运行后，可将 Web 浏览器导航到 localhost:6006 以查看 TensorBoard，并且可以查看到相应模型的网络。图 3-16（a）和图 3-16（b）分别显示了 Incentive V3 和 MobileNet V1 的网络。此外，图 3-16 还展示了与 MobileNet V1 相比，Incentive V3 的复杂性。

在用例二中，我们仅在固体垃圾数据集上对 MobileNet V1 进行了重新训练。可以通过仅按以下方式提供图像或数据集目录来重新训练模型：

```
--image_dir=dataset-solidwaste
```

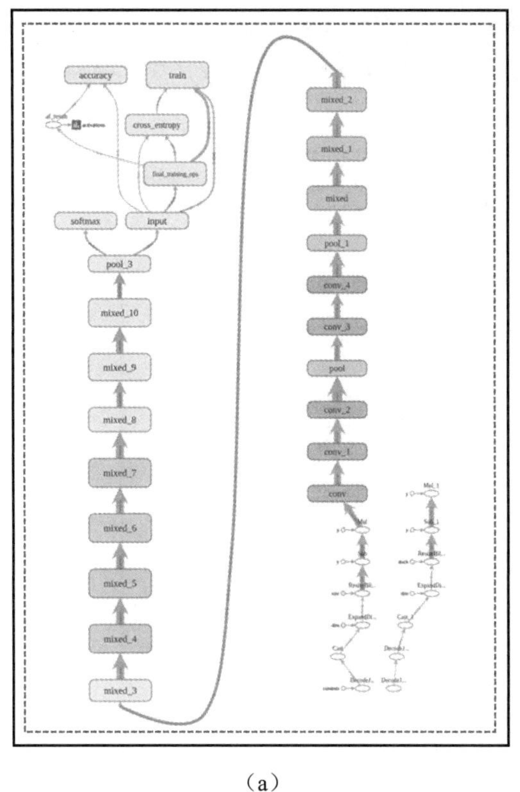

（a）

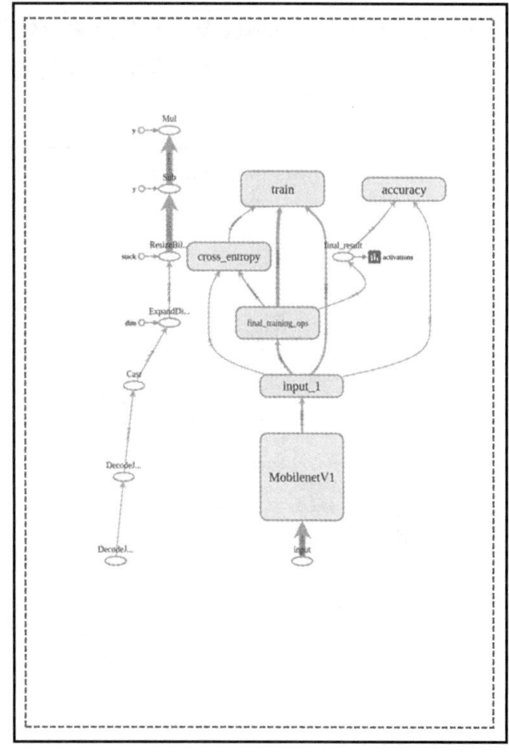

（b）

图 3-16

3.10　评估模型

首先，我们可以确定重新训练的模型的大小。图 3-17 显示了 MobileNet V1 模型仅需要 17.1 MB（对上述两个用例均如此），仅为 Incentive V3 模型（92.3 MB）的五分之一，并且该模型可以轻松地部署在资源受限的物联网设备中，包括 Raspberry Pi 或智能手机。其次，我们评估了模型的性能，针对用例完成了以下两个级别的性能评估。

（1）在桌面 PC 平台/服务器的重新训练阶段进行了全数据集范围的评估或测试。

（2）在 Raspberry Pi 3 环境中对单张图像或样本（实际情况图片）进行了测试或评估。

3.10.1　模型性能（用例一）

本节的屏幕截图显示了用例一的所有评估性能。以下 6 个屏幕截图分别显示了

Incentive V3 和 MobileNet V1 模型在两组数据上的训练、验证和测试性能。其中，前 4 个屏幕截图显示了重新训练模型后在终端中生成的结果，后 2 个屏幕截图则是从 TensorBoard 中生成的。

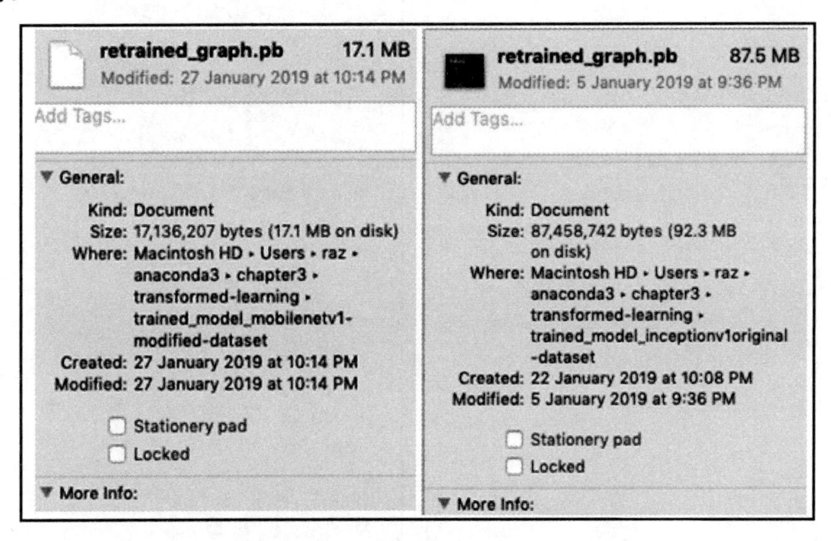

图 3-17

图 3-18 显示了在原始数据集上 Incentive V3 的评估结果。

```
INFO:tensorflow:2019-01-27 18:48:59.149569: Step 3990: Train accuracy = 95.0%
INFO:tensorflow:2019-01-27 18:48:59.149738: Step 3990: Cross entropy = 0.139672
INFO:tensorflow:2019-01-27 18:48:59.284896: Step 3990: Validation accuracy = 93.0% (N=10
INFO:tensorflow:2019-01-27 18:49:00.564238: Step 3999: Train accuracy = 95.0%
INFO:tensorflow:2019-01-27 18:49:00.564402: Step 3999: Cross entropy = 0.131412
INFO:tensorflow:2019-01-27 18:49:00.698488: Step 3999: Validation accuracy = 97.0% (N=10
INFO:tensorflow:Final test accuracy = 94.5% (N=1035)
INFO:tensorflow:Froze 2 variables.
INFO:tensorflow:Converted 2 variables to const ops.
```

图 3-18

图 3-19 显示了在修改后的数据集上 Incentive V3 的评估结果。

```
INFO:tensorflow:2019-01-27 21:49:07.512191: Step 3990: Train accuracy = 97.0%
INFO:tensorflow:2019-01-27 21:49:07.512365: Step 3990: Cross entropy = 0.122777
INFO:tensorflow:2019-01-27 21:49:07.729347: Step 3990: Validation accuracy = 96.0% (N=100)
INFO:tensorflow:2019-01-27 21:49:09.603333: Step 3999: Train accuracy = 98.0%
INFO:tensorflow:2019-01-27 21:49:09.603515: Step 3999: Cross entropy = 0.122347
INFO:tensorflow:2019-01-27 21:49:09.814565: Step 3999: Validation accuracy = 94.0% (N=100)
INFO:tensorflow:Final test accuracy = 94.0% (N=1073)
INFO:tensorflow:Froze 2 variables.
INFO:tensorflow:Converted 2 variables to const ops.
```

图 3-19

图 3-20 显示了在原始数据集上 MobileNet V1 的评估结果。

```
INFO:tensorflow:2019-01-27 19:44:50.069255: Step 3990: Train accuracy = 99.0%
INFO:tensorflow:2019-01-27 19:44:50.069425: Step 3990: Cross entropy = 0.035808
INFO:tensorflow:2019-01-27 19:44:50.158899: Step 3990: Validation accuracy = 99.0% (N=
INFO:tensorflow:2019-01-27 19:44:50.926383: Step 3999: Train accuracy = 99.0%
INFO:tensorflow:2019-01-27 19:44:50.926563: Step 3999: Cross entropy = 0.046513
INFO:tensorflow:2019-01-27 19:44:51.006902: Step 3999: Validation accuracy = 96.0% (N=
INFO:tensorflow:Final test accuracy = 95.7% (N=1035)
INFO:tensorflow:Froze 2 variables.
INFO:tensorflow:Converted 2 variables to const ops.
```

图 3-20

图 3-21 显示了在修改后的数据集上 MobileNet V1 的评估结果。

```
INFO:tensorflow:2019-01-27 20:28:24.273400: Step 3990: Train accuracy = 100.0%
INFO:tensorflow:2019-01-27 20:28:24.273570: Step 3990: Cross entropy = 0.063349
INFO:tensorflow:2019-01-27 20:28:24.383185: Step 3990: Validation accuracy = 95.0% (N=1
INFO:tensorflow:2019-01-27 20:28:25.607641: Step 3999: Train accuracy = 99.0%
INFO:tensorflow:2019-01-27 20:28:25.607888: Step 3999: Cross entropy = 0.028579
INFO:tensorflow:2019-01-27 20:28:25.759702: Step 3999: Validation accuracy = 92.0% (N=1
INFO:tensorflow:Final test accuracy = 96.0% (N=1073)
INFO:tensorflow:Froze 2 variables.
INFO:tensorflow:Converted 2 variables to const ops.
```

图 3-21

图 3-22 显示了通过 TensorBoard 生成的在原始数据集上 Incentive V3 的评估结果。

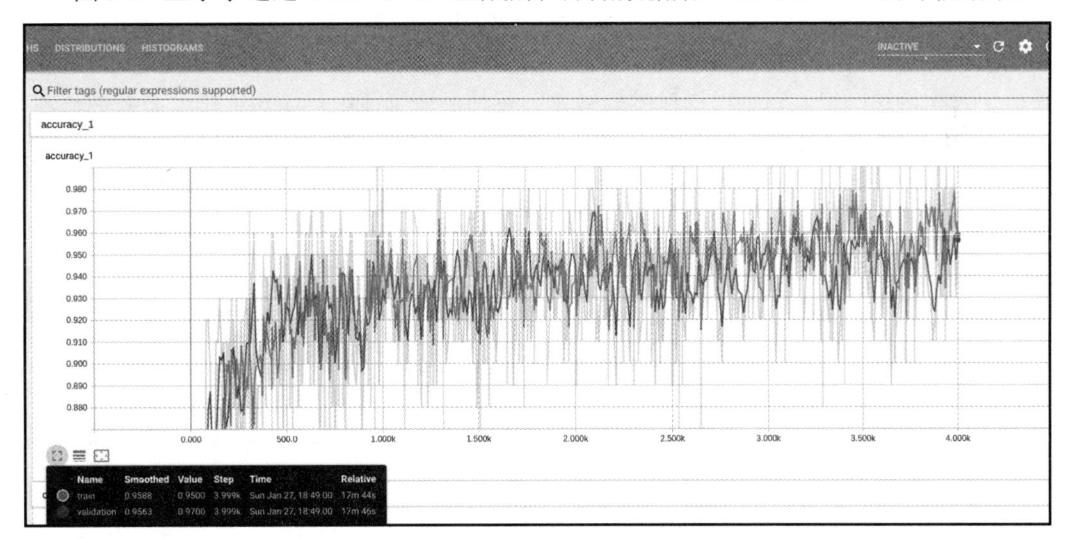

图 3-22

图 3-23 显示了通过 TensorBoard 生成的在原始数据集上 MobileNet V1 的评估结果。

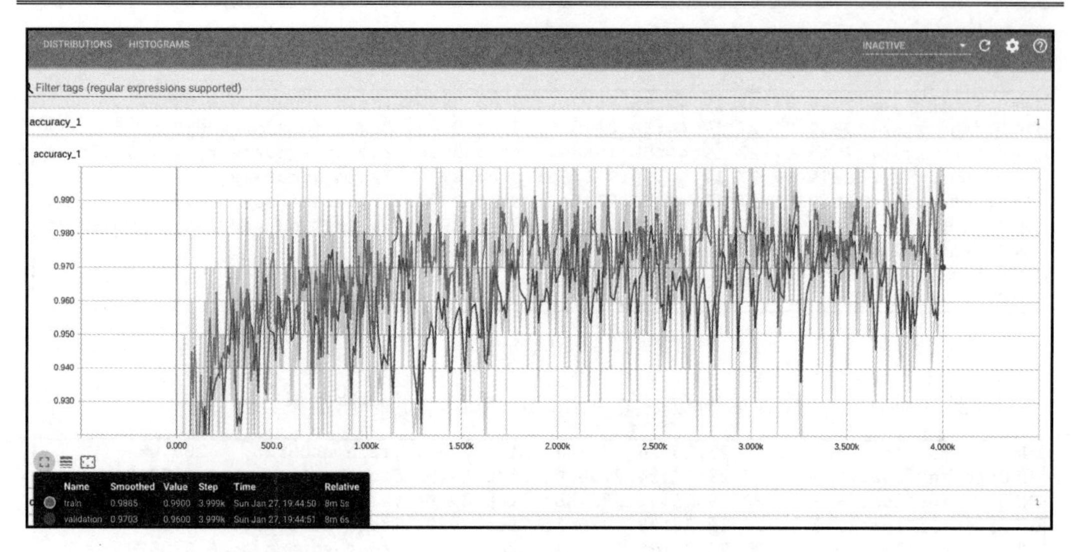

图 3-23

从上述所有的模型性能屏幕截图中可以明显看出，训练和验证的准确率（Accuracy）均远高于 90%，这足以进行故障检测。

下面的图片显示了单个样本的分类或对象检测性能。对于这些样本，我们使用了两组不同的分类代码（可在本章的代码文件夹中找到）。

图 3-24 显示了在两个示例上运行 MobileNet V1 分类器的屏幕截图。从所有结果中可以看出，测试或评估的准确性远高于 94%。在具有这么高的准确性的情况下，深度学习模型（卷积神经网络）完全可以检测到对象，包括道路坑洼、井盖和道路上的其他物体。但是，Raspberry Pi 3 上的对象检测时间范围为 3～5s，如果想在实时检测和启动中使用它们，则需要改进此速度。此外，结果表明，在修改后的数据集上（添加了来自 Google 搜索的各种图片）训练过的模型有很好的机会在真实环境中提供较高的检测或测试准确率（这在前面的屏幕截图中已有体现），尤其是在检测道路坑洼方面表现尤佳。

```
Mohammads-MacBook-Air:transformed-learning raz$ python label_image.py --graph=trained_model_mobilenetv1-modified-dataset/retrained_graph.pb --labels=trained_model_mobilenetv1-modi
bels.txt --input_layer=input --output_layer=final_result --input_height=224 --input_width=224 --image=test/pothole2.jpg
/Users/raz/anaconda3/lib/python3.6/site-packages/h5py/__init__.py:36: FutureWarning: Conversion of the second argument of issubdtype from `float` to `np.floating` is deprecated. I
ted as `np.float64 == np.dtype(float).type`.
  from ._conv import register_converters as _register_converters
2019-01-28 18:02:16.108124: I tensorflow/core/platform/cpu_feature_guard.cc:141] Your CPU supports instructions that this TensorFlow binary was not compiled to use: AVX2 FMA
pothole 0.99144566
shadow 0.006273513
roadmarking 0.0022471682
manhole 2.2895005e-05
pavement 1.0783568e-05
Mohammads-MacBook-Air:transformed-learning raz$ python label_image.py --graph=trained_model_mobilenetsv1-original-dataset/retrained_graph.pb --labels=trained_model_mobilenetsv1-or
labels.txt --input_layer=input --output_layer=final_result --input_height=224 --input_width=224 --image=test/pothole2.jpg
/Users/raz/anaconda3/lib/python3.6/site-packages/h5py/__init__.py:36: FutureWarning: Conversion of the second argument of issubdtype from `float` to `np.floating` is deprecated. I
ted as `np.float64 == np.dtype(float).type`.
  from ._conv import register_converters as _register_converters
2019-01-28 18:08:00.364422: I tensorflow/core/platform/cpu_feature_guard.cc:141] Your CPU supports instructions that this TensorFlow binary was not compiled to use: AVX2 FMA
pothole 0.9827071
shadow 0.014883991
roadmarking 0.0023621535
manhole 3.5012974e-05
pavement 1.1739314e-05
Mohammads-MacBook-Air:transformed-learning raz$
```

图 3-24

图 3-25 显示了使用在原始数据集（Raspberry Pi 3 B+）上训练过的 Incentive V3 模型对道路坑洼检测的评估结果。

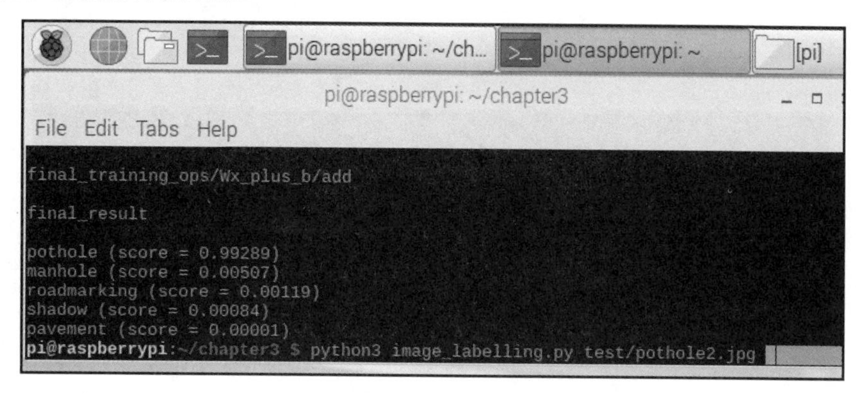

图 3-25

图 3-26 显示了使用在原始数据集（Raspberry Pi 3 B+）上训练过的 Incentive V3 模型进行井盖检测的评估结果。

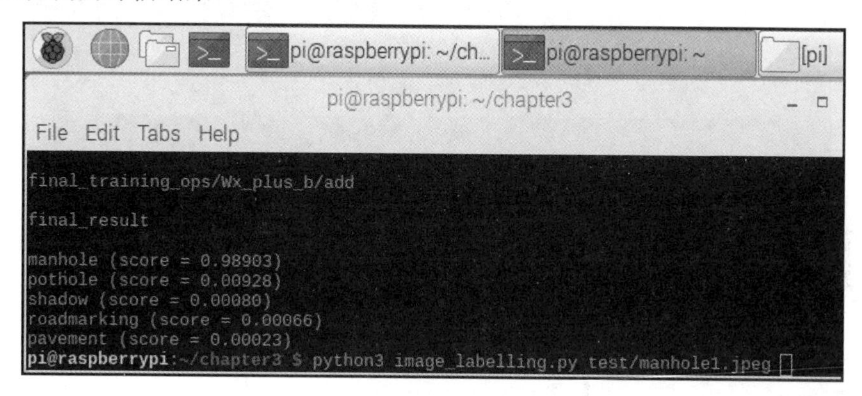

图 3-26

图 3-27 显示了使用在原始数据集（Raspberry Pi 3 B+）上训练过的 MobileNet V1 模型对道路坑洼检测的评估结果。

图 3-28 显示了使用在原始数据集（Raspberry Pi 3 B+）上训练过的 MobileNet V1 模型进行井盖检测的评估结果。

3.10.2　模型性能（用例二）

下面的屏幕截图显示了用例二的所有评估性能。不同的是，对于此用例，我们将仅显示 MobileNet V1 的结果。

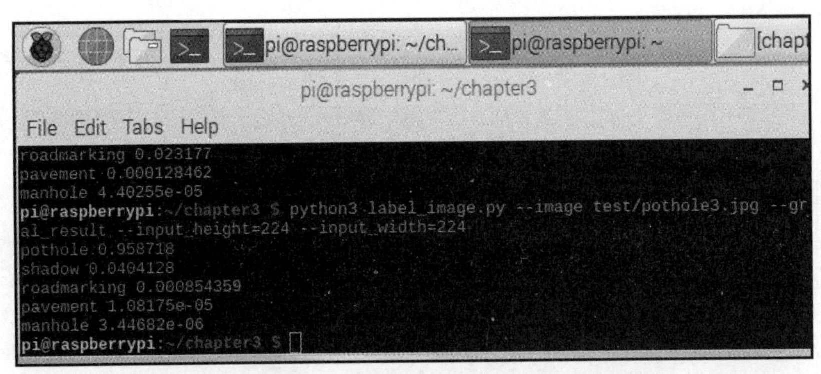

图 3-27

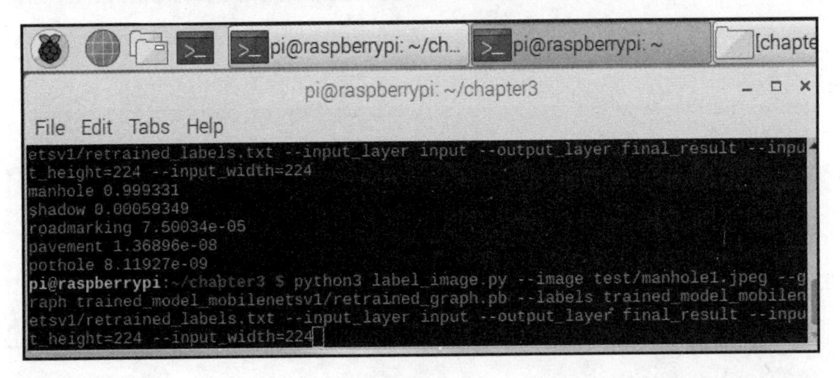

图 3-28

图 3-29 显示了两个数据集上 MobileNet V1 模型的训练、验证和测试性能。从该图可以看出，最终的测试准确率不是很高（只有 77.5%），当然这也足以用于固体垃圾的检测和分类。

```
INFO:tensorflow:2019-02-16 15:22:41.199519: Step 3980: Train accuracy = 100.0%
INFO:tensorflow:2019-02-16 15:22:41.199691: Step 3980: Cross entropy = 0.014032
INFO:tensorflow:2019-02-16 15:22:41.252618: Step 3980: Validation accuracy = 81.0% (N=100)
INFO:tensorflow:2019-02-16 15:22:41.787808: Step 3990: Train accuracy = 100.0%
INFO:tensorflow:2019-02-16 15:22:41.787986: Step 3990: Cross entropy = 0.016459
INFO:tensorflow:2019-02-16 15:22:41.846011: Step 3990: Validation accuracy = 87.0% (N=100)
INFO:tensorflow:2019-02-16 15:22:42.326762: Step 3999: Train accuracy = 100.0%
INFO:tensorflow:2019-02-16 15:22:42.326932: Step 3999: Cross entropy = 0.015315
INFO:tensorflow:2019-02-16 15:22:42.392484: Step 3999: Validation accuracy = 87.0% (N=100)
INFO:tensorflow:Final test accuracy = 77.5% (N=271)
```

图 3-29

图 3-30 显示了通过 TensorBoard 生成的在数据集上 MobileNet V1 的评估结果。

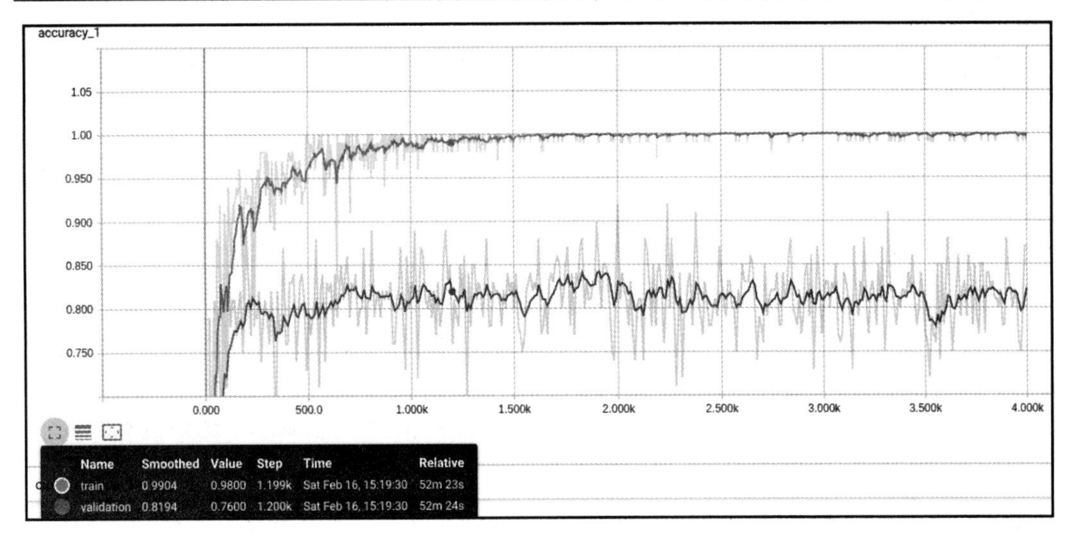

图 3-30

图 3-31～图 3-33 所示的 3 个屏幕截图显示了单个样本的分类或对象（固体垃圾）的检测性能。图 3-31 显示了使用 MobileNet V1 进行玻璃检测的评估结果。

```
Mohammads-MacBook-Air:transformed-learning raz$ python label_image.py --graph=trained_model_mobilenetv1-garbage-dataset/retr
ls.txt --input_layer=input --output_layer=final_result --input_height=224 --input_width=224 --image=test-garbage/glass3.jpeg
/Users/raz/anaconda3/lib/python3.6/site-packages/h5py/__init__.py:36: FutureWarning: Conversion of the second argument of is
ted as `np.float64 == np.dtype(float).type`.
  from ._conv import register_converters as _register_converters
2019-02-16 16:05:37.535686: I tensorflow/core/platform/cpu_feature_guard.cc:141] Your CPU supports instructions that this Te
glass 0.9997981
plastic 0.0001634804
trash 1.3350626e-05
paper 8.399338e-06
cardboard 8.345092e-06
Mohammads-MacBook-Air:transformed-learning raz$ python label_image.py --graph=trained_model_mobilenetv1-garbage-dataset/retr
ls.txt --input_layer=input --output_layer=final_result --input_height=224 --input_width=224 --image=test-garbage/glass3.jpeg
```

图 3-31

图 3-32 显示了使用 MobileNet V1 进行塑料检测的评估结果。

```
Mohammads-MacBook-Air:transformed-learning raz$ python label_image.py --graph=trained_model_mobilenetv1-garbage-dataset/retrai
ls.txt --input_layer=input --output_layer=final_result --input_height=224 --input_width=224 --image=test-garbage/glass2.jpeg
/Users/raz/anaconda3/lib/python3.6/site-packages/h5py/__init__.py:36: FutureWarning: Conversion of the second argument of issu
ted as `np.float64 == np.dtype(float).type`.
  from ._conv import register_converters as _register_converters
2019-02-16 15:59:45.588410: I tensorflow/core/platform/cpu_feature_guard.cc:141] Your CPU supports instructions that this Tens
plastic 0.9916095
paper 0.0070591657
cardboard 0.000957468
glass 0.0002852132
metal 8.8677225e-05
```

图 3-32

图 3-33 显示了使用 MobileNet V1 进行金属检测的评估结果。

```
ls.txt --input_layer=input --output_layer=final_result --input_height=224 --input_width=224 --image=test-garbage/tin1.jpeg
/Users/raz/anaconda3/lib/python3.6/site-packages/h5py/__init__.py:36: FutureWarning: Conversion of the second argument of iss
ted as `np.float64 == np.dtype(float).type`.
  from ._conv import register_converters as _register_converters
2019-02-16 15:59:01.822456: I tensorflow/core/platform/cpu_feature_guard.cc:141] Your CPU supports instructions that this Ten
metal 0.9152763
paper 0.07105696
cardboard 0.013308621
plastic 0.00035772196
glass 2.888089e-07
```

图 3-33

3.11 小　结

在本章的第一部分中，我们简要描述了不同的物联网应用及其基于图像检测的决策。此外，我们还简要讨论了两个用例，即基于图像识别的道路故障检测和固体垃圾分类。用例一可以使用智能手机摄像头或 Raspberry Pi 摄像头检测道路上的坑洼现象；用例二可以检测不同类型的固体垃圾，并根据分类对其进行智能回收。

在本章的第二部分中，我们简要讨论了迁移学习以及一些示例网络，并研究了它在资源受限的物联网应用中的实用性。此外，我们还讨论了选择卷积神经网络的基本原理，其中包括两个流行的实现，即 Inception V3 和 MobileNet V1。本章的其余部分描述了 Inception V3 和 MobileNet V1 模型的深度学习管道的所有必要组件。

在许多物联网应用中，仅图像识别可能尚不足以准确检测对象。在这种情况下，音频/语音/声音识别有时会很有用。第 4 章“物联网中的音频/语音/声音识别”将介绍物联网应用中基于深度学习的语音/声音数据分析和识别技术。

3.12 参考资料

[1] Smart patrolling: An efficient road surface monitoring using smartphone sensors and crowdsourcing, Gurdit Singh, Divya Bansal, Sanjeev Sofat, Naveen. Aggarwal, Pervasive and Mobile Computing, volume 40, 2017, pages 71-88.

[2] Road Damage Detection Using Deep Neural Networks with Images Captured Through a Smartphone, Hiroya Maeda, Yoshihide Sekimoto, Toshikazu Seto, Takehiro Kashiyama, Hiroshi Omata, arXiv:1801.09454.

[3] Potholes cost UK drivers £1.7 billion a year: Here's how to claim if you car is damaged, Luke John Smith: https://www.express.co.uk/life-style/cars/938333/pothole-damage-cost-how-to-claim-UK.

[4] What a Waste: A Global Review of Solid Waste Management, D Hoornweg and P Bhada-Tata, World Bank, Washington, DC, USA, 2012.

[5] Efficient Convolutional Neural Networks for Mobile Vision Applications, Andrew G Howard, Menglong Zhu, Bo Chen, Dmitry Kalenichenko, Weijun Wang, Tobias Weyand, Marco Andreetto, Hartwig Adam, MobileNets: arXiv:1704.04861.

[6] Imagenet classification with deep convolutional neural networks, A Krizhevsky, I Sutskever, G E Hinton, in Advances in Neural Information Processing Systems, pages 1,097-1,105, 2012. 1, 6.

[7] MobileNetV2: Inverted Residuals and Linear Bottlenecks, Mark Sandler, Andrew Howard, Menglong Zhu, Andrey Zhmoginov, Liang-Chieh Chen, arXiv:1801.04381.

[8] Pothole dataset: https://cord.cranfield.ac.uk/articles/PotDataset/5999699.

[9] Trashnet: https://github.com/garythung/trashnet.

第 4 章　物联网中的音频/语音/声音识别

自动音频/语音/声音（Audio/Speech/Voice）识别已成为人们与设备（包括智能手机、可穿戴设备和其他智能设备）进行交互的一种常见且便捷的方式。机器学习和深度学习算法可用于音频/语音/声音识别和决策，因此，它们对于物联网应用非常有前景，因为物联网应用的活动和决策依赖于音频/语音/声音识别。本章将总体介绍物联网应用中基于深度学习的语音/声音数据分析和识别。

本章的第一部分将简要介绍不同的物联网应用及其基于语音/声音识别的决策。此外，我们还将简要讨论两个物联网应用以及它们在实际场景中的基于语音/声音识别的实现。在本章的第二部分中，我们将介绍使用深度学习算法的应用的语音/声音检测实现。

本章将讨论以下主题：

- 物联网的语音/声音识别。
- 用例一：语音控制的智能灯。
- 用例二：语音控制的家庭门禁系统。
- 用于物联网中声音/音频识别的深度学习。
- 物联网应用中用于语音识别的 CNN 和迁移学习。
- 收集数据。
- 数据预处理
- 模型训练。
- 评估模型。

4.1　物联网的语音/声音识别

和图像识别一样，物联网应用中的语音/声音识别格局正在迅速变化。近年来，消费者变得越来越依赖语音命令功能，而 Amazon、Google、小米和其他公司启用语音的搜索或设备则助长了这种情况。对于用户来说，这项技术正在成为一种极其有用的技术。统计数据显示，大约 50%的美国家庭使用语音激活命令来访问在线内容，对应网址如下：

https://techcrunch.com/2017/11/08/voice-enabled-smart-speakers-to-reach-55-of-us-households-by-2022-says-report/

因此，物联网、机器学习和支持深度学习的语音/声音识别已彻底改变了企业和消费者期望的焦点，许多行业（包括家居自动化、医疗保健、汽车和娱乐）正在采用支持语音的物联网应用程序。图 4-1 对此进行了说明。这些应用使用了以下语音/声音识别服务中的一项或多项。

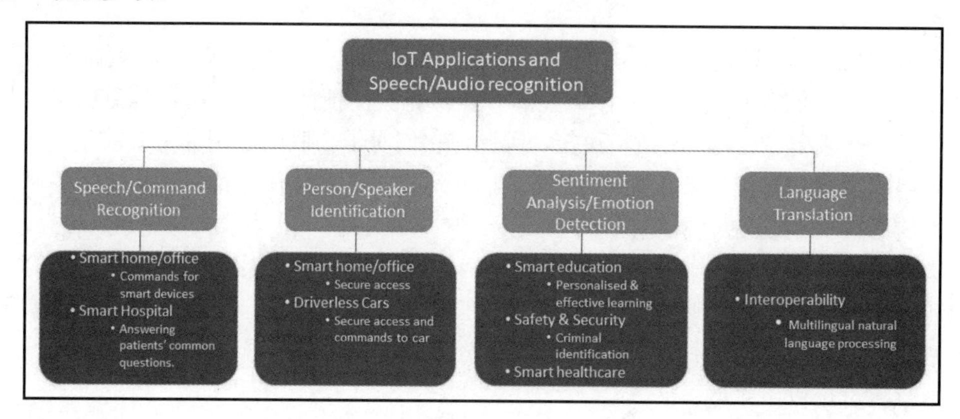

图 4-1

原　　文	译　　文
IoT Applications and Speech/Audio recognition	物联网应用和语音/音频识别
Speech/Command Recognition	语音/命令识别
Smart home/office Commands for smart devices Smart Hospital Answering patients' common questions	智能家居/办公室 ——智能设备的命令 智慧医院 ——回答患者常见问题
Person/Speaker Identification	人员/说话人识别
Smart home/office Secure access Driverless Cars Secure access and commands to car	智能家居/办公室 ——安全访问 无人驾驶汽车 ——对汽车的安全访问和命令
Sentiment Analysis/Emotion Detection	情绪分析/情绪检测
Smart education Personalised & effective learning Safety & Security Criminal identification Smart healthcare	智慧教育 ——个性化和有效的学习 安全保障 ——刑事鉴定 智能医疗
Language Translation	语言翻译
Interoperability Multilingual natural language processing	互通性 ——多语言自然语言处理

- 语音/命令识别：语音控制的物联网应用由于其便利性而在许多应用领域（如智能家居/办公室、智慧医院和智能汽车）中变得越来越普及。例如，行动不便的人士可能会发现打开电视或灯光有困难，语音控制/命令的电视/智能灯可以通过简单地侦听声音打开电视/灯光来解决该问题，这将帮助许多残障人士或有特殊需要的人士获得独立生活的能力。声控智能微波炉可以彻底改变烹饪方式。此外，具有语音功能的智能说话人可以协助和回答许多公共服务领域（如医院、机场和火车站）中的常见问题。例如，智能语音说话人可以回答患者在医院中遇到的常见问题，如探视时间和病房医生是谁等。
- 人员/说话人识别：人员/说话人识别是物联网应用提供的第二项重要服务，近年来已广受关注。利用基于深度学习/机器学习的说话人识别服务的关键应用包括个性化语音控制助手、智能家用电器、安全服务中的生物识别、犯罪调查和智能汽车等。语音控制的家庭/办公室访问就是生物认证的一个示例。
- 情绪分析/情绪检测：用户情绪检测或情绪分析在为用户提供个性化和有效的服务时可能很有用。物联网应用程序，如智能医疗、智慧教育以及安全防护等，可以通过基于深度学习的情感检测或情感分析来改善其服务。例如，在智能教室中，教师可以实时或准实时地分析学生的情绪，以提供个性化和分组教学，这将显著改善学生的学习体验。
- 语言翻译：全世界有 6500 种有效的口头语言，详情可访问以下网址：

  https://www.infoplease.com/askeds/how-many-spoken-languages

  这么多的语言种类对有效的沟通构成了挑战。许多公共服务（例如移民局）可以使用翻译器代替付费的口译员；游客可以使用诸如 ILI 之类的智能设备与他人进行有效交流。有关 ILI 的详细介绍，可访问以下网址：

  https://iamili.com/us/

4.2　用例一：语音控制的智能灯

根据世界卫生组织（World Health Organization，WHO）的数据，全世界有超过 10 亿人患有某种形式的残障疾病。其中近 20%的人有失能问题，在独立生活方面遇到很大困难。将来，由于残障率的上升，残障将成为一个更大的问题。物联网应用（如智能家居）在机器学习/深度学习的支持下，可以为社区提供支持，并通过帮助获得独立生活的能力来改善其生活质量。这些应用之一是语音激活的智能灯/风扇控制。

行动不便的残障人士在日常生活中面临各种困难。这些困难之一是打开/关闭家庭或办公室照明灯/风扇/其他设备。家庭或办公室灯具/风扇/其他设备的语音激活智能控制是一种物联网应用程序。但是，语音识别和正确检测给定命令并非易事。一个人的口音、发音和周围的噪声会使该人的语音识别变得相当困难。在非常大的语音数据集上训练的适当深度学习算法对于解决这些问题很有用，并且可以使语音控制的智能灯正常工作。

图 4-2 显示了实现语音激活的智能灯（在房间中）所需的关键组件。

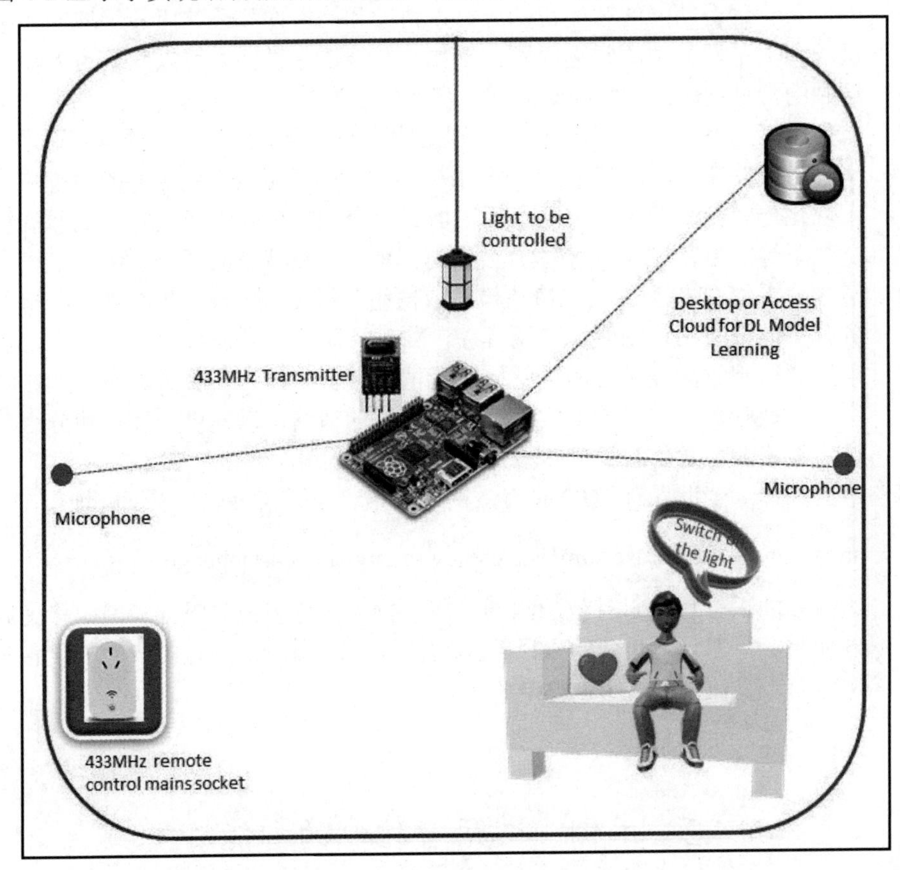

图 4-2

原　文	译　文
Light to be controlled	可以通过语音控制的智能灯
433MHz Transmitter	433MHz 发送器
Microphone	麦克风
433MHz remote control mains socket	433MHz 远程控制主插座
Desktop or Access Cloud for DL Model Learning	用于 DL 模块学习的台式机或访问云计算平台

在图 4-2 中，该用例的实现将需要以下组件。

- 传感器和计算平台：对于此用例，我们考虑的是将两个全向麦克风安装在房间的墙壁上，这些麦克风无线连接到计算平台。在此用例中，我们使用 Raspberry Pi 3 作为计算平台，它可以用作智能家居的边缘计算设备，以控制部署在家庭中的物联网设备。我们还需要另外两个设备，即连接到 Raspberry Pi 的 433MHz 无线发送器（用于将处理后的命令发送到交换机），以及 433MHz 远程控制或无线控制的电源插座（用于控制智能灯或目标设备）。
- 语音激活命令检测和控制：在此阶段，边缘计算设备将安装一个应用程序。Raspberry Pi 上已安装的应用程序将加载经过预先训练的语音命令检测和分类模型。一旦麦克风之一接收到 Switch off the light（关灯）命令或其他类似命令，就会把接收到的命令发送到 Raspberry Pi，以使用深度学习模型进行处理和检测。最终，Raspberry Pi 会将检测到的命令发送到无线控制的电源插座，以便对智能灯采取必要的措施。
- 用于模型学习的台式机或服务器：我们还需要台式机/服务器或访问云计算平台，以便使用参考数据集学习用于语音检测和分类的模型。这种学习的模型将预装在 Raspberry Pi 中。

本章的第二部分（从 4.4 节“用于物联网中声音/音频识别的深度学习”开始）将描述对上述用例的基于深度学习的异常检测的实现。与本章配套的代码文件夹中提供了该用例所有必需的代码。

4.3　用例二：语音控制的家庭门禁系统

建立对家庭、办公室和任何其他场所的安全友好的访问权限是一项具有挑战性的任务，因为它可能需要钥匙或门卡（如酒店房间门卡），而用户并不总是随身携带。使用包括物联网解决方案在内的智能设备可以提供对许多场所的安全友好访问。一种智能且安全地访问家庭/办公室的潜在方法是基于图像识别的人员识别，以及相应的开门/关门功能。但是，这种方法的一个问题是，任何入侵者都可以收集一个或多个获准人员的照片，并将照片出示给已安装的摄像头以访问办公室/家庭。该问题的一种解决方案是使用图像识别和语音识别的组合或仅使用语音识别，以判断是否允许进入家庭/办公室。

语音生物识别（或声纹）对于每个人来说都是唯一的，模仿它是一项很困难的任务。但是，检测此独特属性并非易事。基于深度学习的语音识别可以识别唯一的属性和相应的人员，并仅允许该人员访问。

图 4-3 显示了语音激活的智能门禁系统用例的实现。

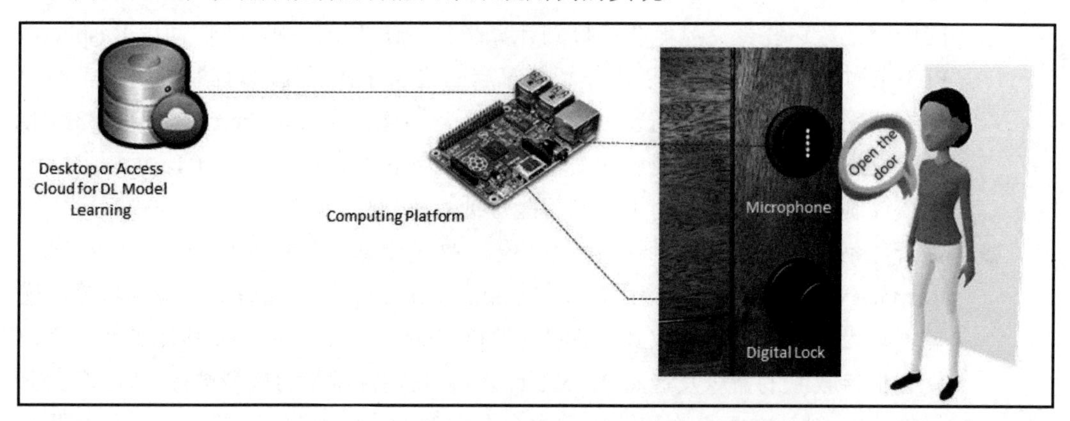

图 4-3

原　文	译　文
Desktop or Access Cloud for DL Model Learning	用于 DL 模块学习的台式机或访问云计算平台
Computing Platform	计算平台
Microphone	麦克风
Digital Lock	数字门锁

图 4-3 中的智能门禁系统用例的实现包括以下 3 个主要元素。

- 传感器和计算平台：对于此用例，我们考虑的是将一个全向麦克风安装在房门入口，并以无线方式或隐藏在墙壁中的方式连接到计算平台。对于计算平台，使用的是 Raspberry Pi，它将作为智能家居的边缘计算设备来控制部署在家庭中的物联网设备。而且，门上还安装了可以通过计算机控制的数字锁系统。
- 语音激活的命令检测和控制：在此阶段，边缘计算设备将安装一个应用程序。Raspberry Pi 上安装的应用程序将加载经过预先训练的人员/说话人检测和分类模型。一旦真正的房屋居住者对着门上的麦克风讲话后，它就会收集音频信号并将接收到的语音信号发送到 Raspberry Pi，以使用深度学习模型进行处理和人员检测。如果检测的人在智能家居控制器（在本示例中就是 Raspberry Pi）的白名单（也就是房屋居住者名单）上，则控制器将命令数字门解锁，否则将不会解锁。
- 用于模型学习的台式机或服务器：我们还需要台式机/服务器或访问云计算平台，以便使用参考数据集学习用于语音检测和分类的模型。这种学习的模型将预装在 Raspberry Pi 中。

接下来我们将介绍上述用例所需的基于深度学习的命令/说话人识别的实现。与本章配套的代码文件夹中提供了该用例所有必需的代码。

4.4 用于物联网中声音/音频识别的深度学习

在讨论有用的深度学习模型之前，了解自动语音识别（Automatic Speech Recognition，ASR）系统的工作原理非常重要。

4.4.1 ASR 系统模型

自动语音识别系统需要 3 个主要的知识来源，即声学模型（Acoustic Model）、语音词典（Phonetic Lexicon）和语言模型（Language Model）。一般来说，声学模型处理的是语言的声音，包括音素（Phoneme）和其他声音（如停顿、呼吸、背景噪声等）；另外，语音词典模型或词典（Dictionary）包括的是系统可以理解的单词及其可能的发音。最后，语言模型包括有关语言的潜在单词序列的知识。近年来，深度学习方法已被广泛应用于自动语音识别的声学和语言模型中。

图 4-4 显示了自动语音识别（ASR）的系统模型。该模型包括以下 3 个主要阶段。

- 资料收集。
- 信号分析和特征提取（也称为预处理）。
- 解码/识别/分类（深度学习将应用于识别阶段，参见图 4-4）。

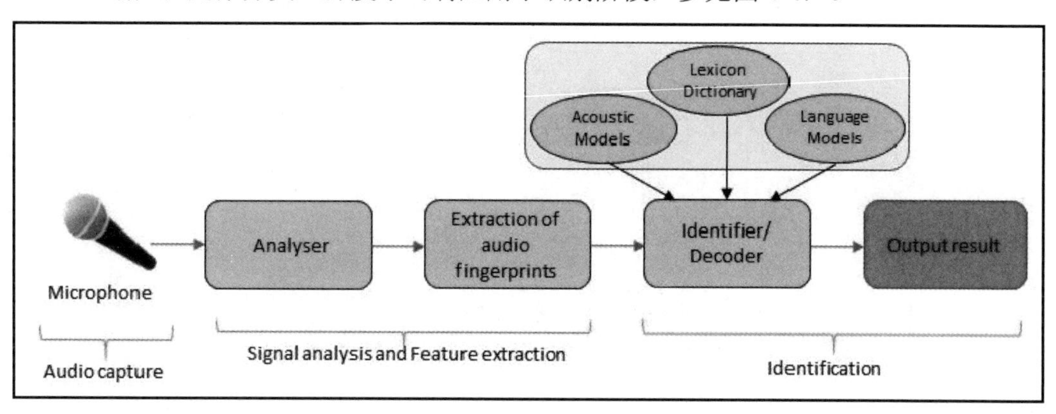

图 4-4

原　文	译　文	原　文	译　文
Microphone	麦克风	Lexicon Dictionary	语音词典
Audio capture	音频捕捉	Language Models	语言模型
Analyser	分析器	Identifier/Decoder	识别程序/解码器
Extraction of audio fingerprint	音频声纹的提取	Output result	输出结果
Signal analysis and Feature extraction	信号分析和特征提取	Identification	识别
Acoustic Model	声学模型	—	—

4.4.2 自动语音识别中的特征提取

特征提取是自动语音识别的深度学习管道中重要的预处理阶段，此阶段包括分析器和音频声纹或特征的提取。该阶段还主要计算特征向量的序列，其提供了所收集语音信号的简明表示。一般来说，可以通过 3 个关键步骤执行此任务：第一步称为语音分析（Speech Analysis），此步骤对语音信号进行频谱时态分析（Spectra-Temporal Analysis），并生成描述语音的短时功率谱（Power Spectrum）的包络（Envelope）的原始特征；第二步提取由静态和动态特征组成的扩展特征向量；最后一步将这些扩展特征向量转换为更简明和更稳定的向量。重要的是，这些向量是基于深度学习的命令/说话人/语言识别器的输入。

自动语音识别有许多特征提取方法，应用比较广泛的包括线性预测码（Linear Predictive Code，LPC）、感知线性预测（Perceptual Linear Prediction，PLP）和梅尔频率倒谱系数（Mel-Frequency Cepstral Coefficient，MFCC）等。其中，MFCC 是应用最广泛的特征提取方法。图 4-5 显示了 MFCC 的关键组件。

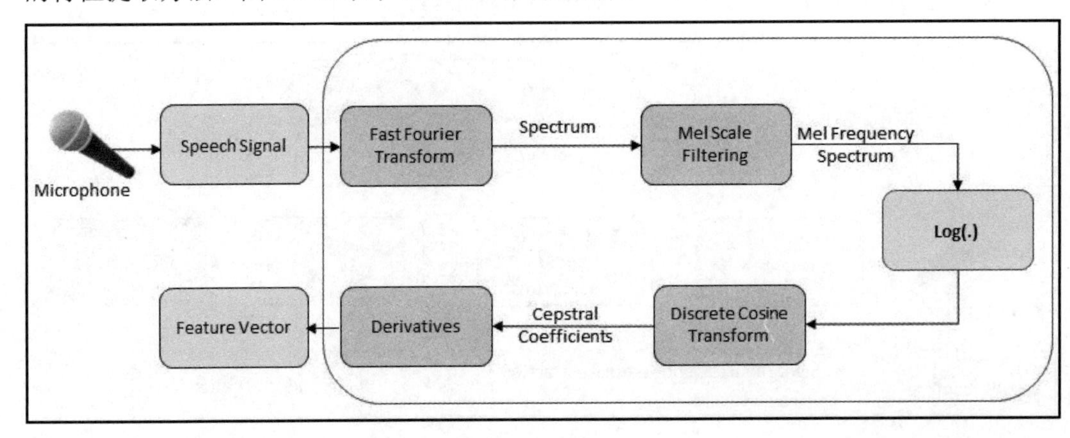

图 4-5

原　文	译　文	原　文	译　文
Microphone	麦克风	Mel Frequency Spectrum	梅尔频谱
Speech Signal	语音信号	Discrete Cosine Transform	离散余弦变换（DCT）
Fast Fourier Transform	快速傅里叶变换（FFT）	Cepstral Coefficients	倒谱系数
Spectrum	频谱	Derivatives	差分
Mel Scale Filtering	梅尔刻度过滤	Feature Vector	特征向量

MFCC 的关键步骤如下。

（1）输入声音文件并将其转换为原始声音数据，也就是所谓的时域信号（Time Domain Signal）。

（2）通过短时傅里叶变换（Short-Time Fourier Transform）、加窗（Windowing）和分帧（Framing），将时域信号转换为频域信号（Frequency Domain Signal）。

（3）将频率转换为线性关系。由于人耳对声音的感知并不是线性的，因此，人类需要通过梅尔频谱转换才能感知这种线性关系。

（4）通过梅尔倒谱分析采用离散余弦变换（Discrete Cosine Transform，DCT），将离散余弦分量与正弦分量分开。

（5）提取声谱特征向量并将其转换为图像。

4.4.3　用于自动语音识别的深度学习模型

自动语音识别中使用了许多深度学习算法或模型。深度置信网络（Deep Belief Network，DBN）是自动语音识别中深度学习的早期实现之一。一般情况下，它已被用作包含深度神经网络（Deep Neural Network，DNN）的单个监督层的预训练层。长短期记忆（Long Short Term Memory，LSTM）已用于大规模声学建模。时延神经网络（Time Delay Neural Network，TDNN）架构已用于音频信号处理。使深度学习得以普及的卷积神经网络（CNN）也被用作自动语音识别的深度学习架构。深度学习架构的使用大大提高了自动语音识别的语音识别准确性。但是，并不是所有的深度学习架构都表现出了改进，尤其是在不同类型的音频信号和环境（如嘈杂和混响环境）中。卷积神经网络可以用于减少频谱变化并为语音信号中存在的频谱相关性建模。

循环神经网络（Recurrent Neural Network，RNN）和长短期记忆（LSTM）被广泛用于连续或自然语言处理中，因为它们在演变过程中能够整合输入的时间特征；相反，卷积神经网络则对于较短的和非连续的音频信号非常有用，因为它具有平移不变性，能够发现结构模式（与位置无关）。此外，卷积神经网络在嘈杂和混响环境中表现出最佳的语音识别性能，而长短期记忆则在比较纯净的环境条件下表现更好，原因可能是卷积神经网络偏重于局部相关性而不是全局相关性。在这种情况下，我们将使用卷积神经网络来实现用例，因为用于灯光控制的语音和用于门禁的语音很短且不连续。此外，这些用例的环境也可能比较嘈杂。

4.5　物联网应用中用于语音识别的CNN和迁移学习

卷积神经网络（CNN）是一种非常广泛使用的用于图像识别的深度学习算法。最近，由于音频/语音/说话人识别的信号可以转换为图像，因此，卷积神经网络在音频/语音/说话人识别中也已经变得很流行。卷积神经网络具有不同的实现方式，包括 MobileNet 和 Incentive V3 两个版本。本书第 3 章“物联网中的图像识别”已经对 MobileNet 和 Incentive V3 进行了简要的介绍。

4.6　收 集 数 据

出于多种原因（包括隐私问题在内），用于自动语音识别的数据收集是一项颇具挑战性的任务。因此，该类开源数据集的数量也受到限制。重要的是，这些数据集可能不容易读取，因为数据/说话人不足或环境比较嘈杂。在这种情况下，我们决定为两个用例使用两个不同的数据集：对于语音控制的智能灯（即用例一），我们使用的是 Google 的语音命令数据集；对于语音控制的家庭门禁系统（即用例二），则可以从以下 3 个流行的开放数据源中提取数据。

- LibriVox：一个公共领域的免费有声书库。
- LibriSpeech ASR corpus：语音数据集，包括 1000 小时（h）的英文发音和对应文字。
- Voxceleb：大型说话人识别数据集。

另外，也可以考虑从 YouTube 等视频平台收集语音数据。

Google 的语音命令数据集包括 30 个短单词的 65000 个 1 秒（s）长的话语，是通过 AIY 网站由成千上万的不同公众贡献的。数据集提供有关常用单词（如 On、Off、Yes、数字和方向等）的基本音频数据，这在测试用例一时可能很有用。例如，可以在数据集中用 on 表示 switch on the light（开灯）命令，而用 off 表示 switch off the light（关灯）命令。类似地，通过抓取收集的有关个人语音的数据可以代表房屋的居住者。用例二将考虑一个有 3～5 位居住者的典型房屋，这些居住者将包含在房屋的白名单中，如果被识别，将被授予访问权限。除所列人员外，其他任何人都不会被授予自动进入房屋的权限。我们在 Google 的语音命令数据集及其较小版本中测试了卷积神经网络。图 4-6 显示了用于用例一的较小数据集的层次结构视图。

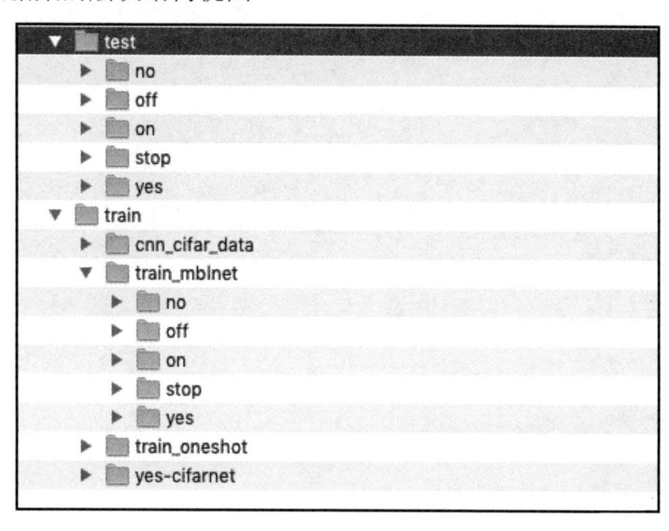

图 4-6

对于用例二，我们从 LibriVox 抓取了数据，还从 LibriSpeech ASR corpus 数据集下载了音频文件。我们编写了一个使用 BeautifulSoup 和 Selenium 进行抓取的 Web 抓取工具，也可以使用其他 Python 模块甚至其他语言（如 Node.js、C、C++和 PHP）编写类似的抓取工具。抓取程序将解析 LibriVox 网站或任何其他给定的链接，并下载所需的有声读物/文件。在下面的代码中，我们简要介绍了抓取工具的脚本，该脚本包括 3 个主要部分，如下所示。

第 1 部分：导入必要的 Python 模块以进行音频文件的抓取。

```
# 导入所需的模块
import urllib
from bs4 import BeautifulSoup
from selenium import webdriver
import os, os.path
import simplejson
from selenium.webdriver.common.by import By
from selenium.webdriver.support.ui import WebDriverWait
from selenium.webdriver.support import expected_conditions as EC
```

第 2 部分：准备要下载的有声读物的链接。请注意，这些链接可能包含重复的阅读者，它们会被清除以产生一个非重复的阅读者/说话人/房屋居住者的数据集。

```
# 创建要下载的音频数据的链接列表，它们可能包含重复的阅读者
book_links = []
browser = webdriver.PhantomJS(executable_path = '/usr/local/bin/phantomjs')

for i in range(1):
# 测试站点的前两页（序号为 0 和 1），以最小化下载所需的时间
    url =
("https://librivox.org/search?title=&author=&reader=&keywords=&genre_id=0
&status=all&project_type=solo&recorded_language=&sort_order=catalog_date&
sear ch_page={}&search_form=advanced").format(i)
    print(url)
    browser.get(url)
    element = WebDriverWait(browser, 100).until(
    EC.presence_of_element_located((By.CLASS_NAME , "catalog-result")))
    html = browser.page_source
    soup = BeautifulSoup(html, 'html.parser')
    ul_tag = soup.find('ul', {'class': 'browse-list'})
    for li_tag in ul_tag.find_all('li', {'class': 'catalog-result'}):
        result_data = li_tag.find('div', {'class': 'result-data'})
        book_meta = result_data.find('p', {'class': 'book-meta'})
        link = result_data.a["href"]
        print(link)
        if str(book_meta).find("Complete") and link not in book_links:
            book_links.append(link)
    print(len(book_links))
    # 每页链接可能与常规浏览器不同
browser.quit()
```

第 3 部分：通过链接列表下载音频文件，并形成不重复的阅读者/说话人的数据集。

```
# 要下载的有声读物的链接或页面列表
f = open('audiodownload_links.txt', 'w')
simplejson.dump(download_links, f)
f.close()

# 记录每个阅读者文件的文件大小
f = open('audiodownload_sizes.txt', 'w')
simplejson.dump(download_sizes, f)
f.close()
```

```
# 下载音频文件并将其保存在本地目录中
def count_files():
    dir = 'audio_files_downloaded'
    list = [file for file in os.listdir(dir) if file.endswith('.zip')]
    # dir 是你的目录路径
    number_files = len(list)
    return number_files
counter = 100 # 这是为了命名每个已下载的文件
for link, size in zip(download_links, download_sizes):
    if size >= 50 and size <= 100:
        localDestination =
'audio_files_downloaded/audio{}.zip'.format(counter)
        resultFilePath, responseHeaders = urllib.request.urlretrieve(link,
localDestination)
        counter += 1
cnt2 =  0
num = count_files()
if num < 200:
    for link, size in zip(download_links, download_sizes):
        if size > 100 and size <= 150:
            localDestination =
'audio_files_downloaded/audio{}.zip'.format(counter)
            resultFilePath, responseHeaders =
urllib.request.urlretrieve(link, localDestination)
            counter += 1
        cnt2 += 1
num = count_files()
if num < 200:
    for link, size in zip(download_links, download_sizes): if size >
150 and size <= 200:
            localDestination =
'audio_files_downloaded/audio{}.zip'.format(counter)
            resultFilePath, responseHeaders =
urllib.request.urlretrieve(link, localDestination)
            counter += 1
num = count_files()
if num < 200:
    for link, size in zip(download_links, download_sizes):
        if size > 200 and size <= 250:
            localDestination =
'audio_files_downloaded/audio{}.zip'.format(counter)
```

```
            resultFilePath, responseHeaders =
urllib.request.urlretrieve(link, localDestination)
            counter += 1
num = count_files()
if num < 200:
    for link, size in zip(download_links, download_sizes):
        if size > 250 and size <= 300:
            localDestination =
'audio_files_downloaded/audio{}.zip'.format(counter)
            resultFilePath, responseHeaders =
urllib.request.urlretrieve(link, localDestination)
            counter += 1
num = count_files()
if num < 200:
    for link, size in zip(download_links, download_sizes):
        if size > 300 and size <= 350:
            localDestination =
audio_files_downloaded/audio{}.zip'.format(counter)
            resultFilePath, responseHeaders =
urllib.request.urlretrieve(link, localDestination)
            counter += 1
num = count_files()
if num < 200:
    for link, size in zip(download_links, download_sizes):
        if size > 350 and size <= 400:
            localDestination =
'audio_files_downloaded/audio{}.zip'.format(counter)
            resultFilePath, responseHeaders =
urllib.request.urlretrieve(link, localDestination)
            counter += 1
```

在下载所需数量的阅读者/说话人的音频文件或.mp3 文件（如 5 位说话人或房屋居住者）之后，还需要处理.mp3 文件并将其转换为固定大小 5s 的音频文件（.wav）。可以使用诸如 ffmpeg、sox 和 mp3splt 之类的工具通过 Shell 脚本执行此操作，也可以手动执行操作（如果没有太多阅读者/居住者和文件的话）。

由于该实现是基于卷积神经网络的，因此还需要将 WAV 音频文件转换为图像。将音频文件转换为图像的过程根据输入数据格式的不同而有所不同。我们可以使用本章配套源代码文件夹中提供的 convert_wav2spect.sh 将 WAV 文件转换为固定大小（503×800）的频谱图彩色图像。

```
# !/bin/bash
# for file in test/*/*.wav
for file in train/*/*.wav
do
    outfile=${file%.*}
        sox "$file" -n spectrogram -r -o ${outfile}.png
done
```

一般来说，上述脚本中的工具 sox 支持.png 格式，如果需要转换图像，可以通过 Windows 或命令提示符中文件的批量重命名来实现。图 4-7 显示了用于用例二的数据集的层次结构视图。

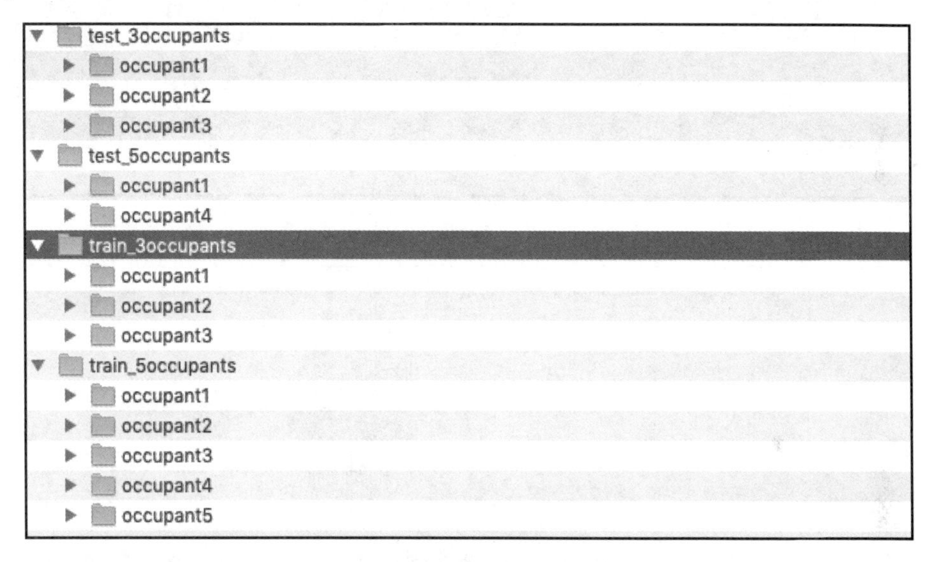

图 4-7

在对数据应用深度学习算法之前，必须先浏览数据集。为了进行浏览，首先可以运行图像转换器 wav2image.py（在本章配套源代码文件夹中可以找到），将音频信号（.wav）转换为图像，以查看频谱图像的外观。产生的图像将如图 4-8 所示，该屏幕截图显示的是 on 命令的转换图像。

图 4-9 显示了 off 命令的转换图像。从该屏幕截图中可以看到，它们的颜色分布是不同的，深度学习算法将利用这些区别来识别它们。

我们还可以对数据进行分组浏览，为此，可以在要浏览的数据集上运行 image_explorer.py，执行命令如下：

```
python image_explorer.py
```

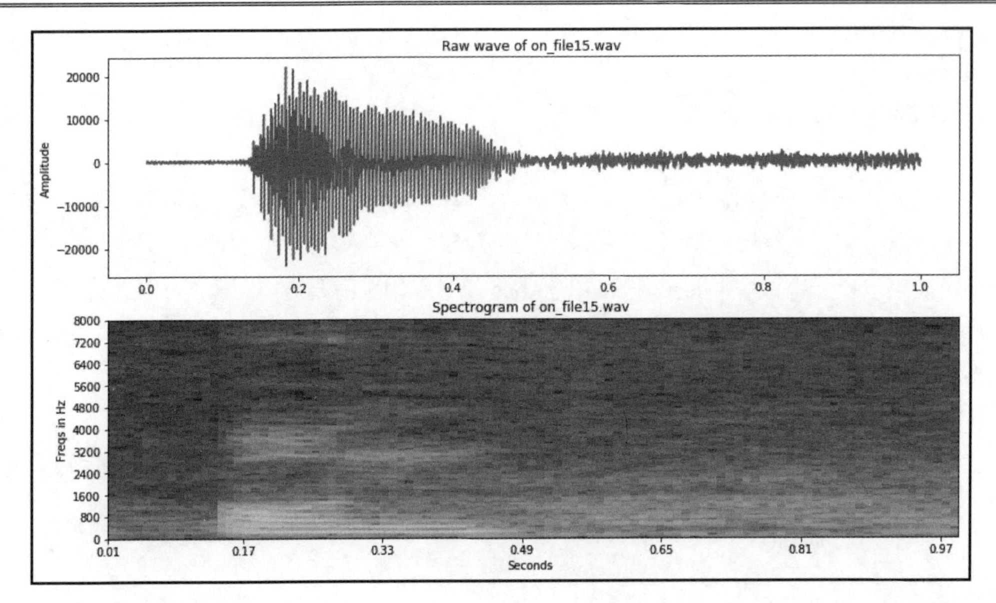

图 4-8

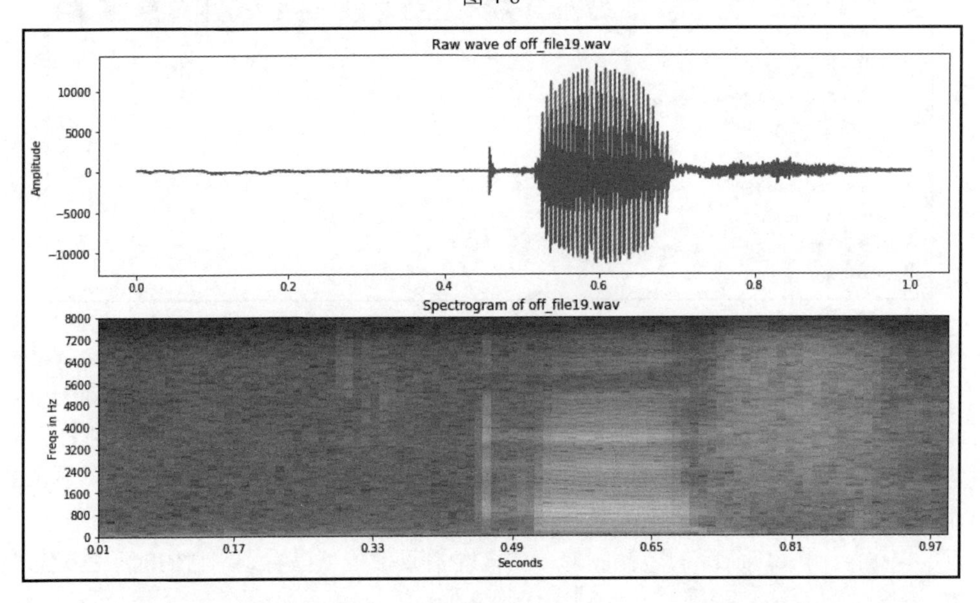

图 4-9

图 4-10 显示了语音命令数据集中频谱图像数据的浏览过程。有趣的是，图像的颜色与之前显示的单个图像不同。这可能是因为使用的工具不同。分组使用的是 sox 工具，而单个图像则使用的是 ffmpeg 工具。

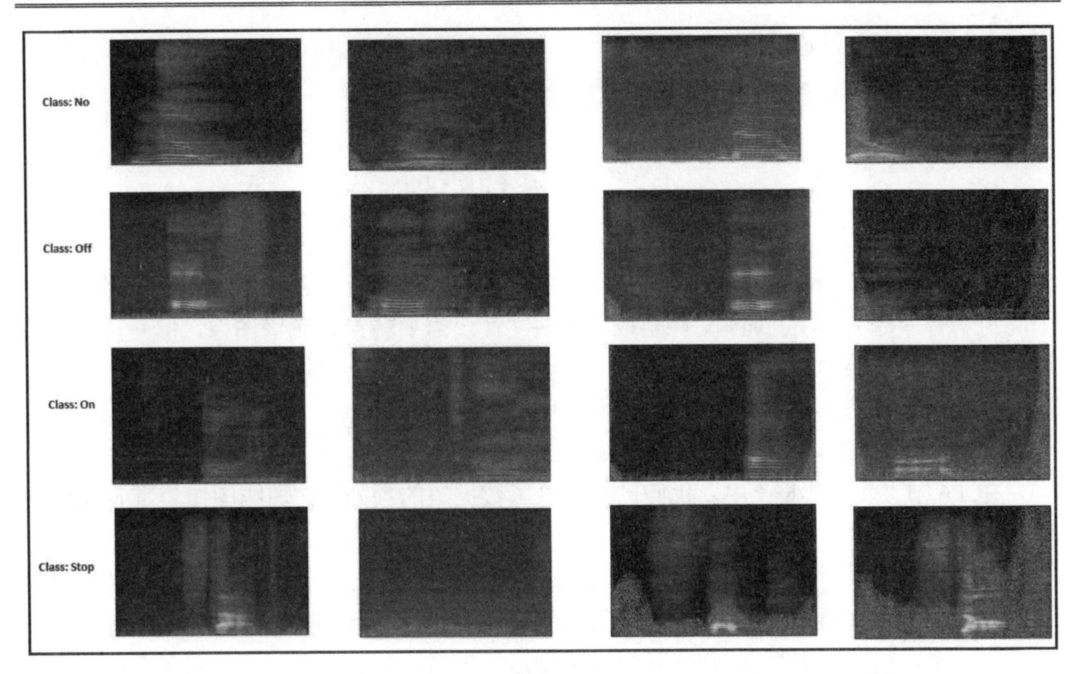

图 4-10

从图 4-10 中可以发现，频谱图像中 4 个不同语音命令之间的差异可能并不总是很明显，这正是音频信号识别中的挑战所在。

图 4-11 展示了基于说话人/居住者的语音（5s）数据集的频谱图像数据的浏览过程。

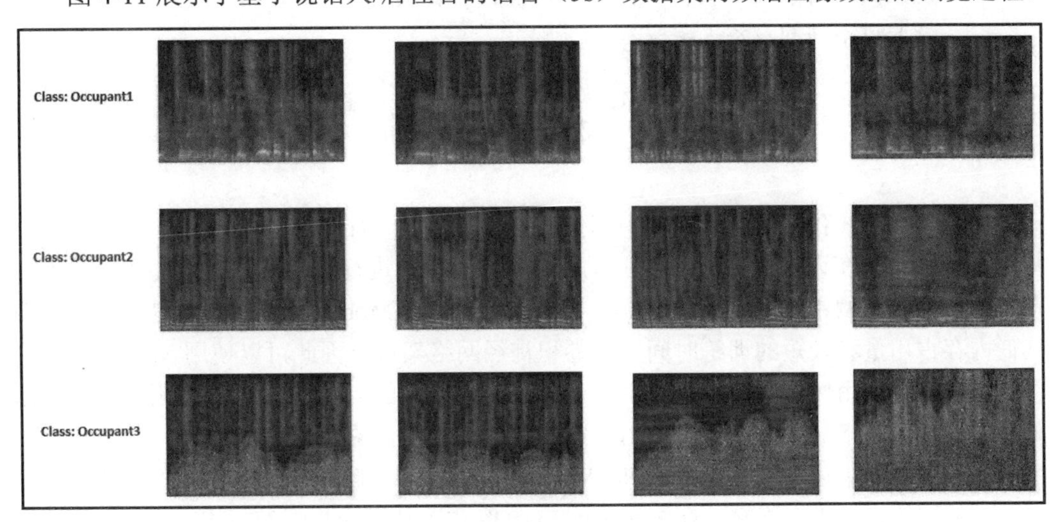

图 4-11

从图 4-11 中可以发现，每个说话人/居住者的简短语音频谱图像都呈现出一种模式，该模式将有助于对居住者进行分类并相应地授予访问权限。

4.7　数据预处理

数据预处理（Data Preprocessing）是深度学习管道的重要步骤。语音命令数据集由每个简短语音命令的 1s 的.wav 文件组成，这些文件仅需要转换为频谱图像。但是，下载的第二个用例的音频文件则长度不一致，因此它们需要以下两步预处理。

（1）将.mp3 文件转换为统一长度（如 5s）的 WAV 文件。

（2）将.wav 文件转换为频谱图像。

在 4.6 节“收集数据”中，我们已经讨论了数据集的预处理。训练图像集准备期间要注意以下问题。

- 数据大小：每个类别至少需要收集 100 张图像，这样才能训练出效果良好的模型。收集的图像越多，经过训练的模型的准确性就可能越好。在用例一数据集中，每个类别都有 3000 多个样本图像。当然，单次学习（一种对象分类技术，可使用更少的样本进行学习）在少于 100 个训练样本的情况下效果也很好。我们还需要确保图像很好地表示了应用在现实中将面对的内容。
- 数据异质性（Heterogeneity）：为训练而收集的数据应是异质性的。例如，关于说话人的音频或语音信号需要尽可能在各种情况下——在语音的不同条件下以及通过不同的设备来获取。

4.8　模 型 训 练

如前文所述，我们在两个用例中都使用了迁移学习（Transfer Learning），这不需要从头开始训练。在许多情况下，使用新的数据集对模型进行重新训练就足够了。此外，在第 3 章“物联网中的图像识别”中，我们已经介绍过 MobileNet V1，它是一种轻量级（低内存占用量和较短的训练时间）的卷积神经网络架构，因此可以使用 MobileNet V1 网络实现这两个用例。重要的是，可以使用 TensorFlow 的 retrain.py 模块，因为它是专为基于卷积神经网络（如 MobileNet V1）的迁移学习而设计的。

在使用数据集重新训练 MobileNet V1 之前，还需要了解 retrain.py 的关键参数列表。对于重新训练，如果在终端（在 Linux 或 macOS 中）或命令提示符（Windows）中输入

python retrain.py -h 命令，那么将会看到一个类似于图 4-12 所示的窗口，其中包含了更多信息（例如每个参数的概述）。

```
usage: retrain.py [-h] [--image_dir IMAGE_DIR] [--output_graph OUTPUT_GRAPH]
                  [--intermediate_output_graphs_dir INTERMEDIATE_OUTPUT_GRAPHS_DIR]
                  [--intermediate_store_frequency INTERMEDIATE_STORE_FREQUENCY]
                  [--output_labels OUTPUT_LABELS]
                  [--summaries_dir SUMMARIES_DIR]
                  [--how_many_training_steps HOW_MANY_TRAINING_STEPS]
                  [--learning_rate LEARNING_RATE]
                  [--testing_percentage TESTING_PERCENTAGE]
                  [--validation_percentage VALIDATION_PERCENTAGE]
                  [--eval_step_interval EVAL_STEP_INTERVAL]
                  [--train_batch_size TRAIN_BATCH_SIZE]
                  [--test_batch_size TEST_BATCH_SIZE]
                  [--validation_batch_size VALIDATION_BATCH_SIZE]
                  [--print_misclassified_test_images] [--model_dir MODEL_DIR]
                  [--bottleneck_dir BOTTLENECK_DIR]
                  [--final_tensor_name FINAL_TENSOR_NAME] [--flip_left_right]
                  [--random_crop RANDOM_CROP] [--random_scale RANDOM_SCALE]
                  [--random_brightness RANDOM_BRIGHTNESS]
                  [--architecture ARCHITECTURE]
```

图 4-12

图 4-12 中，必填参数是--image_dir，它必须是我们要在其中训练或重新训练模型的数据集目录。对于 MobileNet V1 来说，必须明确卷积神经网络架构，例如--architecture mobilenet_1.0_224。对于其余参数，包括训练、验证和测试集之间的数据分配比例，都可以使用默认值。默认的数据拆分是将 80%的图像放入主训练集中，留出 10%在训练期间进行验证，最后 10%的数据用于测试分类器的实际性能。

以下是用于运行 MobileNet V1 的重新训练模型的命令：

```
python retrain.py \
--output_graph=trained_model_mobilenetv1/retrained_graph.pb \
--output_labels=trained_model_mobilenetv1/retrained_labels.txt \
--architecture mobilenet_1.0_224 \
--image_dir= your dataset directory
```

一旦运行了上述命令，就会在给定目录中生成再训练模型（retrained_graph.pb）和标签文本（retrained_labels.txt），摘要目录将包括模型的训练和验证摘要信息。TensorBoard 可以使用摘要信息（--summaries_dir 参数，默认值为 retrain_logs）来可视化模型的各个方面，包括网络及其性能图。如果在 Linux/macOS 终端或 Windows 命令提示符中输入以下命令，那么它将运行 TensorBoard：

```
tensorboard --logdir retrain_logs
```

TensorBoard 运行后，将 Web 浏览器导航到 localhost:6006 以查看 TensorBoard 和相

应模型的网络。图 4-13 显示了所使用的 MobileNet V1 的网络。

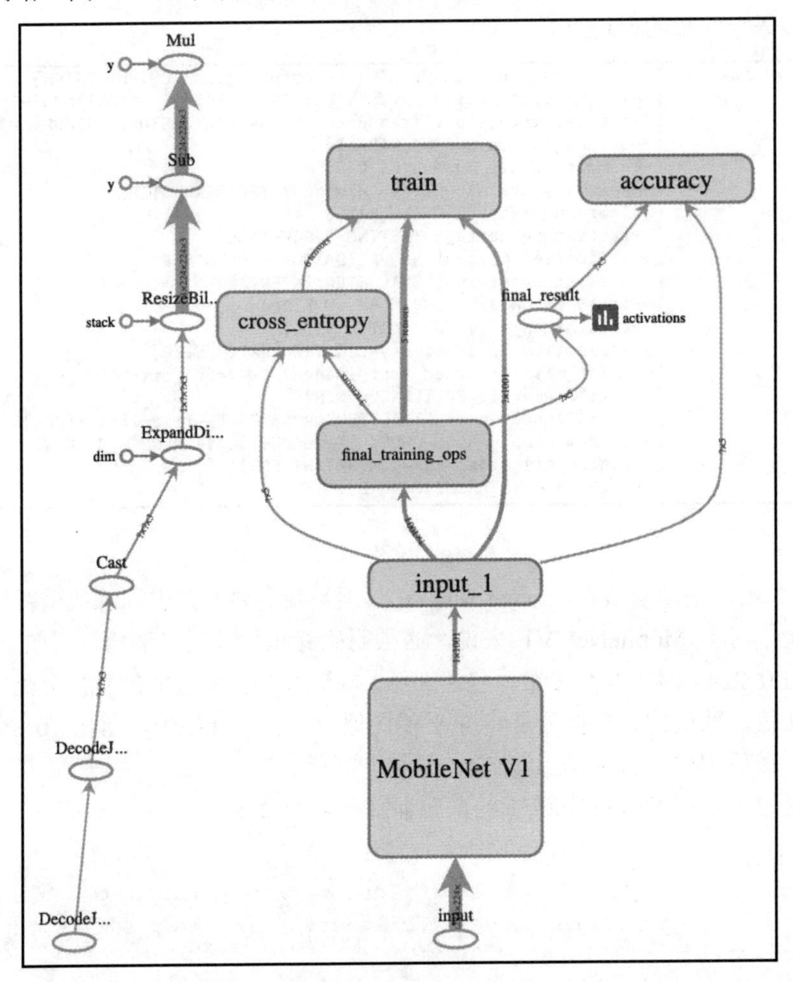

图 4-13

4.9 评 估 模 型

可以从以下 3 个不同方面评估模型。

- ❑ 学习/重新训练时间。
- ❑ 存储要求。
- ❑ 性能（准确率）。

使用 retrain.py 模块的 MobileNet V1 的重新训练和验证过程在具有 GPU 支持的台式机上花费了不到 1 小时（h）。该台式机的配置为 Intel Xenon CPU E5-1650 v3@3.5GHz 和 32GB RAM。

模型的存储/内存需求是资源受限的物联网设备的基本考虑因素。为了评估 MobileNet V1 的存储/内存占用量，我们将其存储需求与另外两个类似网络（Incentive V3 和 CIFAR-10 CNN）的存储需求进行了比较。图 4-14 描述了这 3 种模型的存储要求。可以看到，MobileNet V1 仅需要 17.1MB，不到 Incentive V3（87.5MB）和 CIFAR-10 CNN（91.1MB）的五分之一。由此可见，就存储要求而言，MobileNet V1 是许多资源受限的物联网设备（包括 Raspberry Pi 和智能手机）的更好选择。

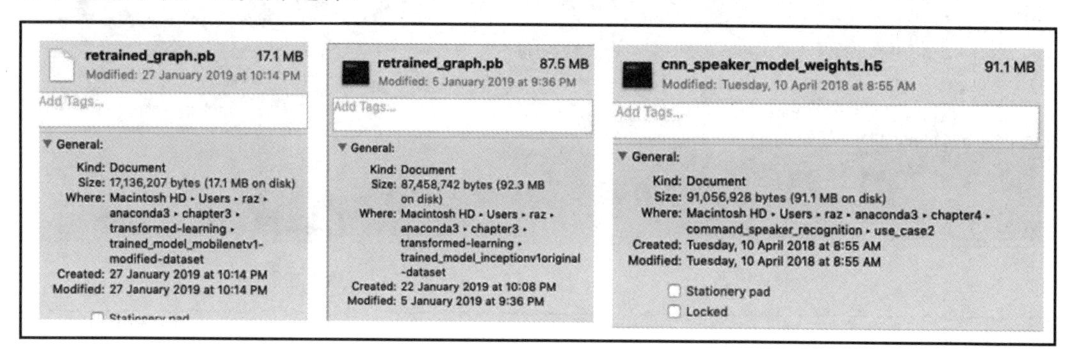

图 4-14

最后，我们还评估了该模型的性能，并针对用例执行了以下两个级别的性能评估。

- 在台式机平台/服务器端的再训练阶段，已经完成了数据集范围的评估或测试。
- 在 Raspberry Pi 3 环境中测试或评估了单独的音频和一组家庭居民的样本。

下面将按用例提供所有评估性能的图片。

4.9.1　模型性能（用例一）

图 4-15 显示了在语音命令数据集（仅定制为 5 个命令，包括 on、no、off、yes 和 stop）上对 MobileNet V1 的评估结果。请注意，由于缺少实际的数据集，因此 on 在用例一中被认为是 switch on the light。

图 4-16 是从 TensorBoard 日志文件中生成的，橙色线代表训练，蓝色线代表在命令数据集上 MobileNet V1 的验证准确率。

从图 4-15 和图 4-16 中可以看出，MobileNet V1 的性能不是很好，但是通过向命令添加更多信息（例如 switch on the main light 而不是仅有一个 on），足以检测命令。此外，还可以使用更好的从音频文件到图像的转换器来提高图像质量和识别准确率。

```
Command Prompt
INFO:tensorflow:2019-05-19 15:11:02.719906: Step 3920: Validation accuracy = 67.0% (N=100)
INFO:tensorflow:2019-05-19 15:11:03.547944: Step 3930: Train accuracy = 69.0%
INFO:tensorflow:2019-05-19 15:11:03.547944: Step 3930: Cross entropy = 1.082193
INFO:tensorflow:2019-05-19 15:11:03.626063: Step 3930: Validation accuracy = 77.0% (N=100)
INFO:tensorflow:2019-05-19 15:11:04.516587: Step 3940: Train accuracy = 84.0%
INFO:tensorflow:2019-05-19 15:11:04.516587: Step 3940: Cross entropy = 0.712184
INFO:tensorflow:2019-05-19 15:11:04.594707: Step 3940: Validation accuracy = 73.0% (N=100)
INFO:tensorflow:2019-05-19 15:11:05.408637: Step 3950: Train accuracy = 85.0%
INFO:tensorflow:2019-05-19 15:11:05.408637: Step 3950: Cross entropy = 0.566925
INFO:tensorflow:2019-05-19 15:11:05.518001: Step 3950: Validation accuracy = 77.0% (N=100)
INFO:tensorflow:2019-05-19 15:11:06.318512: Step 3960: Train accuracy = 78.0%
INFO:tensorflow:2019-05-19 15:11:06.318512: Step 3960: Cross entropy = 0.747383
INFO:tensorflow:2019-05-19 15:11:06.396632: Step 3960: Validation accuracy = 70.0% (N=100)
INFO:tensorflow:2019-05-19 15:11:07.193423: Step 3970: Train accuracy = 79.0%
INFO:tensorflow:2019-05-19 15:11:07.193423: Step 3970: Cross entropy = 0.794154
INFO:tensorflow:2019-05-19 15:11:07.271541: Step 3970: Validation accuracy = 74.0% (N=100)
INFO:tensorflow:2019-05-19 15:11:08.084003: Step 3980: Train accuracy = 68.0%
INFO:tensorflow:2019-05-19 15:11:08.084003: Step 3980: Cross entropy = 1.074563
INFO:tensorflow:2019-05-19 15:11:08.220279: Step 3980: Validation accuracy = 73.0% (N=100)
INFO:tensorflow:2019-05-19 15:11:09.063962: Step 3990: Train accuracy = 71.0%
INFO:tensorflow:2019-05-19 15:11:09.063962: Step 3990: Cross entropy = 0.928895
INFO:tensorflow:2019-05-19 15:11:09.142080: Step 3990: Validation accuracy = 62.0% (N=100)
INFO:tensorflow:2019-05-19 15:11:09.954521: Step 3999: Train accuracy = 77.0%
INFO:tensorflow:2019-05-19 15:11:09.954521: Step 3999: Cross entropy = 0.845275
INFO:tensorflow:2019-05-19 15:11:10.032663: Step 3999: Validation accuracy = 69.0% (N=100)
INFO:tensorflow:Final test accuracy = 72.0% (N=3702)
INFO:tensorflow:Froze 2 variables.
INFO:tensorflow:Converted 2 variables to const ops.

(tf-gpu) C:\Anaconda3\Book-DL-IoT\chapter4\DL-for-Speech&Speaker\use-case-1new>cd ..
```

图 4-15

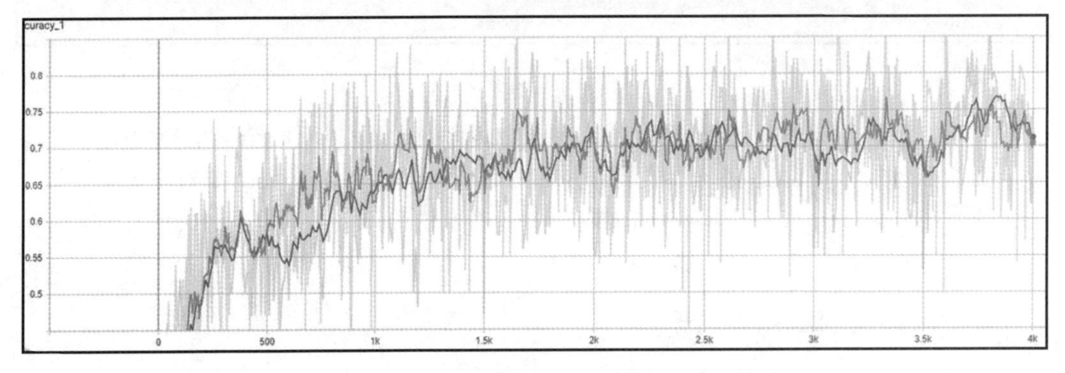

图 4-16

4.9.2　模型性能（用例二）

图 4-17 显示了 MobileNet V1 在 three occupants（3 位居住者）数据集上的评估结果。可以看到，该数据集的性能相当不错，它有 90%以上的时间都可以成功检测到居住者。

图 4-18 是从 TensorBoard 日志文件中生成的，橙色线代表训练，蓝色线代表在 three occupants 数据集上 MobileNet V1 的验证准确率。

```
INFO:tensorflow:2019-05-19 15:37:30.206873: Step 3900: Validation accuracy = 91.0% (N=100)
INFO:tensorflow:2019-05-19 15:37:31.238052: Step 3910: Train accuracy = 100.0%
INFO:tensorflow:2019-05-19 15:37:31.238052: Step 3910: Cross entropy = 0.002250
INFO:tensorflow:2019-05-19 15:37:31.347420: Step 3910: Validation accuracy = 91.0% (N=100)
INFO:tensorflow:2019-05-19 15:37:32.237980: Step 3920: Train accuracy = 100.0%
INFO:tensorflow:2019-05-19 15:37:32.237980: Step 3920: Cross entropy = 0.001900
INFO:tensorflow:2019-05-19 15:37:32.316100: Step 3920: Validation accuracy = 95.0% (N=100)
INFO:tensorflow:2019-05-19 15:37:33.206647: Step 3930: Train accuracy = 100.0%
INFO:tensorflow:2019-05-19 15:37:33.206647: Step 3930: Cross entropy = 0.001575
INFO:tensorflow:2019-05-19 15:37:33.300417: Step 3930: Validation accuracy = 96.0% (N=100)
INFO:tensorflow:2019-05-19 15:37:34.102219: Step 3940: Train accuracy = 100.0%
INFO:tensorflow:2019-05-19 15:37:34.102219: Step 3940: Cross entropy = 0.001931
INFO:tensorflow:2019-05-19 15:37:34.175381: Step 3940: Validation accuracy = 92.0% (N=100)
INFO:tensorflow:2019-05-19 15:37:35.129765: Step 3950: Train accuracy = 100.0%
INFO:tensorflow:2019-05-19 15:37:35.129765: Step 3950: Cross entropy = 0.001272
INFO:tensorflow:2019-05-19 15:37:35.223506: Step 3950: Validation accuracy = 95.0% (N=100)
INFO:tensorflow:2019-05-19 15:37:36.145321: Step 3960: Train accuracy = 100.0%
INFO:tensorflow:2019-05-19 15:37:36.145321: Step 3960: Cross entropy = 0.001753
INFO:tensorflow:2019-05-19 15:37:36.239062: Step 3960: Validation accuracy = 92.0% (N=100)
INFO:tensorflow:2019-05-19 15:37:37.198380: Step 3970: Train accuracy = 100.0%
INFO:tensorflow:2019-05-19 15:37:37.198380: Step 3970: Cross entropy = 0.001600
INFO:tensorflow:2019-05-19 15:37:37.307721: Step 3970: Validation accuracy = 94.0% (N=100)
INFO:tensorflow:2019-05-19 15:37:38.229535: Step 3980: Train accuracy = 100.0%
INFO:tensorflow:2019-05-19 15:37:38.229535: Step 3980: Cross entropy = 0.001917
INFO:tensorflow:2019-05-19 15:37:38.338903: Step 3980: Validation accuracy = 96.0% (N=100)
INFO:tensorflow:2019-05-19 15:37:39.291961: Step 3990: Train accuracy = 100.0%
INFO:tensorflow:2019-05-19 15:37:39.291961: Step 3990: Cross entropy = 0.001936
INFO:tensorflow:2019-05-19 15:37:39.395582: Step 3990: Validation accuracy = 93.0% (N=100)
INFO:tensorflow:2019-05-19 15:37:40.176774: Step 3999: Train accuracy = 100.0%
INFO:tensorflow:2019-05-19 15:37:40.176774: Step 3999: Cross entropy = 0.001790
INFO:tensorflow:2019-05-19 15:37:40.254894: Step 3999: Validation accuracy = 96.0% (N=100)
INFO:tensorflow:Final test accuracy = 87.5% (N=32)
INFO:tensorflow:Froze 2 variables.
INFO:tensorflow:Converted 2 variables to const ops.

(tf-gpu) C:\Anaconda3\Book-DL-IoT\chapter4\DL-for-Speech&Speaker\use-case-2new>
```

图 4-17

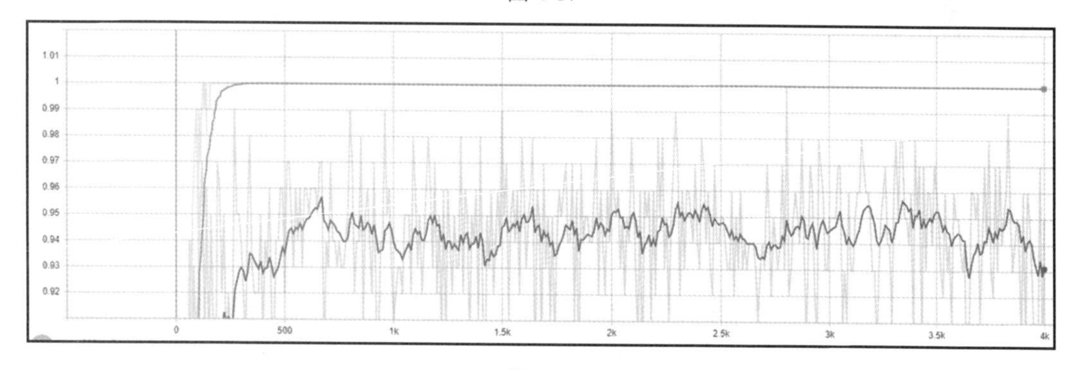

图 4-18

我们还在 five occupants（5 位居住者）数据集上测试了 MobileNet V1，它也始终显示出 85%～94%的准确率。最后，还可以将经过训练的模型详细信息（如 retrained_mobilenet_ graph.pb 和 retrained_labels.txt）导出到物联网设备（包括智能手机或 Raspberry Pi）中，并且可以使用提供的 label_image.py 代码或类似的代码在两个用例的新数据上测试模型。

4.10 小　结

自动音频/语音/声音识别正成为人们与他们的设备（包括智能手机、可穿戴设备和其他智能设备）进行交互的一种流行手段。机器学习和深度学习算法对于基于音频/语音/声音的决策至关重要。

在本章的第一部分（4.1 节～4.3 节）中简要介绍了不同的物联网应用及其基于音频/语音/声音检测的决策。我们还简要讨论了物联网的两个潜在用例，其中深度学习算法在基于语音/命令的决策中很有用。用例一考虑了使用语音控制照明的物联网应用程序，以实现智能家居；用例二则使家庭或办公室变得智能，其中基于深度学习的物联网解决方案提供了对智能家居或办公室的自动访问控制。

在本章的第二部分（4.4 节～4.6 节）中简要讨论了用例的数据收集过程，并讨论了选择卷积神经网络（尤其是 MobileNet V1）背后的原理。

本章的其余部分描述了这些模型的深度学习管道的所有必要组件及其结果。

许多物联网设备和用户都是移动的，设备和用户的定位对于在移动中为其提供服务至关重要。GPS 可以支持室外定位，但不能在室内环境中使用，因此室内定位需要替代技术。可以使用包括 WiFi 指纹在内的各种室内技术，并且通常它们基于设备的通信信号分析来工作。在第 5 章“物联网中的室内定位”中将讨论和演示深度学习模型如何用于物联网应用中的室内定位。

4.11 参考资料

[1] Assistive technology: http://www.who.int/en/news-room/fact-sheets/detail/assistive-technology.

[2] Smart and Robust Speaker Recognition for Context-Aware In-Vehicle Applications, I Bisio, C Garibotto, A Grattarola, F Lavagetto, and A Sciarrone, in IEEE. Transactions on Vehicular Technology, vol. 67, no. 9, pp. 8,808-8,821, September, 2018.

[3] Emotion-Aware Connected Healthcare Big Data Towards 5G, M S Hossain and G Muhammad, in IEEE Internet of Things Journal, vol. 5, no. 4, pp. 2,399-2,406, August, 2018.

[4] Machine Learning Paradigms for Speech Recognition, L Deng, X Li (2013). IEEE Transactions on Audio, Speech, and Language Processing, vol. 2, #5.

[5] On Comparison of Deep Learning Architectures for Distant Speech Recognition, R Sustika, A R Yuliani, E Zaenudin, and H F Pardede, 2017 Second International Conferences on Information Technology, Information Systems and Electrical Engineering (ICITISEE), Yogyakarta, 2017, pp. 17-21.

[6] Deep Neural Networks for Acoustic Modeling in Speech Recognition, G Hinton, L Deng, D Yu, G E Dahl, A R Mohamed, N Jaitly, A Senior, V Vanhoucke, P Nguyen, T N Sainath, and B Kingsbury, IEEE Signal Processing Magazine, vol. 29, # 6, pp. 82-97, 2012.

[7] Long Short-Term Memory Recurrent Neural Network Architectures for Large Scale Acoustic Modeling, H Sak, A Senior, and F Beaufays, in Fifteenth Annual Conference of the International Speech Communication Association, 2014.

[8] Phoneme recognition using time delay neural network, IEEE Transaction on Acoustics, Speech, and Signal Processing, G. H. K. S. K. J. L. Alexander Waibel, Toshiyuki Hanazawa, vol. 37, # 3, 1989.

[9] A Time Delay Neural Network Architecture for Efficient Modeling of Long Temporal Contexts, V Peddinti, D Povey, and S Khudanpur, in Proceedings of Interspeech. ISCA, 2005.

[10] Deep Convolutional Neural Network for lvcsr, B. K. B. R. Tara N Sainath and Abdel Rahman Mohamed, in International Conference on Acoustics, Speech and Signal Processing. IEEE, 2013, pp. 8,614-8,618.

[11] Mel Frequency Cepstral Coefficients for Music Modeling, Logan, Beth and others, ISMIR,vol. 270, 2000.

[12] Launching the Speech Commands Dataset, Pete Warden: https://ai.googleblog.com/2017/08/launching-speech-commands-dataset.html.

第 5 章　物联网中的室内定位

许多物联网应用（如零售商、智能家居、智能园区、医院的室内导航和位置感知营销等）都依赖于室内定位技术，从此类应用程序生成的输入数据通常来自许多源，如红外线探测、超声波、WiFi、射频识别（Radio Frequency Identification，RFID）、超宽带（Ultrawideband）和蓝牙等。

可以使用深度学习模型分析设备和技术的通信指纹（如 WiFi 指纹数据），以预测设备或用户在室内环境中的位置。本章将通过实际用例来讨论如何将深度学习技术用于物联网应用程序中的室内定位。

此外，我们还将讨论物联网环境中室内定位服务的一些部署设置。

本章将讨论以下主题：

- 室内定位概述。
- 基于深度学习的物联网室内定位。
- 用例：使用 WiFi 指纹进行室内定位。
- 部署技术。

5.1　室内定位概述

随着移动互联网的快速发展，大型公共室内场所的基于位置的服务（Location-Based Service，LBS）变得越来越流行。在这样的室内位置，接收信号强度指示器（Received Signal Strength Indicator，RSSI）通常用作物联网设备从无线访问点（Wireless Access Point，WAP）接收到的功率水平的估计量。但是，当距信号源的距离增加时，信号会变弱，无线数据传输速率会变慢，从而导致总体数据吞吐量降低。

5.1.1　室内定位技术

迄今为止，已经基于诸如超声波、红外线、图像、光、磁场和无线信号之类的测量技术提出了若干种室内定位技术。例如，基于蓝牙低功耗（Bluetooth Low Energy，BLE）的室内定位已经吸引了越来越多的关注，因为它的成本低、功耗低，并且几乎在每个移动设备上都具有可用性。而 WiFi 定位系统则完全相反，它基于 WiFi 信号的信道状态信息（Channel State Information，CSI）。

最近，研究人员已经提出了使用深度学习模型来学习高维 CSI 信号的指纹模式的深度学习方法。尽管每次 WiFi 扫描都包含针对其附近可用 AP 的信号强度测量结果，但仅观察到环境中网络总数的一个子集。

此外，由于这些设备是低端设备，处理能力非常小，因此在这些方法中使用的不可预知的减弱或增强组合会影响多路径信号（Multi-Path Signal），这将破坏 RSSI 与传输距离之间的关系，从而证明效果较差。相反，指纹识别方法则不依赖于距离的恢复，而是仅将测得的 RSSI 用作空间模式，因此它不易受到多路径效应的影响。

5.1.2　指纹识别

通常使用的指纹识别方法有两个阶段，即离线阶段和在线阶段。

第一个阶段使用指纹数据库来构造与位置有关的参数，这些参数是从测量的 RSSI 的参考位置中提取的，称为离线阶段（Offline Phase）；第二个阶段是定位阶段，也称为在线阶段（Online Phase），它将使用数据库中最相关的 RSSI 指纹将 RSSI 测量值映射到参考位置，可以解释如下：

$$\Omega = \{(\boldsymbol{f}_1, \boldsymbol{p}_1), (\boldsymbol{f}_2, \boldsymbol{p}_2), \cdots, (\boldsymbol{f}_N, \boldsymbol{p}_N)\}$$

在上面的公式中，N 是数据库中参考位置的总数，$\boldsymbol{f}_i$ 表示第 i 个参考位置的指纹模式，$\boldsymbol{p}_i$ 是该参考位置的空间坐标。指纹模式 $\boldsymbol{f}$ 可以是来自多个信标站的原始 RSSI 值，也可以是从 RSSI 提取的任何其他特征向量，可以表示如下：

$$\boldsymbol{f} = [r_1, r_2, \cdots, r_m]$$

但是，原始 RSSI 值在现有指纹系统中用作空间模式。在上面的公式中，m 是 BLE 信标站或 WiFi AP 的总数，r_i 表示第 i 个站的 RSSI 测量值。

现在，我们大致已经了解了什么是室内定位。5.2 节将介绍如何使用机器学习和深度学习算法来开发这种室内定位系统。

5.2　基于深度学习的物联网室内定位

现在，如果要开发深度学习应用程序并部署低端设备，则此类物联网设备将无法对其进行处理，特别是处理非常高维的数据将成为瓶颈。因此，可以使用机器学习算法——例如 k 最近邻（k-Nearest Neighbor，k-NN）算法，以合理的准确率解决室外定位问题，因为移动设备中包含 GPS 传感器意味着我们手上可以有更多数据。

但是，尽管有先进的室内定位技术，室内定位仍然是一个开放的研究问题，主要是由于室内环境中 GPS 信号的丢失。幸运的是，通过使用深度学习技术，我们可以按合理的准确率解决此问题，尤其是使用自动编码器（Autoencoder，AE）及其表示功能可以是一个很好的解决方法和可行的选项。在目前情况下，我们有以下两个选择。

（1）在自动编码器（AE）网络的前面添加一个全连接层和一个 softmax 层，这将充当端到端分类器。

（2）使用任何其他分类算法，如逻辑回归、k-NN、随机森林或支持向量机进行位置估计（即分类），如图 5-1 所示。

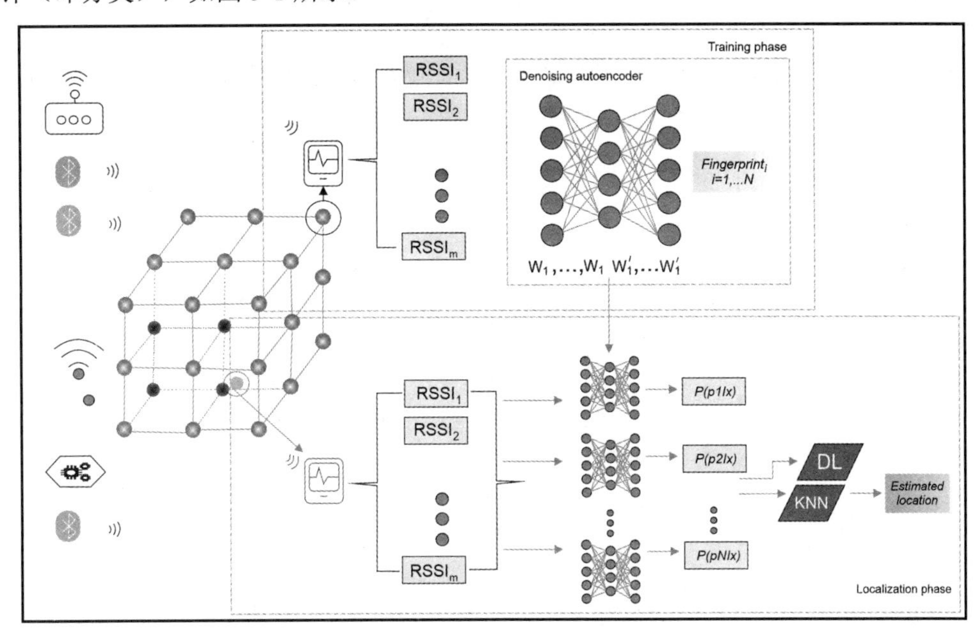

图 5-1

原　　文	译　　文	原　　文	译　　文
Training phase	训练阶段	Estimated location	估计位置
Denoising autoencoder	去噪自动编码器	Localization phase	定位阶段

这里的思路是使用自动编码器进行表示学习，以便网络可以很好地学习特征。然后，编码器部分的输出可用于初始化分类器部分的权重。在后面的小节中将讨论 k-NN 算法和自动编码器，并解释为什么它们可以用来解决室内定位问题。

5.2.1　k 最近邻（k-NN）分类器

k 最近邻（k-NN）算法是一种非参数方法，可以使用来自物联网设备的指纹数据进行训练。它试图将收集自网关的 RSSI 值分类为参考点之一而不是坐标。其输入由 k 个最近的 RSSI 值组成，而输出则是类成员。然后，通过输入样本的邻居的多数投票对输入样本进行分类，将对象分配给其 k 个最近邻居中最常见的类。

从技术上讲，如果指纹数据库由 (X, y) 组成，其中 X 为 RSSI 值，y 为已知位置的集合，则 k-NN 将首先计算距离 $d_i = d(X_i, x)$，其中 x 为未知样本。然后，它计算一个集合 I，其中包含距 d_i 的 k 个最小距离的索引。然后，返回 y_i 的多数标签，其中 $i \in I$ 。换句话说，使用 k-NN 算法时，即可通过计算观测数据与数据库中训练 RSSI 样本中的记录之间的相似度来执行分类。

最终，在前 k 个最相似的记录中出现率最高的网格单元就是估计位置，如图 5-2 所示。

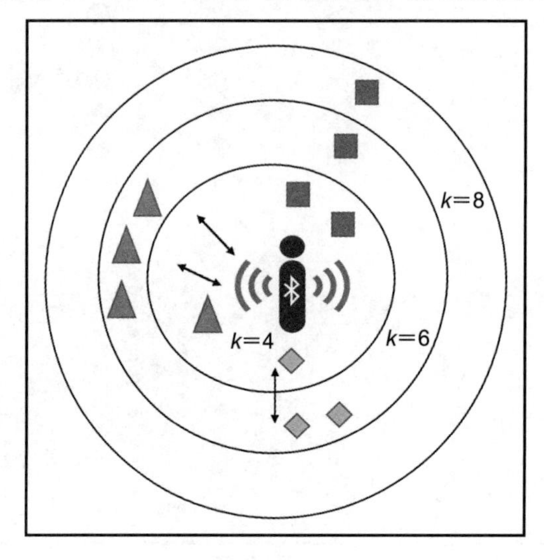

图 5-2

在图 5-2 中，对于 $k = 4$ 来说，WiFi 数据包跟踪被分类为在网格 c（绿色三角形）记录中，而在 $k = 6$ 时，其被分类为在网格 a（红色矩形）中。因此，可以将 k-NN 视为一种懒惰学习方法，其中的函数仅在局部进行近似，并且所有计算都将推迟到分类发生为止。k-NN 算法的优点在于，它对噪声数据具有鲁棒性，特别是将加权距离的平方反比用作距离度量。但是，如果已经在大量训练数据上进行了训练，则它的表现将很好。

当然，它也不是没有缺点。例如，我们需要确定 k 参数值，即最近邻居的数量。根据所使用的距离度量，它的执行情况也大不相同。由于需要计算训练数据中每个样本的距离，因此使用 k-NN 算法的计算成本非常高，在非常高维数据的情况下，这甚至会变得更糟。在 5.2.2 节中，我们将使用 k-NN 作为端到端分类器，而不是使用神经网络设置，以便在基于自动编码器的分类器和 k-NN 分类器之间进行比较分析。

5.2.2　自动编码器分类器

如本书第 2 章"物联网深度学习技术和框架"中所述，自动编码器（AE）是一种特殊的神经网络，可以从输入数据中自动学习。自动编码器由编码器和解码器两部分组成。编码器将输入压缩为潜在空间表示（Latent-Space Representation），然后解码器部分将尝试从该表示形式重建原始输入数据。

- 编码器（Encoder）：使用称为 $h = f(x)$的函数对输入进行编码或压缩为潜在空间表示形式。
- 解码器（Decoder）：使用称为 $r = g(h)$的函数对潜在空间表示形式的输入进行解码或重构。

因此，可以通过 $g(f(x)) = 0$ 的函数来描述自动编码器，其中，我们希望 0 接近 x 的原始输入。自动编码器对于数据降噪和数据可视化降维非常有用，因为它们可以比主成分分析（PCA）更有效地学习所谓表示（Representation）的数据投影。图 5-3 显示了降噪自动编码器的架构。

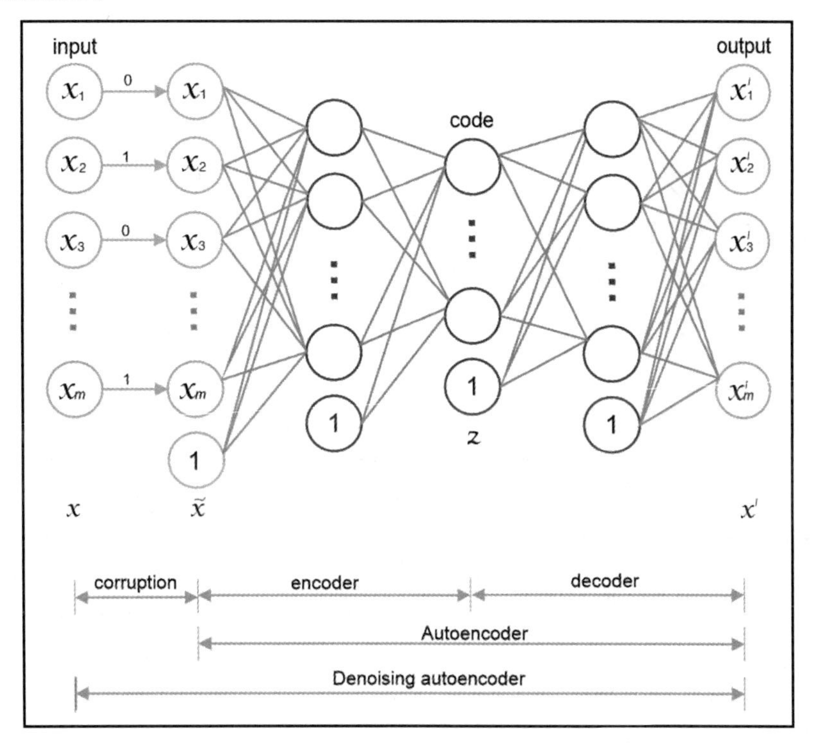

图 5-3

原　文	译　文	原　文	译　文
input	输入	encoder	编码器
code	代码	decoder	解码器
output	输出	Autoencoder	自动编码器
corruption	数据污染	Denoising autoencoder	降噪自动编码器

因此，一旦有一个指纹数据库，就可以使用原始 RSSI 测量值来训练自动编码器，并且将训练后的网络本身用作特定参考位置的指纹模式。由于可以通过每层的权重来表示深层网络，因此指纹模式可以表示如下：

$$\boldsymbol{f}=[w_1,w_2,\cdots,w_l,w_1',w_2',\cdots,w_l']$$

在上面的公式中，l 是自动编码器的编码隐藏层的数量；w_i 表示第 i 个编码隐藏层的权重；w_i' 表示第 i 个解码镜像层的权重，如图 5-4 所示。

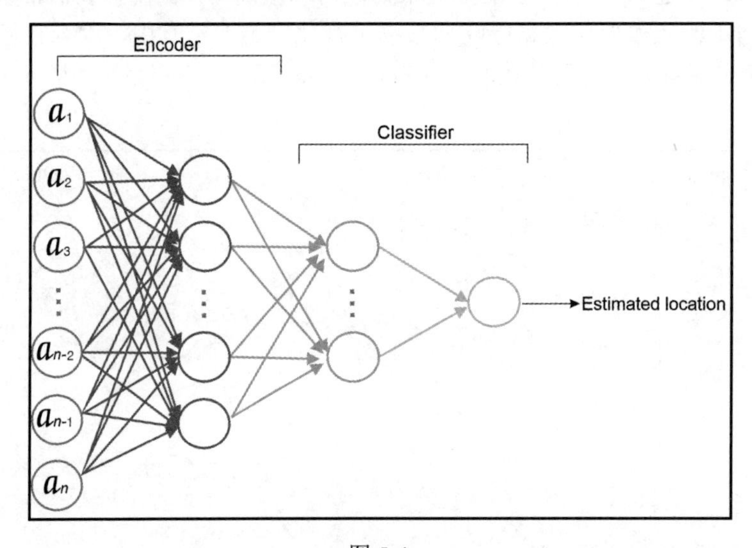

图 5-4

原　文	译　文
Encoder	编码器
Classifier	分类器
Estimated location	估计位置

然后，可以使用自动编码器中央隐藏层的输出作为全连接的 softmax 层的输入来预测位置，如图 5-4 所示。现在我们已经知道了在神经网络或机器学习设置中室内定位的工作原理，接下来可以实践 WiFi 指纹技术。

5.3　用例：使用 WiFi 指纹进行室内定位

在使用 WiFi 指纹进行室内定位用例中，我们将使用多栋多层室内定位（Multi-Building and Multi-Floor Indoor Localization）数据库和堆叠式自动编码器对 WiFi 指纹进行定位。只需花费很少的精力，即可将该应用程序部署到移动机器人以使用 WiFi 定位子系统。

5.3.1　数据集说明

UJIIndoorLoc 数据集是一个多栋多层的室内定位数据库，旨在测试依赖于 WiFi 指纹识别的室内定位系统。用户自动定位包括估算从移动电话收集的用户位置，如纬度、经度和海拔。UJIIndoorLoc 数据库覆盖了西班牙海梅一世大学（Universitat Jaume I）的 3 栋建筑物，楼高 4 层或以上，近 110000m^2，2013 年通过 20 多个不同用户和 25 个 Android 设备进行了测量。该数据库包含以下两个 CSV 文件。

- trainingData.csv：19937 个训练/参考记录。
- validationData.csv：1111 个验证/测试记录。

529 个属性包含 WiFi 指纹和获取指纹的坐标，每个 WiFi 指纹都可以通过检测到的 WAP 和相应的 RSSI 来表征。强度值（Intensity Value）表示范围为 1.04 dBm（极差信号）～0 dBm 的负整数值，正 100 值用于表示未检测到 WAP。在数据库创建期间，检测到 520 个不同的 WAP，因此 WiFi 指纹由 520 个强度值组成。坐标的纬度、经度、楼层和 BuildingID 信息都是要预测的属性（Attribute）。下面提供了数据集的快速摘要。

- Attribute 001～Attribute 520（即 WAP001～WAP520）：这些是无线接入点（Wireless Access Point）的强度测量值，其值为-104～0 和 100。值为 100 表示未检测到 WAP001。
- Attribute 521（Longitude）：表示经度，负实数值，取值范围为 7695.9387549299299000～-7299.786516730871000。
- Attribute 522（Latitude）：表示纬度，正实数值，取值范围为 4864745.7450159714～4865017.3646842018。
- Attribute 523（Floor）：建筑物内部楼层高。整数值，取值范围为 0～4。
- Attribute 524（BuildingID）：用于标识建筑物的 ID。以分类整数值提供，取值范围为 0～2。
- Attribute 525（SpaceID）：内部 ID 号，用于标识空间，如办公室、走廊或教室。

- Attribute 526（RelativePosition）：相对于空间的相对位置。例如，1 表示在门内侧，2 表示在门外侧。
- Attribute 527（UserID）：用户标识符。
- Attribute 528（PhoneID）：Android 设备标识符（详见下文）。
- Attribute 529（Timestamp）：进行捕获的 UNIX 时间。

5.3.2　网络建设

自动编码器分类器（AE Classifier）中的 AE 部分由编码器（Encoder）和解码器（Decoder）组成。以下自动编码器架构用于确定 WiFi 所在的楼层和建筑物位置。自动编码器的输入是在扫描中检测到的信号强度。

每个可见网络的一个值被视为一个 RSSI 记录，解码器的输出来自简化表示的重构输入，如图 5-5 所示。

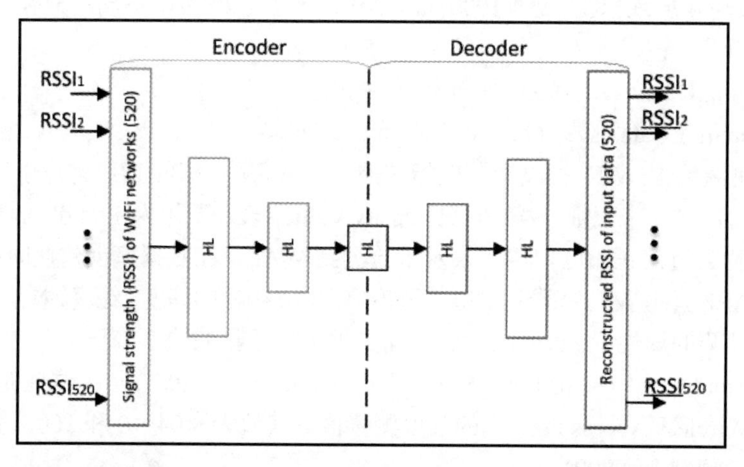

图 5-5

原　文	译　文
Encoder	编码器
Decoder	解码器
Signal strength(RSSI)of WiFi networks(520)	WiFi 网络的信号强度（RSSI）（520）
Reconstructed RSSI of input data(520)	输入数据的重构 RSSI（520）

图片：特征空间表示的自动编码器架构；

来源：Low-effort place recognition with Wi-Fi fingerprints using deep learning, Michał N. et al., arXiv:1611.02049v1

分类器部分由两个隐藏层组成。根据问题的复杂性，需要选择神经元的数量。当自动编码器权重的无监督学习完成时，网络的解码器部分将断开连接，然后通过将整个网络变成分类器，可以将全连接层放置在编码器的输出之后。在图 5-6 中，预训练的编码器部分将连接到全连接的 softmax 层。

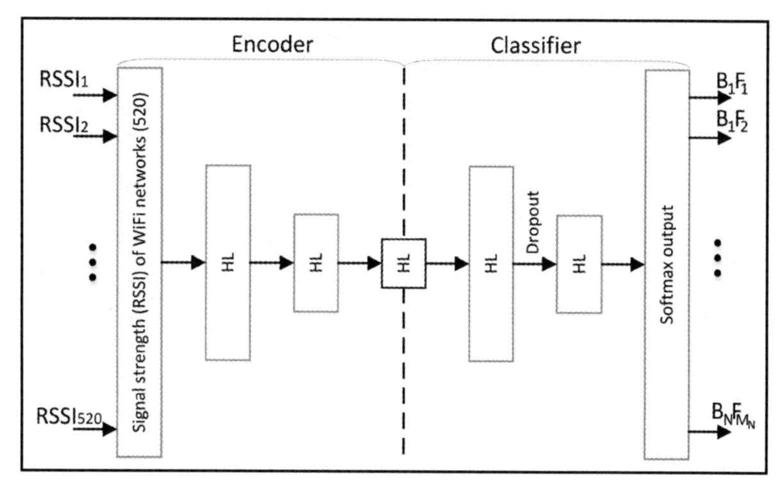

图 5-6

原　　文	译　　文
Encoder	编码器
Classifier	分类器
Signal strength(RSSI)of WiFi networks(520)	WiFi 网络的信号强度（RSSI）（520）
Dropout	随机失活
Softmax output	softmax 输出

图片：自动编码器分类器的架构，用于基于 WiFi 扫描输入对建筑物及其楼层进行分类；

来源：Low-effort Place Recognition with WiFi Fingerprints Using Deep Learning, Michał N. et al., arXiv:1611.02049v1

最终输出层是 softmax 层，可输出当前样本属于已分析类的概率。接下来将开始实现上面的网络。

5.3.3　实现

我们将使用 Keras 来完成这一概念化的包装。首先导入必要的包和库，命令如下：

```
import pandas as pd
import numpy as np
import tensorflow as tf
from sklearn.preprocessing import scale
```

```
from keras.models import Sequential
from keras.layers import Input, Dense, Flatten, Dropout, Embedding,
BatchNormalization
from keras.layers.convolutional import Conv1D,MaxPooling1D
from keras.layers import LSTM
from keras.layers.merge import concatenate
from keras.layers import GaussianNoise
from pickle import load
from keras import optimizers
from sklearn.metrics import classification_report
from sklearn.metrics import confusion_matrix
from sklearn.metrics import precision_recall_curve
from sklearn.metrics import precision_recall_fscore_support
import pandas_profiling
```

导入所有必需的程序包后，可以继续准备训练集和测试集，分别用于训练和评估模型。

1. 探索性分析

使用 Python pandas 库对数据进行的探索性分析无疑提供了许多强大的功能。当然，使用 df.describe()、df.dtypes 或使用 df.isnull().sum()并分别绘制它们总是很费时，有时候甚至以这样复杂的方式也无法获得所需的信息。实际上，必须编写额外的代码行才能将它们转换为可显示的格式。对于开发人员来说，如果想要轻松完成任务，可以考虑使用 pandas_profiling 库。有关该库的详细信息，请访问

https://github.com/pandas-profiling/pandas-profiling

仅需一行代码即可提供所需的信息，如下所示。

```
pandas_profiling.ProfileReport(df)
```

有必要使用 pandas_profiling 来快速地了解自己的数据。首先可以通过显式传递 header=0 来读取训练数据，以替换现有名称，如下所示。

```
trainDF = pd.read_csv("trainingData.csv",header = 0)
```

为了检索由于高相关性而被拒绝的变量列表，可使用以下命令：

```
profile = pandas_profiling.ProfileReport(trainDF)
```

这将生成一个报告，显示有关数据集的信息，如图 5-7 所示。

考查图 5-7 中报告的前几行。可以看到这里没有任何空值，并且所有变量都是数字，这很不错。但是，某些特征不太重要，因为它们与其他变量高度相关，例如 Rejected（被拒绝）的 74 个变量，而某些变量则非常偏斜，因此分布范围很广，甚至我们的训练数据

集也有 637 个重复行。被拒绝的变量不会帮助模型学习得更好，因此可以从训练数据中删除它们（尽管这是可选的）。可以使用 get_rejected_variables()方法收集此类被拒绝变量的列表，代码如下：

```
rejected_variables = profile.get_rejected_variables(threshold=0.9)
```

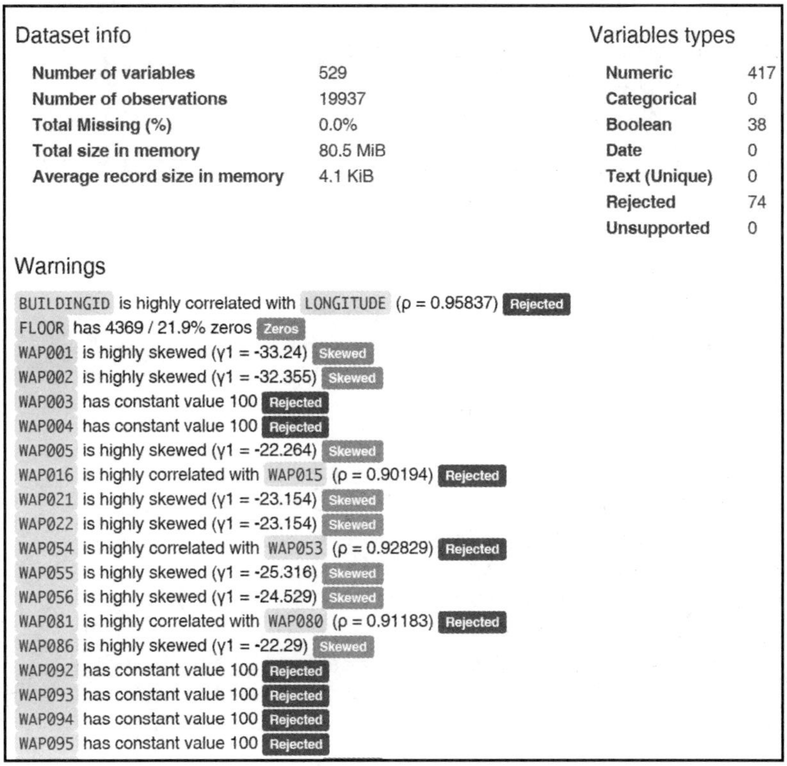
Dataset info
Number of variables 529
Number of observations 19937
Total Missing (%) 0.0%
Total size in memory 80.5 MiB
Average record size in memory 4.1 KiB
Variables types
Numeric 417
Categorical 0
Boolean 38
Date 0
Text (Unique) 0
Rejected 74
Unsupported 0
Warnings
BUILDINGID is highly correlated with LONGITUDE (ρ = 0.95837) Rejected
FLOOR has 4369 / 21.9% zeros Zeros
WAP001 is highly skewed (γ1 = -33.24) Skewed
WAP002 is highly skewed (γ1 = -32.355) Skewed
WAP003 has constant value 100 Rejected
WAP004 has constant value 100 Rejected
WAP005 is highly skewed (γ1 = -22.264) Skewed
WAP016 is highly correlated with WAP015 (ρ = 0.90194) Rejected
WAP021 is highly skewed (γ1 = -23.154) Skewed
WAP022 is highly skewed (γ1 = -23.154) Skewed
WAP054 is highly correlated with WAP053 (ρ = 0.92829) Rejected
WAP055 is highly skewed (γ1 = -25.316) Skewed
WAP056 is highly skewed (γ1 = -24.529) Skewed
WAP081 is highly correlated with WAP080 (ρ = 0.91183) Rejected
WAP086 is highly skewed (γ1 = -22.29) Skewed
WAP092 has constant value 100 Rejected
WAP093 has constant value 100 Rejected
WAP094 has constant value 100 Rejected
WAP095 has constant value 100 Rejected

图 5-7

如果要生成 HTML 报告文件，可以将配置文件保存到一个对象中，并按以下方式使用 to_file()函数：

```
profile.to_file(outputfile="Report.html")
```

这将生成一个包含必要信息的 HTML 报告。现在我们已经知道了数据和变量，接下来要关注的是特征工程步骤，以准备训练和测试所需的数据。

2. 准备训练和测试集

助于模型更快地收敛训练。代码如下：

```
featureDF = np.asarray(trainDF.iloc[:,0:520]) # 前 520 个特征
featureDF[featureDF == 100] = -110
featureDF = (featureDF - featureDF.mean()) / featureDF.var()
```

构造真正的标签。将所有建筑物 ID 和建筑物楼层转换为字符串，代码如下：

```
labelDF = np.asarray(trainDF["BUILDINGID"].map(str) +
trainDF["FLOOR"].map(str))
labelDF = np.asarray(pd.get_dummies(labelDF))
```

然后尝试创建两个变量，即 train_x 和 train_y。这将有助于避免在训练评估过程中产生混淆，代码如下：

```
train_x = featureDF
train_y = labelDF
print(train_x.shape)
print(train_x.shape[1])
```

现在和训练集一样准备测试集，代码如下：

```
testDF = pd.read_csv("validationData.csv",header = 0)
test_featureDF = np.asarray(testDF.iloc[:,0:520])
test_featureDF[test_featureDF == 100] = -110
test_x = (test_featureDF - test_featureDF.mean()) / test_featureDF.var()
test_labelDF = np.asarray(testDF["BUILDINGID"].map(str) +
testDF["FLOOR"].map(str))
test_y = np.asarray(pd.get_dummies(test_labelDF))
print(test_x.shape)
print(test_y.shape[1])
```

一旦准备好训练和测试集，即可继续创建自动编码器。

3. 创建自动编码器

现在可以分别创建编码器和解码器函数，因为稍后将使用编码器权重进行分类。首先，可以定义一些参数，如 Epoch 数和 Batch 大小。另外，还需要计算输入数据的形状以及构造和训练自动编码器所需的类的数量，代码如下：

```
number_epochs = 100
batch_size = 32
input_size = train_x.shape[1] # 520
num_classes = train_y.shape[1] # 13
```

然后创建自动编码器的编码器部分，该部分具有 3 个隐藏层，代码如下：

```
def encoder():
    model = Sequential()
    model.add(Dense(256, input_dim=input_size, activation='relu',
use_bias=True))
    model.add(Dense(128, activation='relu', use_bias=True))
    model.add(Dense(64, activation='relu', use_bias=True))
    return model
```

接下来创建自动编码器的解码器部分，该部分具有 3 个隐藏层，并且后面跟着 compile()方法，代码如下：

```
def decoder(encoder):
    encoder.add(Dense(128, input_dim=64, activation='relu',
    use_bias=True))
    encoder.add(Dense(256, activation='relu', use_bias=True))
    encoder.add(Dense(input_size, activation='relu', use_bias=True))
    encoder.compile(optimizer='adam', loss='mse')
    return encoder
```

然后将它们堆叠在一起以构建自动编码器，代码如下：

```
encoderModel = encoder() # 编码器
auto_encoder = decoder(encoderModel) # 自动编码器
auto_encoder.summary()
```

现在来查看自动编码器的结构和摘要，如图 5-8 所示。

```
_________________________________________________________________
Layer (type)                 Output Shape              Param #
=================================================================
dense_28 (Dense)             (None, 256)               133376
_________________________________________________________________
dense_29 (Dense)             (None, 128)               32896
_________________________________________________________________
dense_30 (Dense)             (None, 64)                8256
_________________________________________________________________
dense_31 (Dense)             (None, 128)               8320
_________________________________________________________________
dense_32 (Dense)             (None, 256)               33024
_________________________________________________________________
dense_33 (Dense)             (None, 520)               133640
=================================================================
Total params: 349,512
Trainable params: 349,512
Non-trainable params: 0
_________________________________________________________________
```

图 5-8

可以使用训练数据对自动编码器进行 100 个 Epoch 的迭代训练，其中 10%的训练数据将用于验证，代码如下：

```
auto_encoder.fit(train_x, train_x, epochs = 100, batch_size = batch_size,
                 validation_split=0.1, verbose = 1)
```

由于在上面的代码块中设置了 verbose = 1，因此在训练期间，将看到以下日志：

```
Train on 17943 samples, validate on 1994 samples
Epoch 1/100
17943/17943 [==============================] - 5s 269us/step - loss: 0.0109
- val_loss: 0.0071
Epoch 2/100
17943/17943 [==============================] - 4s 204us/step - loss: 0.0085
- val_loss: 0.0066
Epoch 3/100
17943/17943 [==============================] - 3s 185us/step - loss: 0.0081
- val_loss: 0.0062
Epoch 4/100
17943/17943 [==============================] - 4s 200us/step - loss: 0.0077
- val_loss: 0.0062
Epoch 98/100
17943/17943 [==============================] - 6s 360us/step - loss: 0.0067
- val_loss: 0.0055
......
Epoch 99/100
17943/17943 [==============================] - 5s 271us/step - loss: 0.0067
- val_loss: 0.0055
Epoch 100/100
17943/17943 [==============================] - 7s 375us/step - loss: 0.0067
- val_loss: 0.0055
```

然后将训练集和测试集的编码器网络的输出作为潜在特征，代码如下：

```
X_train_re = encoderModel.predict(train_x)
X_test_re = encoderModel.predict(test_x)
```

4. 创建自动编码器分类器

接下来可以再次训练 auto_encoder 模型，方法是令前三层的 trainable（可训练）值为 True，而不是将它们保持为 False，代码如下：

```
for layer in auto_encoder.layers[0:3]:
    layer.trainable = True
```

或者也可以弹出前三层，代码如下：

```
for i in range(number_of_layers_to_remove):
    auto_encoder.pop()
```

然后，在前面添加全连接层，其中紧随 BatchNormalization 层之后的是第一个密集层；接着添加另一个密集层，紧跟着的是 BatchNormalization 和 Dropout 层；最后，在最终获得 softmax 层之前，先放置另一个密集层，紧跟着的是 GaussionNoise 层和 Dropout 层，代码如下：

```
auto_encoder.add(Dense(128, input_dim=64, activation='relu',
use_bias=True))
auto_encoder.add(BatchNormalization())
auto_encoder.add(Dense(64, activation='relu', kernel_initializer =
'he_normal', use_bias=True))
auto_encoder.add(BatchNormalization())
auto_encoder.add(Dropout(0.2))
auto_encoder.add(Dense(32, activation='relu', kernel_initializer =
'he_normal', use_bias=True))
auto_encoder.add(GaussianNoise(0.1))
auto_encoder.add(Dropout(0.1))
auto_encoder.add(Dense(num_classes, activation = 'softmax', use_bias=True))
```

最后得到完整的自动编码器分类器，代码如下：

```
full_model = autoEncoderClassifier(auto_encoder)
```

完整的代码如下：

```
def autoEncoderClassifier(auto_encoder):
    for layer in auto_encoder.layers[0:3]:
        layer.trainable = True

    auto_encoder.add(Dense(128, input_dim=64, activation='relu',
use_bias=True))
    auto_encoder.add(BatchNormalization())
    auto_encoder.add(Dense(64, activation='relu', kernel_initializer =
'he_normal', use_bias=True))
    auto_encoder.add(BatchNormalization())
    auto_encoder.add(Dropout(0.2))
    auto_encoder.add(Dense(32, activation='relu', kernel_initializer =
'he_normal', use_bias=True))
    auto_encoder.add(GaussianNoise(0.1))
```

```
    auto_encoder.add(Dropout(0.1))
    auto_encoder.add(Dense(num_classes, activation = 'softmax',
use_bias=True))
    return auto_encoder

full_model = autoEncoderClassifier(auto_encoder)
```

然后，在开始训练之前编译模型，代码如下：

```
full_model.compile(loss = 'categorical_crossentropy',
optimizer = optimizers.adam(lr = 0.001), metrics = ['accuracy'])
```

现在，开始以有监督的方式对网络进行微调，代码如下：

```
history = full_model.fit(X_train_re, train_y, epochs = 50, batch_size = 200,
validation_split = 0.2, verbose = 1)
```

由于在上面的代码块中设置了 verbose = 1，因此在训练期间，将看到以下日志：

```
Train on 15949 samples, validate on 3988 samples
Epoch 1/50
15949/15949 [==============================] - 10s 651us/step - loss:
0.9263 - acc: 0.7086 - val_loss: 1.4313 - val_acc: 0.5747
Epoch 2/50
15949/15949 [==============================] - 5s 289us/step - loss:
0.6103 - acc: 0.7749 - val_loss: 1.2776 - val_acc: 0.5619
Epoch 3/50
15949/15949 [==============================] - 5s 292us/step  - loss:
0.5499 - acc: 0.7942 - val_loss: 1.3871 - val_acc: 0.5364
.......
Epoch 49/50
15949/15949 [==============================] - 5s 342us/step  - loss:
1.3861 - acc: 0.4662 - val_loss: 1.8799 - val_acc: 0.2706
Epoch 50/50
15949/15949 [==============================] - 5s 308us/step  - loss:
1.3735 - acc: 0.4805 - val_loss: 2.1081 - val_acc: 0.2199
```

现在来查看训练损失与验证损失的对比，它将有助于我们了解训练的进行情况，对于确定神经网络是否存在过拟合和欠拟合等问题也有帮助，代码如下：

```
import pandas as pd
import numpy as np
import matplotlib.pyplot as plt
%matplotlib inline
```

```
plt.plot(history.history['acc'])
plt.plot(history.history['val_acc'])
plt.ylabel('Accuracy')
plt.xlabel('Epochs')
plt.legend(['Training loss', 'Validation loss'], loc='upper left')
plt.show()
```

上面的代码块将绘制训练损失和验证损失，如图 5-9 所示。

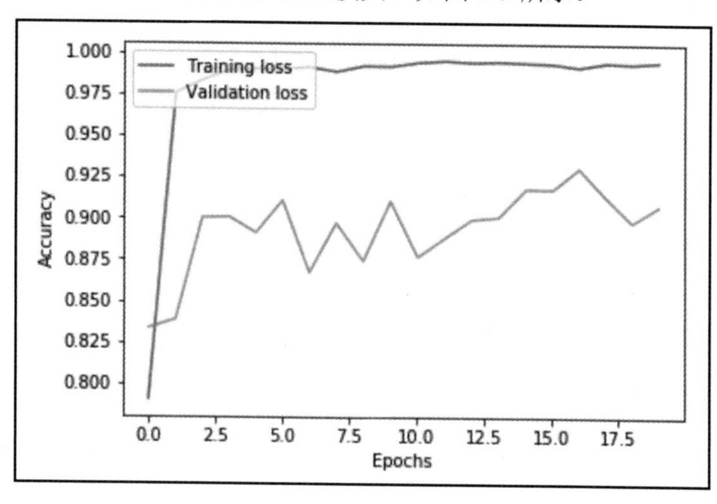

图 5-9

从图 5-9 中可以看到，跨越 Epochs 的训练损失高于验证损失，这是过拟合（Overfitting）的迹象。我们没有足够的训练样本以很好地训练神经网络，甚至在数据集中有一些样本还是重复的，这可能是添加 Dropout 和 Gaussian 噪声层没有太大帮助的原因。无论如何，我们还可以保存经过训练的模型以备将来重用。

5. 保存训练后的模型

在对自动编码器分类器进行了充分的训练之后，可以保存它，以便日后可以从磁盘中将其还原，代码如下：

```
import os
from pickle import load
from keras.models import load_model
os.environ["PATH"] += os.pathsep + 'C:/Program Files
(x86)/Graphviz2.38/bin/'
from keras.utils.vis_utils import plot_model
```

```
plot_model(full_model, show_shapes=True, to_file='Localization.png')
# 保存模型
full_model.save('model.h5')
# 载入模型
model = load_model('model.h5')
```

下面将在测试集上评估训练后的模型。

6. 评估模型

现在模型已经过充分训练，可以在未知数据上评估其性能，代码如下：

```
results = full_model.evaluate(X_test_re, test_y)
print('Test accuracy: ', results[1])
```

上面的代码行将显示正确率评分，如下所示。

```
1111/1111 [==============================] - 0s 142us/step
Test accuracy: 0.8874887488748875
```

然后可以计算性能指标，代码如下：

```
predicted_classes = full_model.predict(test_x)
pred_y = np.argmax(np.round(predicted_classes),axis=1)
y = np.argmax(np.round(test_y),axis=1)
p, r, f1, s = precision_recall_fscore_support(y, pred_y,
average='weighted')
print("Precision: " + str(p*100) + "%")
print("Recall: " + str(r*100) + "%")
print("F1-score: " + str(f1*100) + "%")
```

上面的代码块将显示以下输出，给出了 F1-score 大约为 88%:

```
Precision: 90.29611866225324%
Recall: 88.11881188118812%
F1-score: 88.17976604784566%
```

此外，还可以输出分类报告以了解特定于类的定位，代码如下：

```
print(classification_report(y, pred_y))
```

上述代码将产生如图 5-10 所示的输出。
此外还可以绘制混淆矩阵（Confusion Matrix），代码如下：

```
print(confusion_matrix(y, pred_y))
```

上述代码将产生如图 5-11 所示的混淆矩阵。

	precision	recall	f1-score	support
0	0.87	0.95	0.91	78
1	0.95	0.98	0.96	208
2	0.93	0.95	0.94	165
3	0.99	0.89	0.94	85
4	0.78	0.70	0.74	30
5	0.94	0.67	0.78	143
6	0.57	0.94	0.71	87
7	1.00	0.55	0.71	47
8	0.95	0.83	0.89	24
9	0.96	0.97	0.96	111
10	0.96	0.87	0.91	54
11	0.75	0.95	0.84	40
12	0.89	0.79	0.84	39
avg / total	0.90	0.88	0.88	1111

图 5-10

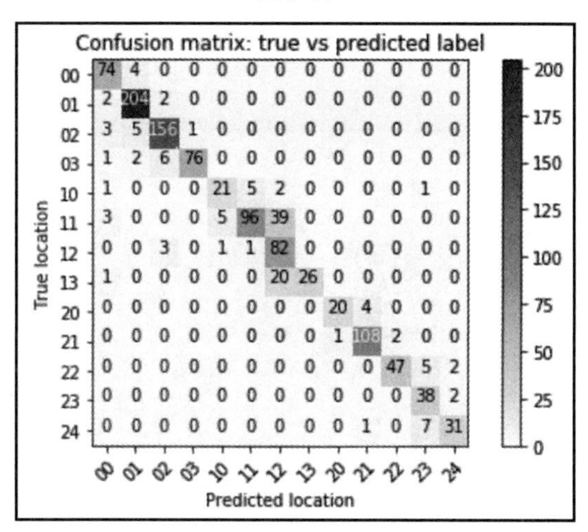

图 5-11

从上面的混淆矩阵中可以看出，自动编码器分类器主要的混淆为 class 11，它有多达 39 个样本被预测分类到网格 12 中。但是，我们仍然设法获得了非常好的准确率。可能的改进建议如下。

- 删除被拒绝的变量后训练网络。
- 设置更多 Epoch 训练网络。
- 使用网格搜索和交叉验证执行超参数调整。
- 将更多层添加到网络。

一旦找到针对更多数据进行训练的优化模型，能够提供稳定、改进的性能，便可以将其部署在支持物联网的设备上。5.4 节将讨论一些可能的部署选项。

5.4 部署技术

如前文所述，每次 WiFi 扫描都包含其附近可用 AP 的信号强度测量值，但只能观察到环境中网络总数的一个子集。许多物联网设备，如手机或 Raspberry Pi，都是低端的，处理能力很小。因此，部署这样的深度学习模型将是一项艰巨的任务。

许多解决方案提供商和技术公司都在商业上提供智能定位服务。使用室内和室外位置数据的 WiFi 指纹识别功能，现在可以对设备进行精确跟踪。在大多数这些公司中，RSSI 指纹定位被用作核心技术。在这样的设置中，网关可以拾取在 RSSI 值上具有不同敏感度级别的信号或消息（这当然取决于邻近性）。然后，如果网络中存在 n 个网关，则从特定的室内或室外位置获取的 RSSI 值将形成在该位置具有 n 个条目的 RSSI 指纹，如图 5-12 所示。

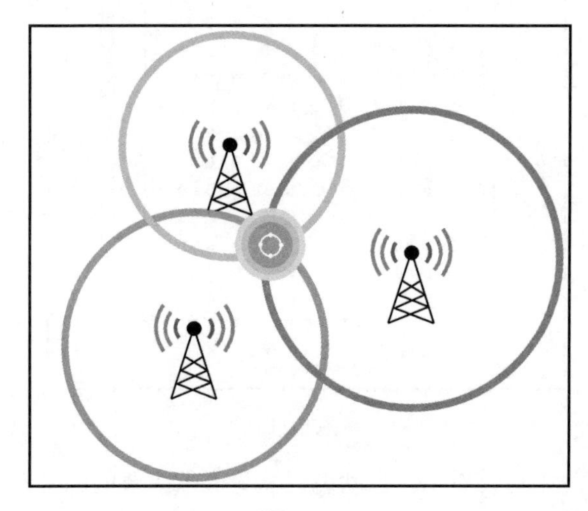

图 5-12

图 5-12 对应以下方程式：

$$F_{\text{RSSI}} = (\text{RSSI}_1, \text{RSSI}_2, \text{RSSI}_3, \cdots, \text{RSSI}_n)$$

但是，在网关数量众多（n>4）的情况下，指纹在一定范围内可能是唯一的。一种部署技术可能是使用在后端提供服务的受过训练的模型，并将其作为 Android 或 iOS 移动应用程序使用。然后，该应用程序将监视来自已经部署在室内位置的物联网设备的信号，将它们作为 RSSI 值插入 SQLite 数据库中，并基于 RSSI 值准备测试集，最后将查询发送到预先训练的模型中以获取该位置。

图 5-13 显示了示意性架构，概述了此部署所需的所有步骤。

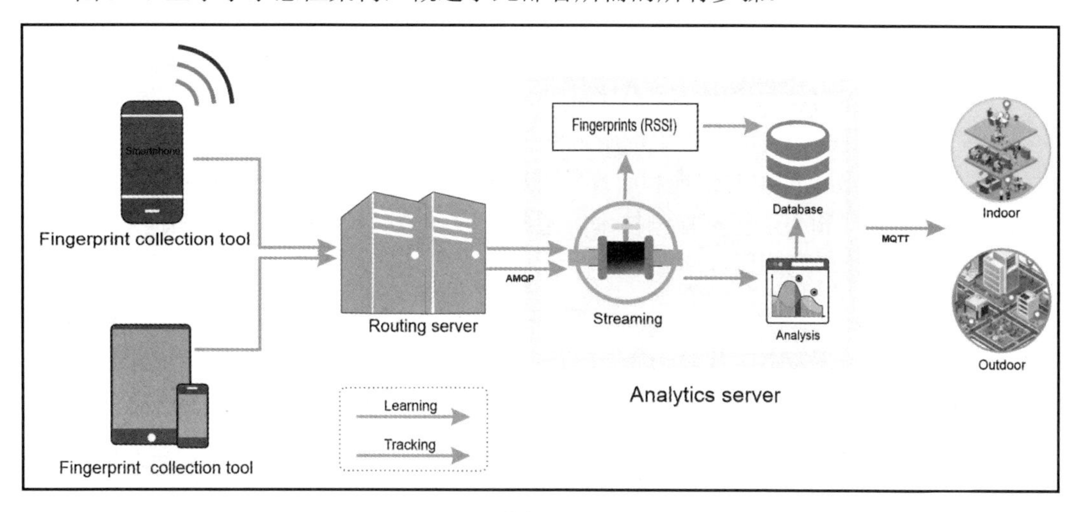

图 5-13

原　　文	译　　文
Fingerprint collection tool	指纹收集工具
Routing server	路由服务器
Fingerprints(RSSI)	指纹（RSSI）
Streaming	流传输
Database	数据库
Analysis	分析
Indoor	室内
Outdoor	户外
Learning	学习
Tracking	跟踪
Analytics server	分析服务器

在本示例中，训练后的模型可用作迁移学习。当然，也可以使用 Flask 或 DJango Python 框架将经过训练的模型用作 Web 应用程序。这样的话，来自物联网设备的 RSSI 值和信号就可以被存储在数据库中，以丰富历史数据，随后可以使用 Android 或 iOS 应用程序跟踪该位置。

5.5 小　　结

本章讨论了如何将室内定位技术应用于支持物联网的设备。特别是，我们通过实际操作示例阐释了如何使用深度学习技术在物联网应用中使用数据进行室内定位。此外，本章还研究了物联网环境中室内定位服务的一些部署设置。

在第 6 章“物联网中的生理和心理状态检测”中将讨论常用于物联网应用的基于深度学习的人类生理和心理状态检测技术。考虑到实际情况，我们将研究基于生理和心理状态检测的两个物联网应用程序。

第 6 章　物联网中的生理和心理状态检测

人类的生理和心理状态可以提供有关一个人的活动和情绪的非常有用的信息。该信息可用于许多应用领域，包括智能家居、智能汽车、娱乐、教育、康复和健康支持、体育和工业制造，以改善现有服务或提供新服务。许多物联网应用程序都集成了传感器和处理器，用于人体姿势估计或活动和情感识别。然而，基于传感器数据检测活动或情绪是一项艰巨的任务。近年来，基于深度学习的方法已成为解决这一挑战的流行且有效的方法。

本章将从宏观上介绍物联网应用中的基于深度学习的人类生理和心理状态检测技术。本章的第一部分将简要描述不同的物联网应用及其基于生理和心理状态检测的决策。此外，我们还将简要讨论两个物联网应用程序，以及它们在实际场景中的基于生理和心理状态检测的实现。本章的第二部分将介绍两个物联网应用程序的基于深度学习的实现。

本章将讨论以下主题：

- 基于物联网的人类生理和心理状态检测。
- 用例一：远程理疗进度监控。
- 用例二：基于物联网的智能教室。
- 物联网中人类活动和情感检测的深度学习架构。
- 物联网应用中的 HAR/FER 和迁移学习。
- 数据收集。
- 数据浏览。
- 数据预处理。
- 模型训练。
- 模型评估。

6.1　基于物联网的人类生理和心理状态检测

近年来，人类生理和心理状态检测已被应用于许多应用领域中，以改善现有服务和/或提供新服务。物联网在结合了深度学习技术后，可被用于检测人类生理和心理状态。图 6-1 突出显示了这些检测方法的一些关键应用。

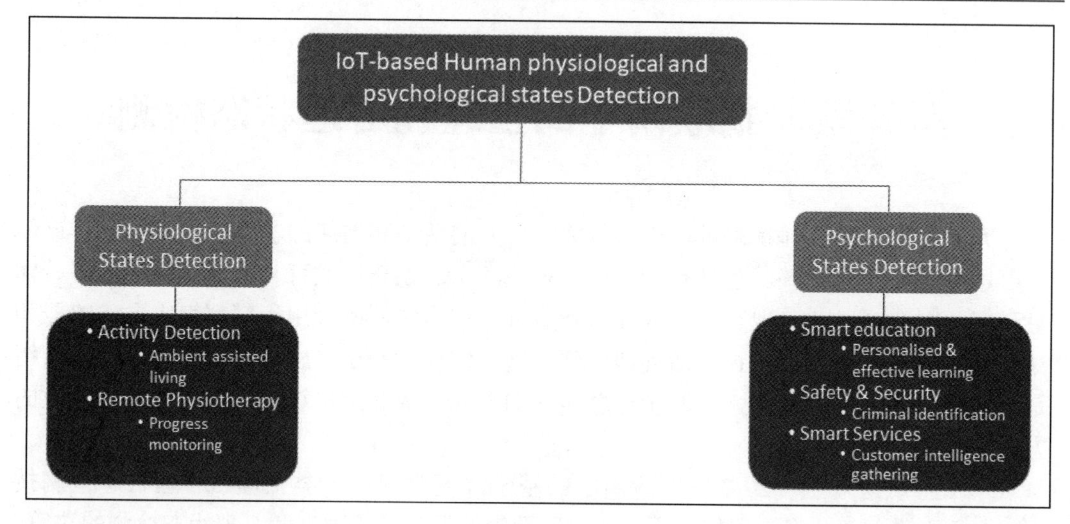

图 6-1

原　　文	译　　文
IoT-based Human physiological and psychological states Detection	基于物联网的人类生理和心理状态检测
Physiological States Detection	生理状态检测
Activity Detection	活动检测
Ambient assisted living	——环境辅助生活
Remote Physiotherapy	远程理疗
Progress monitoring	——进度监控
Psychological States Detection	心理状态检测
Smart education	智能教育
Personalised & effective learning	——个性化和有效的学习
Safety & Security	安全保障
Criminal identification	——刑事鉴定
Smart Services	智能服务
Customer intelligence gathering	——客户情报收集

现在来详细了解这两种状态检测变量。

- 生理状态检测：生理状态或活动检测在许多应用中都是有用的工具，包括老年人等弱势人群的辅助生活以及远程物理治疗/康复系统。在老年人的辅助生活中，老年人跌倒会对身体造成伤害，这有损于受害者的健康；由于医疗费用和住院需求，跌倒还会造成经济后果；此外，跌倒还会降低人的预期寿命，尤其是在长时间倒地的情况下。值得注意的是，与跌倒有关的医疗费用非常高。例如，

2020 年，仅美国每年的跌倒成本达到 670 亿美元。在这种情况下，使用深度学习支持的物联网应用程序进行自动和远程跌倒检测可以应对这一挑战，从而改善老年人的生活质量并最小化相关成本。人类活动检测应用程序的另一个关键领域是远程物理治疗监测系统，这也是本章的用例一，6.2 节将对此展开详细讨论。

- 心理状态检测：面部表情能很好地反映人类的心理状态，并且是人类交流中帮助我们了解被观察者意图的重要因素。一般来说，我们可以通过分析被观察者的面部表情和声音来推断其情绪状态，如喜悦、悲伤和愤怒。非语言交流形式占人类所有互动的三分之二，面部表情在其所赋予的情感意义上，是主要的非语言人际交流渠道之一。因此，基于面部表情的情绪检测在理解人们的行为方面可能很有用。这意味着它可以帮助改善现有服务和/或提供新服务，包括个性化客户服务。物联网应用（如智能医疗保健、智能教育以及安全保障等）可以通过基于深度学习的情感检测或情感分析来改善其服务。例如，在智能教室中，老师可以实时或准实时地分析学生的情绪，以提供个性化或面向小组的教学，这将改善参与者的学习体验。

6.2　用例一：远程理疗进度监控

物理疗法（Physical Therapy）简称理疗，是医疗保健的重要组成部分。对物理疗法的需求与我们提供这种疗法的能力之间存在巨大差距。世界上大多数国家仍然极大地依赖于一对一的患者-治疗师互动（这是金标准），但它不是一个可扩展的解决方案，对患者或医疗保健提供者而言都不具有成本效益。此外，大多数现有疗法及其更新都依赖于平均数据，而不是个人的唯一数据，有时这些数据是定性的（例如，患者必须按照治疗师的指示去做的一些东西）而不是定量的，这是有效治疗的挑战。最后，许多人（尤其是老年人）都患有多种慢性病（Multiple Chronic Condition，MCC），这些病通常被单独治疗，而这可能会导致护理效果欠佳，甚至导致相互冲突的情况。例如，对于患有糖尿病和背痛的患者来说，糖尿病护理者可能建议步行，而背痛护理者可能会禁止步行。在这种情况下，物联网已经在改变医疗保健。物联网可以在机器学习/深度学习和数据分析工具的支持下应对大多数挑战，并通过提供实时或准实时信息来实现有效的物理疗法。

进度监控是传统疗法中的主要挑战，而基于物联网的疗法可以解决进度监控问题。图 6-2 简要介绍了基于物联网的远程理疗监控系统的工作方式。

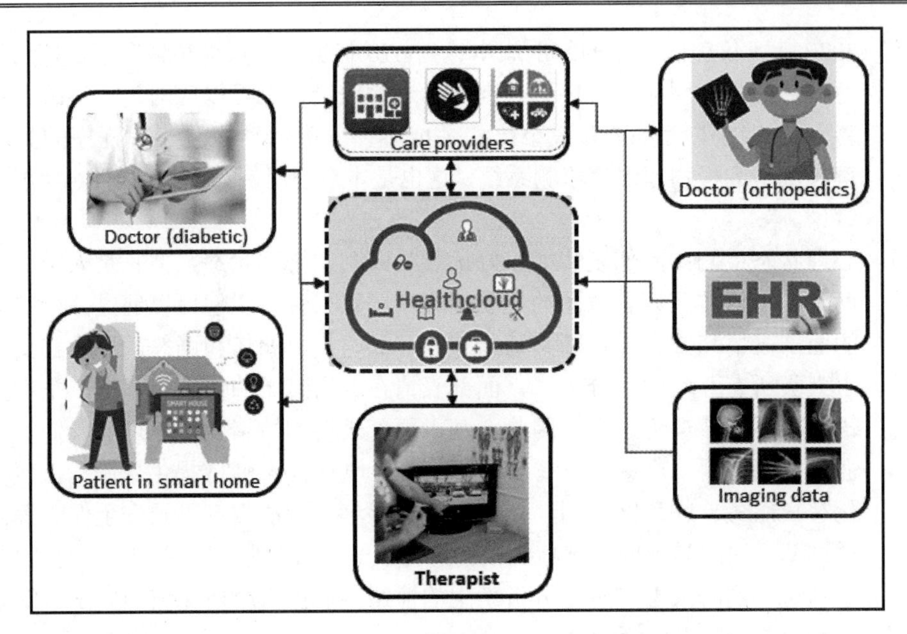

图 6-2

原　　文	译　　文	原　　文	译　　文
Doctor(diabetic)	医生（糖尿病）	Therapist	治疗师
Patient in smart home	智能家居中的患者	Doctor(orthopedics)	医生（骨科）
Care providers	护理提供者	Imaging data	成像数据

基于物联网的远程理疗监控系统应用的关键组成部分之一是对受试者（患者）的活动进行监控，这将有助于治疗师远程观察患者如何遵守建议的治疗方法，以及他们是否正在取得进展。在图 6-2 中，基于物联网的远程理疗监控系统包含以下 4 个主要元素。

- 传感器和患者端计算平台：对于此用例，我们考虑使用两个传感器——加速度计和陀螺仪，它们两个将测量与受试者活动相关的三维读数。对于这些传感器，可以使用专用传感器或智能手机的传感器（这些传感器嵌入在大多数的智能手机中）。对于客户端计算平台，可以考虑使用专用传感器的 Raspberry Pi 或智能手机（如果使用了智能手机传感器的话）。为了正确测量信号，传感器需要被正确放置。传感器可用于连续或按事件（例如在运动过程中）监视对象的活动。
- 护理提供者和治疗师：护理提供者（如拥有医生和医疗/保健数据库的医院）通过云平台/HealthCloud 连接。治疗用例的主要护理提供者是治疗师，医院/医生将在需要时为治疗师提供支持。
- 基于深度学习的人类活动检测：在此阶段，将安装边缘计算设备以及应用程序。

智能手机或 Raspberry Pi 上已安装的应用程序将加载经过预先训练的人类活动检测和分类模型。加速度计和陀螺仪一旦检测到任何信号，就会将其发送到智能手机或 Raspberry Pi，以使用深度学习模型进行处理和检测，并将结果告知治疗师，必要时提供反馈或干预。

- 用于模型学习的 HealthCloud：HealthCloud 是主要用于医疗保健相关服务的云计算平台。这将使用参考数据集训练所选的深度学习模型，以便能够检测人类活动并进行分类。这种学习模型将预装在智能手机或 Raspberry Pi 中。

6.3　用例二：基于物联网的智能教室

全球高等教育辍学率正在上升，例如英国大学生的辍学率连续第三年上升。这些辍学的八大原因中的 3 个如下。

- 与老师和辅导员相处不融洽。
- 对学校的学习失去兴趣。
- 与同学相处不和睦。

解决上述问题的主要挑战之一是了解学生（例如了解学生是否关注某个主题），并相应地提供讲座/教程和其他支持。一种潜在的方法是了解学生的情绪，这在大型教室、计算机实验室或在线学习环境中具有挑战性。技术的使用（包括具有深度学习模型支持的物联网）可以帮助使用面部表情或语音识别情绪。本章的用例二旨在通过检测情绪并相应地管理讲座/实验室来提高学生在课堂上的表现。

图 6-3 显示了基于物联网的智能教室应用的简化实现。

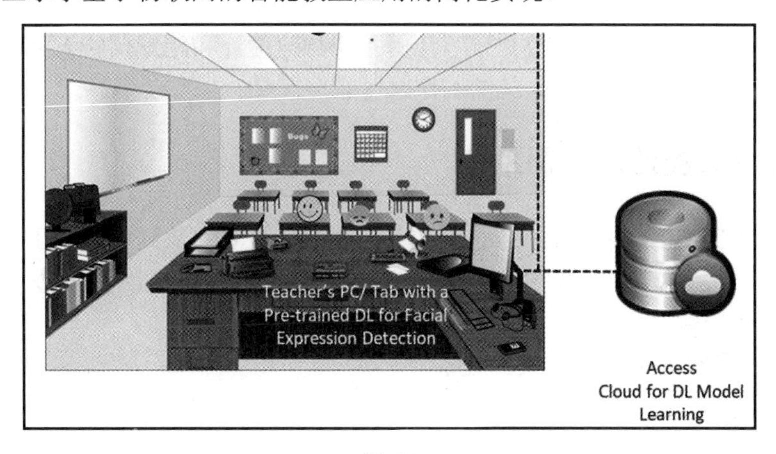

图 6-3

原　　文	译　　文
Teacher's PC/Tab with a Pre-trained DL for Facial Expression Detection	带有预训练深度学习的教师 PC/平板，用于面部表情检测
Access Cloud for DL Model Learning	用于深度学习模型学习的 Access Cloud

基于面部表情的情绪分析实现包括以下 3 个主要元素。

- 传感器和计算平台：在此用例中，我们需要至少一台闭路电视（Closed Circuit Television，CCTV）摄像头，该摄像头可以覆盖教室，并通过无线方式或通过墙壁上的暗线连接到计算平台。教室中讲师的计算机可以用作计算平台，计算机将连续处理视频信号并将其转换为图像，以进行基于图像的面部表情分析。
- 基于面部表情的情绪检测：讲师的计算机将安装一个应用程序，该应用程序将加载预训练的基于面部表情的检测和分类模型。深度学习模型一旦接收到学生的面部图像，就会识别出他们关于授课内容的情绪（如高兴、不高兴或困惑），并通知讲师采取必要的措施。
- 用于模型学习的台式机或服务器：讲师的计算机将连接到大学服务器或云计算平台，这将使用参考数据集为基于面部表情的情感识别和分类训练/再训练模型。这种学习的模型将预先安装在教室的讲师的 PC 中。

下文将详细描述上述用例所需的基于深度学习的人类活动和情感识别的实现。本章配套的代码文件夹中提供了所有必需的代码。

6.4　物联网中人类活动和情感检测的深度学习架构

在讨论有用的深度学习模型之前，了解基于加速度计和陀螺仪的人类活动检测系统以及基于面部表情的情感检测系统的工作原理非常重要。

6.4.1　自动人类活动识别系统

自动人类活动识别（Human Activity Recognition，HAR）系统可以基于原始加速度计和陀螺仪信号检测人类活动。图 6-4 显示了由以下 3 个不同阶段组成的基于深度学习的 HAR 的示意图。

- 物联网部署或对象/人员的装备。
- 特征提取和模型开发。
- 活动分类/识别。

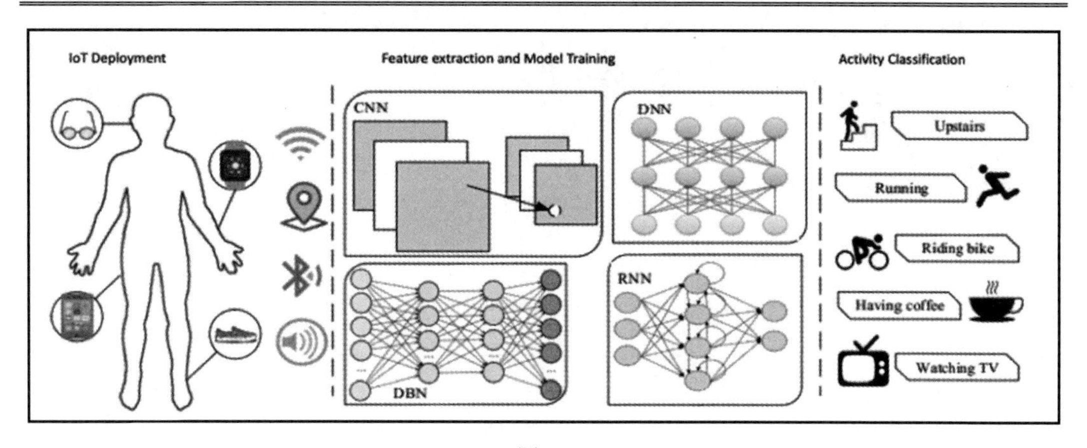

图 6-4

原　　文	译　　文	原　　文	译　　文
IoT Deployment	物联网部署	Running	跑步
Feature extraction and Model Training	特征提取和模型训练	Riding bike	骑车
Activity Classification	活动分类	Having coffee	喝茶
Upstairs	上楼	Watching TV	看电视

一般来说，经典的人类活动识别方法主要依赖于启发式的手工特征提取方法，这是一个复杂的过程，并不适合资源受限的物联网设备。最新的基于深度学习的人类活动识别方法可以自动执行特征提取，并且它们可以在资源受限的物联网设备上很好地工作。大多数人类活动识别方法会考虑 6 种不同的活动，包括步行、跑步、坐下、站立、上楼和下楼。这些活动在加速度计和陀螺仪信号上表现出差异，并且分类器可以利用该差异来识别当前活动，这可能构成物理疗法（如跑步）的一部分。

6.4.2　自动化的人类情绪检测系统

可以通过使用以下来自受试者（人类）的信号/输入之一或其组合来实现自动人类情感识别（Human Emotion Recognition，HER）。

- ❑ 面部表情。
- ❑ 语音/音频。
- ❑ 文本。

本章将考虑基于面部表情识别（Facial Expression Recognition，FER）的 HER。基于深度学习的自动面部表情识别包含 3 个主要步骤，即预处理、深度特征学习和分类。图 6-5 突出显示了基于面部表情识别的人类情感识别中的主要步骤。

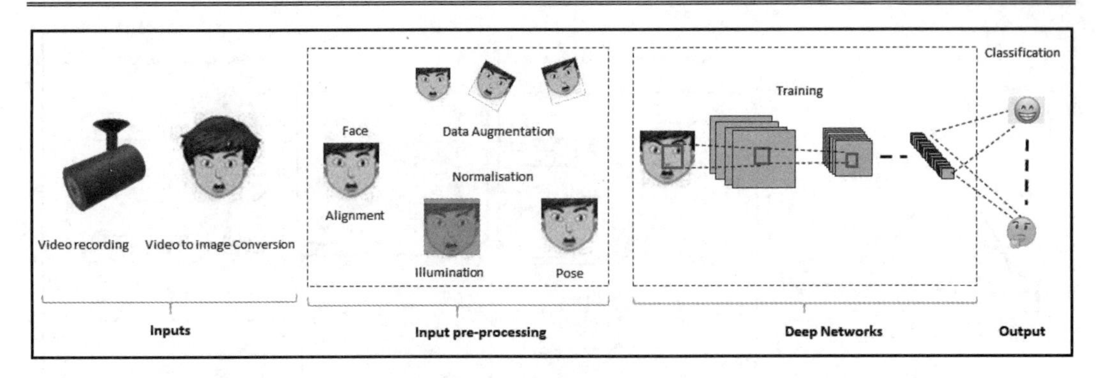

图 6-5

原　　文	译　　文	原　　文	译　　文
Video recording	视频记录	Pose	姿势
Video to image Conversion	视频-图像转换	Input pre-processing	输入预处理
Inputs	输入	Training	训练
Face Alignment	人脸对齐	Deep Networks	深度网络
Data Augmentation	数据增强	Classification	分类
Normalisation	标准化	Output	输出
Illumination	照明	—	—

面部表情分析的图像处理需要进行预处理，因为不同类型的情绪（如愤怒、厌恶、恐惧、快乐、悲伤、惊讶和中性）具有细微的差异。可以通过预处理消除与面部表情识别不相关的输入图像中的变化，包括不同的背景、照明和头部姿势，以提高模型预测/分类的准确性。人脸对齐（Face Alignment）、数据增强（Data Augmentation）和图像标准化（Image Normalization）是一些关键的预处理技术。由于面部表情识别的大多数开源数据集不足以概括面部表情识别方法。因此，数据增强对于改善面部表情识别方面的现有数据集至关重要；而人脸对齐和图像标准化则对于改善单个图像很有用。面部表情识别深度学习管道的最后阶段是让深度学习算法学习并分类特征，从而对情感进行分类。大多数图像识别深度学习算法（包括 CNN 和 RNN）都适用于最后阶段。

6.4.3　用于人类活动识别和情绪检测的深度学习模型

一般来说，人类活动识别系统将使用加速度计和陀螺仪信号，它们是时间序列数据。有时，识别过程也使用时间序列和空间数据的组合。在这种情况下，一方面，循环神经网络（RNN）和长短期记忆（LSTM）是前一种信号类型的潜在候选者，因为它们具有在进化过程中整合输入的时间特征的能力；另一方面，卷积神经网络（CNN）适用于加速度计和陀螺仪信号的空间方面。因此，对于前一种信号类型来说，CNN 和 LSTM/RNN 的组合或混合是理想的。我们将在人类活动识别（HAR）用例中使用 LSTM 模型，因为它可以解决人类活动的时间方面的问题。

与人类活动识别系统不同，基于面部表情识别的人类情感检测系统通常依赖于面部表情图像，而面部表情图像则依赖于图像的像素值之间的局部或空间相关性。任何适用于图像识别的深度学习模型都适合面部表情识别任务，并且同样适用于情感检测。许多深度学习算法或模型已用于图像识别，并且深度置信网络（DBN）和 CNN 是排名靠前的两个候选对象。本章考虑 CNN 的原因在于它们在图像识别中的性能。

6.5　物联网应用中的 HAR/FER 和迁移学习

长短期记忆（LSTM）是用于人类活动识别（包括在基于物联网的人类活动识别）的广泛使用的深度学习模型，因为与其他模型（包括 CNN）相比，LSTM 的存储容量可以更好地处理时间序列数据（如人类活动识别数据）。人类活动识别的 LSTM 实现可以支持迁移学习，并且适合资源受限的物联网设备。一般来说，面部表情识别依赖于图像处理，而 CNN 则是用于图像处理的最佳模型。因此，我们使用 CNN 模型实现用例二（面部表情识别）。在本书第 3 章“物联网中的图像识别”中简要介绍了 CNN 的两种流行实现（即 Incentive V3 和 MobileNet）及其相应的转移学习，下文将简要介绍标准 LSTM。

LSTM 是 RNN 的扩展。研究人员提出了 LSTM 的许多变体，它们都遵循标准 LSTM。图 6-6 是标准 LSTM 的示意图。

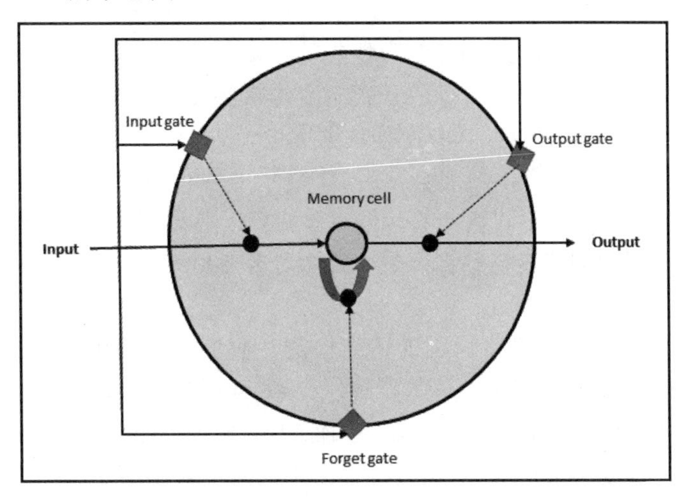

图 6-6

原　　文	译　　文	原　　文	译　　文
Input	输入	Output gate	输出门
Input gate	输入门	Output	输出
Memory cell	记忆单元	Forget gate	遗忘门

在图 6-6 中，LSTM 主要由记忆单元和门两个部分组成。它们有一个记忆单元（神经元），每个记忆单元都有一个乘法遗忘门（Forget Gate）、读门和写门。这些门控制对记忆单元/神经元的访问，并防止它们受到无关输入的干扰。这些门通过 0/1 或 off/on 进行控制。例如，如果遗忘门为 on/1，则神经元/单元将其数据写入自身；如果遗忘门为 off/0，则神经元将遗忘其最后的内容。其他门的控制方式与此类似。

与 RNN 不同的是，LSTM 使用遗忘门来主动控制单元/神经元状态，并确保它们不会降级（Degrade）。重要的是，在数据具有很长的时间依赖性的情况下，LSTM 模型的性能优于 RNN 模型。许多物联网应用（如基于环境监控的人类活动识别和灾难预测）都表现出这种长期的依赖性。

由于考虑用例二的面部表情识别（FER）基于图像处理，因此卷积神经网络（CNN）是最佳选择。CNN 具有不同的实现方式，包括简单 CNN、两个版本的 MobileNet 和 Incentive V3。用例二将探索简单 CNN 和 MobileNet V1 对于面部表情识别部分的实现。

6.6　数据收集

由于多种原因（包括隐私在内），人类活动识别和面部表情识别的数据收集是一项具有挑战性的任务。因此，相关的开源数据集的数量也很有限。对于用例一中的人类活动识别实现，我们使用一个非常流行的开源无线传感器数据挖掘（Wireless Sensor Data Mining，WISDM）实验数据集。其中，该数据集包含从 36 个不同主题收集的 54901 个样本，出于隐私保护的考虑，用户名会使用 ID 编号（为 1～36）进行屏蔽；该数据集收集了有关受试者进行的 6 种不同活动的数据，即站立、坐着、慢跑、步行、下楼和上楼；该数据集包含 3 个轴的加速度计数据，每个样本具有 200 多个时间步长；该数据集的示例如图 6-7 所示。

对于用例二中基于面部表情识别的情绪检测，我们使用两个不同的数据集。第一个是流行的开源 FER2013 数据集，该数据集包含 48×48 像素的人脸灰度图像。这些图像已经过预处理，可以直接用于训练和验证。图像可分为 7 个类别（0 =Angry，表示愤怒；1 =Disgust，表示厌恶；2 =Fear，表示恐惧；3 =Happy，表示快乐；4 =Sad，表示悲伤；5 =Surprise，表示惊讶；6 =Neutral，表示中性）。CSV 格式的数据集包含的是有关面部图像的信息，而不是图像的像素值的信息。

```
columns = ['user','activity','timestamp', 'x-axis', 'y-axis', 'z-axis']
df = pd.read_csv('data/WISDM_ar_v1.1_raw.txt', header = None, names = columns)
df = df.dropna()
```

```
df.head()
```

	user	activity	timestamp	x-axis	y-axis	z-axis
0	33	Jogging	49105962326000	-0.694638	12.680544	0.503953
1	33	Jogging	49106062271000	5.012288	11.264028	0.953424
2	33	Jogging	49106112167000	4.903325	10.882658	-0.081722
3	33	Jogging	49106222305000	-0.612916	18.496431	3.023717
4	33	Jogging	49106332290000	-1.184970	12.108489	7.205164

图 6-7

图 6-8 显示了开源 FER2013 数据集的一些值。

emotion	pixels	Usage
0	70 80 82 72 58 58 60 63 54 58 60 48 89 115 121 119 115 110 98 91 84 84 90 99 110 126 143 153 158 171 1	Training
0	151 150 147 155 148 133 111 140 170 174 182 154 153 164 173 178 185 185 189 187 186 193 194 185 183	Training
2	231 212 156 164 174 138 161 173 182 200 106 38 39 74 138 161 164 179 190 201 210 216 220 224 222 21	Training
4	24 32 36 30 32 23 19 20 30 41 21 22 32 34 21 19 43 52 13 26 40 59 65 12 20 63 99 98 98 111 75 62 41 73 1	Training
6	4 0 0 0 0 0 0 0 0 0 0 0 0 3 15 23 28 48 50 58 84 115 127 137 142 151 156 155 149 153 152 157 160 162 159 1	Training
2	55 55 55 55 55 54 60 68 54 85 151 163 170 179 181 185 188 188 191 196 189 194 198 197 195 194 190 19	Training
4	20 17 19 21 25 38 42 42 46 54 56 62 63 66 82 108 118 130 139 134 132 126 113 97 126 148 157 161 155 1	Training
3	77 78 79 79 78 75 60 55 47 48 58 73 77 79 57 50 37 44 56 70 80 82 87 91 86 80 73 66 54 57 68 69 68 68 49	Training
3	85 84 90 121 101 102 133 153 153 169 177 189 195 199 205 207 209 216 221 225 221 220 218 222 223 21	Training
2	255 254 255 254 254 179 122 107 95 124 149 150 169 178 179 179 181 181 184 190 191 191 193 190 190	Training
0	30 24 21 23 25 25 49 67 84 103 120 125 130 139 140 139 148 171 178 175 176 174 180 180 178 178 182 1	Training
6	39 75 78 58 58 45 49 48 103 156 81 45 41 38 49 56 60 49 32 31 28 52 83 81 78 75 62 31 18 19 19 20 17 20	Training
6	219 213 206 202 209 217 216 215 219 218 223 230 227 227 233 235 234 236 237 238 234 226 219 212 208	Training
6	148 144 130 129 119 122 129 131 139 153 140 128 139 144 146 143 132 133 134 130 140 142 150 152 150	Training
3	4 2 13 41 56 62 67 87 95 62 65 70 80 107 127 149 153 150 165 168 177 187 176 167 152 128 130 149 149	Training
5	107 107 109 109 109 109 110 101 123 140 144 144 149 153 160 161 161 167 168 169 172 172 173 175 176	Training

图 6-8

训练和验证数据集之间的分配比例为 80∶20。

我们还通过 Google 搜索准备了一个数据集，特别是针对 MobileNet V1。该数据集不是一个大数据集，因为它仅包含 5 类情感，每个情感包含 100 多张图像。这些图像未经预处理。图 6-9 显示了准备好的数据集的文件夹视图。请注意，scared 分类等同于上述 7 大分类中的 2 = Fear，表示恐惧。

对于数据收集（数据集的每个类），可以遵循下面 4 个步骤。

（1）搜索：使用任何浏览器（我们使用的是 Chrome），转到 Google，然后在 Google 图片中搜索相应的单词组合（如 angry human），以获取类/情绪。

图 6-9

（2）图像 URL 收集：该步骤可以使用寥寥几行 JavaScript 代码收集图像 URL。收集的 URL 可以在 Python 中用于下载图像。在 macOS 中，可以通过选择 View（视图）| Developer（开发人员）| JavaScript Console（JavaScript 控制台）命令，以选择 JavaScript 控制台，这里假设使用的是 Chrome 浏览器，当然使用 Firefox 也是可以的；在 Windows 系统中，则可以通过选择 Google Chrome | More Tools（更多工具）| Developer Tools（开发人员）命令，然后选择 Console（控制台）。在选择 JavaScript 控制台之后，将能够以类似 REPL 的方式执行 JavaScript。现在，按顺序执行以下操作：

① 向下滚动页面，直至找到与查询相关的所有图像，然后开始抓取图像的 URL。切换回 JavaScript 控制台，然后将以下 JavaScript 代码段复制并粘贴到控制台中：

```
// 将 jquery 放入 JavaScript 控制台中
script = document.createElement('script');
script.src =
"https://ajax.googleapis.com/ajax/libs/jquery/2.2.0/jquery.min.js";
document.getElementsByTagName('head')[0].appendChild(script)
```

② 上面的代码片段将下拉 jQuery JavaScript 库，现在可以使用以下代码片段，通过 CSS 选择器获取 URL 列表：

```
// 抓取所选的 URL
var urls = $('.rg_di .rg_meta').map(function() { return
JSON.parse($(this).text()).ou; });
```

③ 最后，使用以下代码片段将 URL 写入文件（每行一个）中：

```
// 将 URL 写入文件（每行一个）中
var textToSave = urls.toArray().join('\n');
var hiddenElement = document.createElement('a');
hiddenElement.href = 'data:attachment/text,' +
encodeURI(textToSave);
hiddenElement.target = '_blank';
hiddenElement.download = 'emotion_images_urls.txt';
hiddenElement.click();
```

一旦执行了上述代码片段，默认下载目录中就会有一个名为 emotion_images_urls.txt

的文件。

（3）下载图像：现在可以使用先前下载的图像地址文件 emotion_images_urls.txt 来运行 download_images.py（在本章配套的代码文件夹中可以找到），以下载图像。

```
python download_images.pymotion_images_urls.txt
```

（4）浏览：在下载图像后，需要浏览图像以删除不相关的图像，可以通过一些手动检查来做到这一点。之后，还需要调整大小并裁剪以符合我们的要求。

6.7 数据浏览

本节将更详细地检查将要使用的数据集。

1. 人类活动识别（HAR）数据集

该数据集是一个文本文件，由 6 个活动中每个活动的不同主题加速度组成。这 6 个活动分别为 Walking（步行）、Jogging（慢跑）、Upstairs（上楼）、Downstairs（下楼）、Sitting（坐着）和 Standing（站立）。我们可以对数据集进行数据分布检查，因为仅通过查看文本文件来感知数据分布并不容易。图 6-10 总结了训练集中活动数据的细分情况。

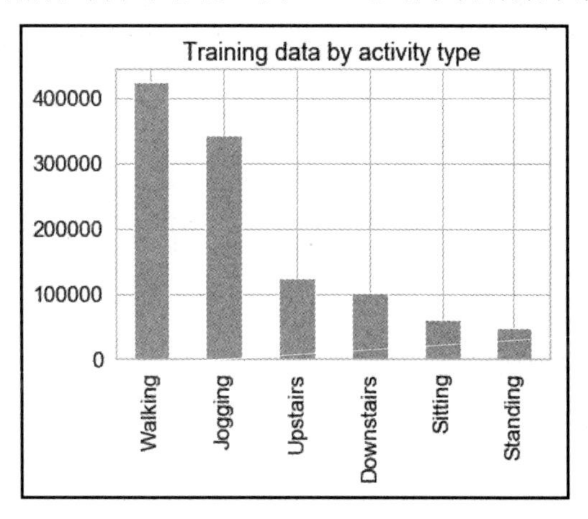

图 6-10

从图 6-10 中可以看出，在训练数据集中，步行和慢跑比其他 4 个活动包含更多的数据。这对于深度学习模型很有用，因为步行和慢跑是移动活动，加速度数据的范围可能很大。为了可视化，我们针对每个活动浏览了 200 个时间步长的活动级加速度测量/数据。图 6-11 代表了坐着的 200 个时间步长的加速度测量值。

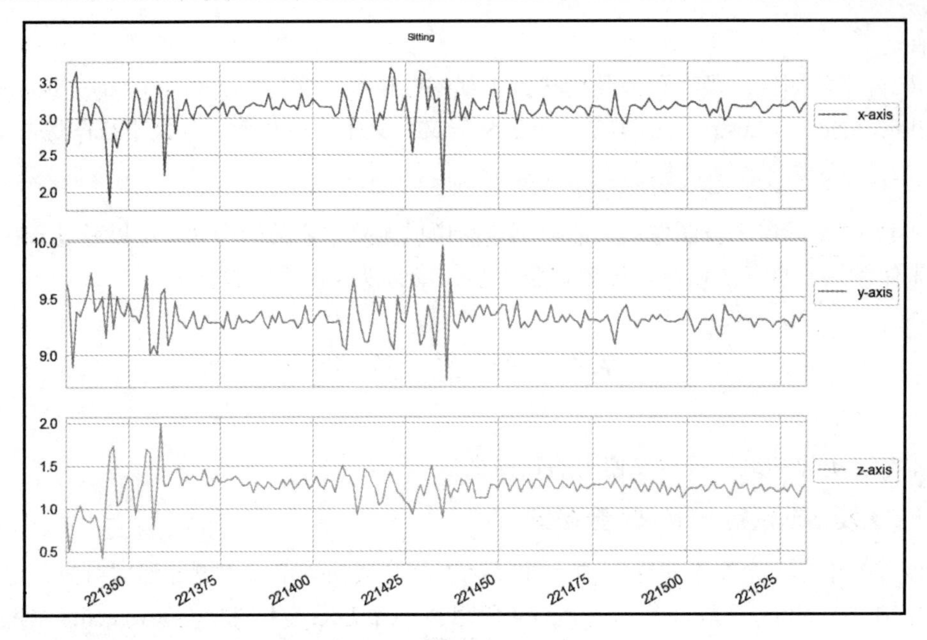

图 6-11

图 6-12 代表了站立的 200 个时间步长的加速度测量值。

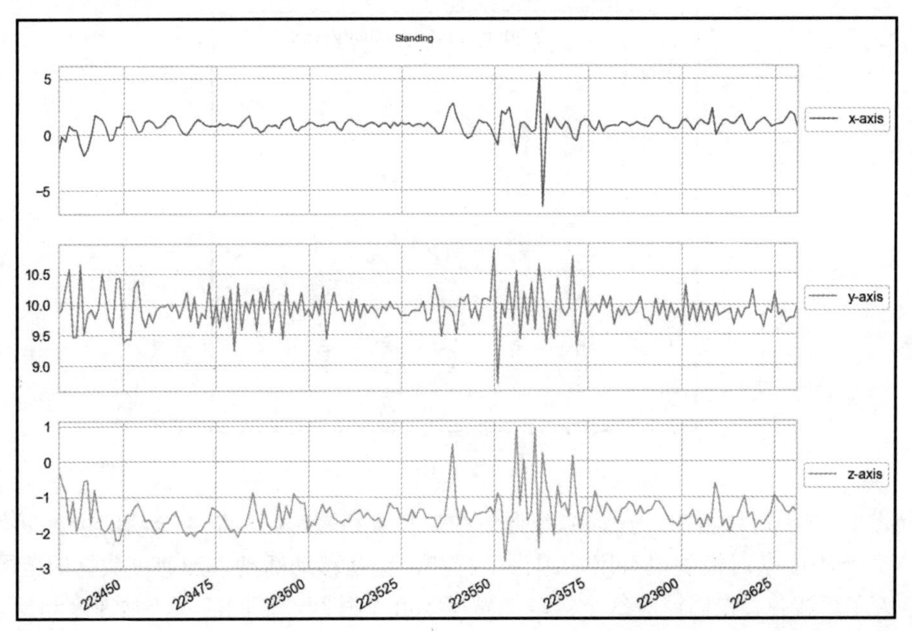

图 6-12

图 6-13 代表了步行的 200 个时间步长的加速度测量值。

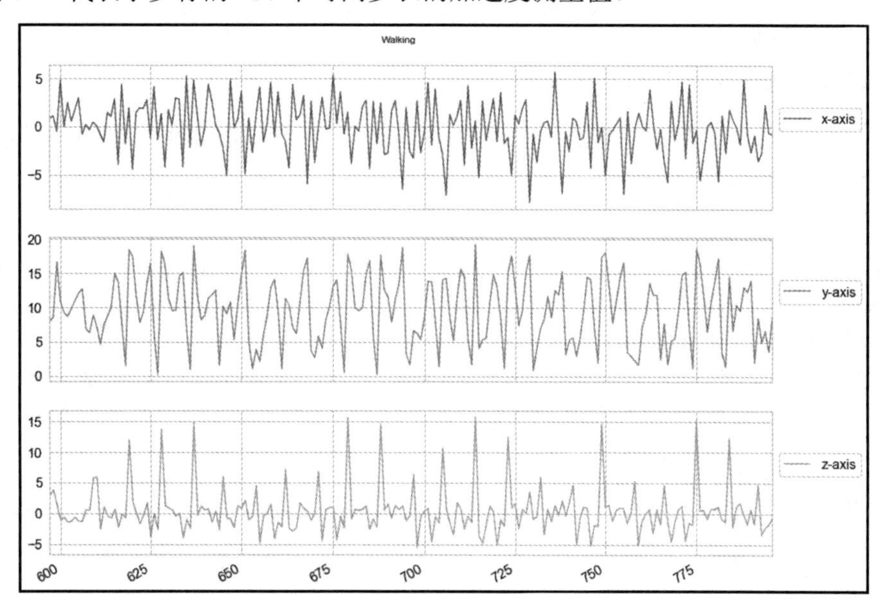

图 6-13

图 6-14 代表了慢跑的 200 个时间步长的加速度测量值。

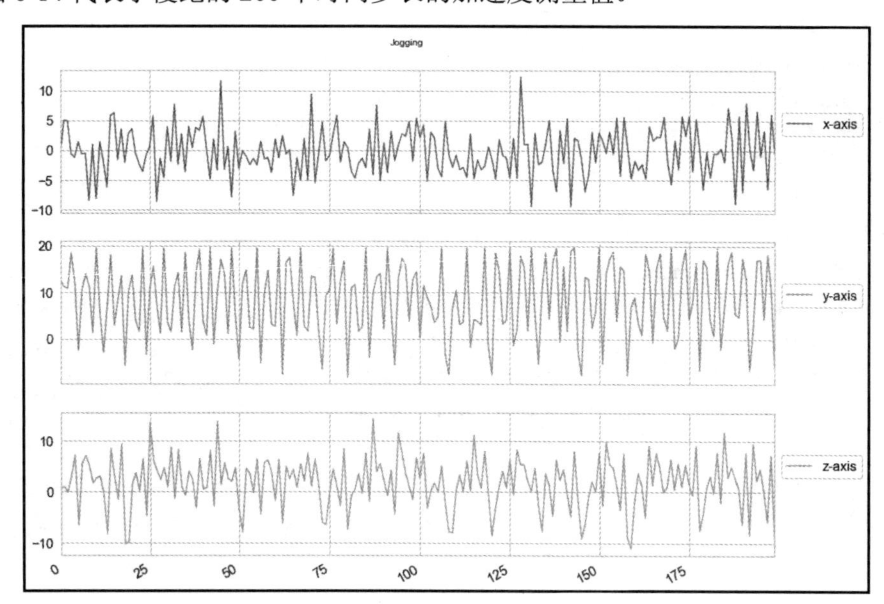

图 6-14

从图 6-11～图 6-14 中可以清楚地看到，步行和慢跑活动比其他活动更忙，因为它们反映了用户的移动。

2. 面部表情识别（FER）数据集

我们需要将人脸图像的 FER2013 数据集由像素值转换为实际图像以进行浏览。可以使用以下代码将像素值转换为图像：

```
import os
import csv
import argparse
import numpy as np
import scipy.misc
parser = argparse.ArgumentParser()
parser.add_argument('-f', '--file', required=True, help="path of
the csv file")
parser.add_argument('-o', '--output', required=True, help="path of
the output directory")
args = parser.parse_args()
w, h = 48, 48
image = np.zeros((h, w), dtype=np.uint8)
id = 1
with open(args.file) as csvfile:
    datareader = csv.reader(csvfile, delimiter =',')
    next(datareader,None)
    for row in datareader:
        emotion = row[0]
        pixels = row[1].split()
        usage = row[2]
        pixels_array = np.asarray(pixels, dtype=np.int)
        image = pixels_array.reshape(w, h)
        stacked_image = np.dstack((image,) * 3)
        image_folder = os.path.join(args.output, usage)
        if not os.path.exists(image_folder):
            os.makedirs(image_folder)
        image_file =    os.path.join(image_folder , emotion +'_'+
str(id) +'.jpg')
        scipy.misc.imsave(image_file, stacked_image)
        id+=1
        if id % 100 == 0:
```

```
            print('Processed {} images'.format(id))
print("Finished conversion to {} images".format(id))
```

可以使用以下代码执行上述代码：

```
python imager_converter.py
```

图像转换完成之后，运行以下代码进行图像浏览：

```
python image_explorer.py
```

运行上述代码将产生与图 6-15 类似的图像。

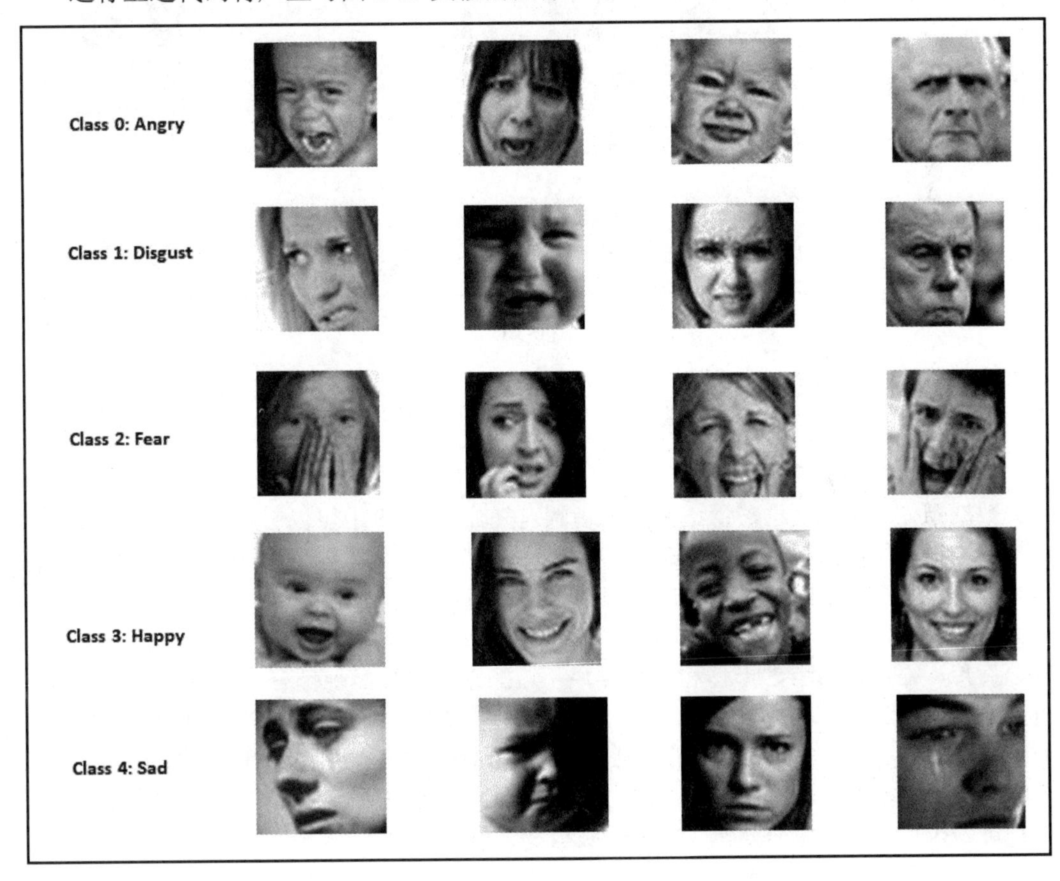

图 6-15

从图 6-15 中可以看到，FER 数据集已得到很好的预处理。另外，第二个数据集（我们称之为 FER2019）未进行预处理，包括图像大小，其效果如图 6-16 所示。

图 6-16

6.8　数据预处理

数据预处理是深度学习管道的重要步骤。在前面的示例中可以看到，HAR 和 FER2013 数据集均进行了很好的预处理。但是，用例二的第二个数据集下载的图像文件并未进行预处理，因此在图 6-16 中看到的结果就是图像的大小或像素不统一，并且数据集本身也不大。有鉴于此，它们需要数据增强（Data Augmentation）。流行的数据增强技术是翻转、旋转、缩放、裁剪、平移和高斯噪声，这些做法的每一种都有许多工具可用，用户可以使用这些工具或编写自己的脚本来进行数据增强。其中一个很有用的工具是 Augmentor，这是一个很知名的用于机器学习的 Python 库，可以在 Python 中安装该工具并将其用于数据增强。以下代码（data_augmentation.py）是一个简单的数据增强过程（该过程可以执行输入图像的翻转、旋转、裁剪和调整大小）：

```
# 导入模块
import Augmentor
da = Augmentor.Pipeline("data_augmentation_test")
# 定义增强
da.rotate90(probability=0.5)
```

```
da.rotate270(probability=0.5)
da.flip_left_right(probability=0.8)
da.flip_top_bottom(probability=0.3)
da.crop_random(probability=1,percentage_area=0.5)
da.resize(probability=1.0, width=120, height=120)
# 执行增强操作：采样
da.sample(25)
```

图 6-17 显示了两张原始图像及其增强的样本（这是 25 个样本中的 3 个）。

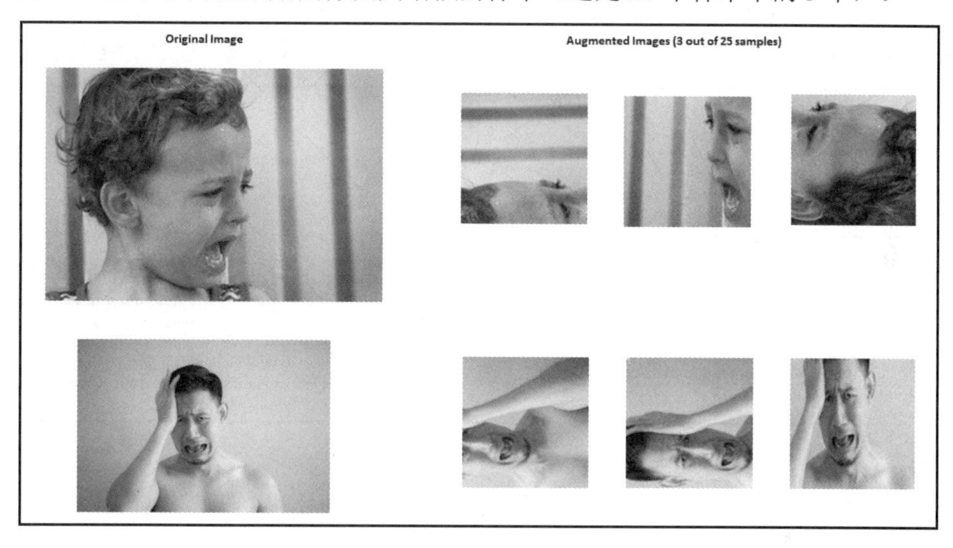

图 6-17

从图 6-17 中可以看到，增强后的图像大小一致，并且有翻转和旋转等变化。

以下是训练图像集准备期间要注意的两个关键问题。

- 数据大小：每个类至少需要收集 100 张图像，这样才能训练出效果良好的模型。图像收集得越多，训练后的模型的准确率就越高。当然，单次学习（一种对象分类技术，可使用更少的样本进行学习）在少于 100 个训练样本的情况下效果也很好。我们还需要确保图像很好地表示了应用在现实中将面对的内容。
- 数据异质性：为训练而收集的数据应是异质性的。例如，用于面部表情识别的图像应来自多种肤色，或者相同表情有各种不同的表现。

6.9 模型训练

如前文所述，我们将长短期记忆（LSTM）用于用例一，将 CNN 的两种实现方式（简单 CNN 和 MobileNet V1）用于用例二。所有这些深度学习实现都支持迁移学习，这意味着两个用例都不需要从头开始训练。

6.9.1　用例一

考虑一个堆叠式 LSTM（Stacked LSTM），它是一种流行的用于序列预测的深度学习模型，其中包括时间序列问题。堆叠式 LSTM 架构由两个或多个 LSTM 层组成，我们使用两层堆叠的 LSTM 架构为用例一实现了人类活动识别。图 6-18 显示了一个两层的 LSTM，其中第一层提供的是一系列输出，而不是单个值，然后再输入第二个 LSTM 层中。

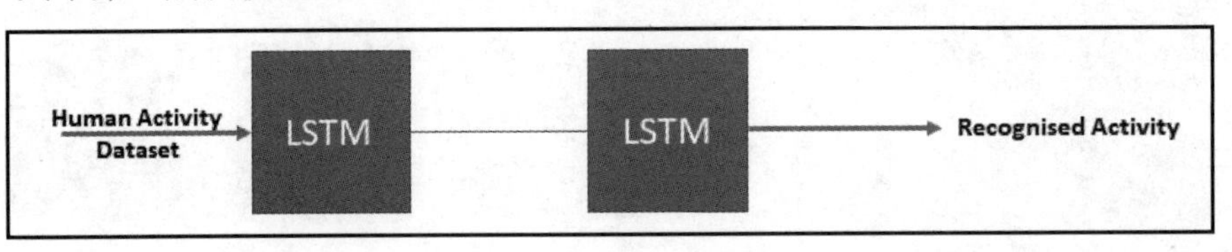

图 6-18

原　　文	译　　文
Human Activity Dataset	人类活动数据集
Recognised Activity	识别的活动

可以通过运行 use-case-1 文件夹中的 LSTM -HAR.py 代码（该代码的意义是对设置进行必要的更改，如 data 目录）来训练和测试模型，对应的代码如下：

```
python LSTM-HAR.py
```

6.9.2　用例二

在智能教室用例中，对于基于面部表情识别的情绪检测，我们使用了卷积神经网络（CNN）的两种不同架构。第一个是简单 CNN 架构。要在 FER2013 数据集上训练模型，需要运行 CNN-FER2013.py（可在本章配套的 use-case-2 代码文件夹中找到），或使用 Notebook。要按默认设置运行 CNN-FER2013.py（需要对设置进行一些必要的更改，如 data 目录），可以在命令提示符中运行以下命令：

```
python CNN-FER2013.py
```

在 FER2103 数据集上对该模型进行训练和测试可能需要几个小时。图 6-19 是从 TensorBoard 日志文件中生成的，它显示了用例二所使用的网络。

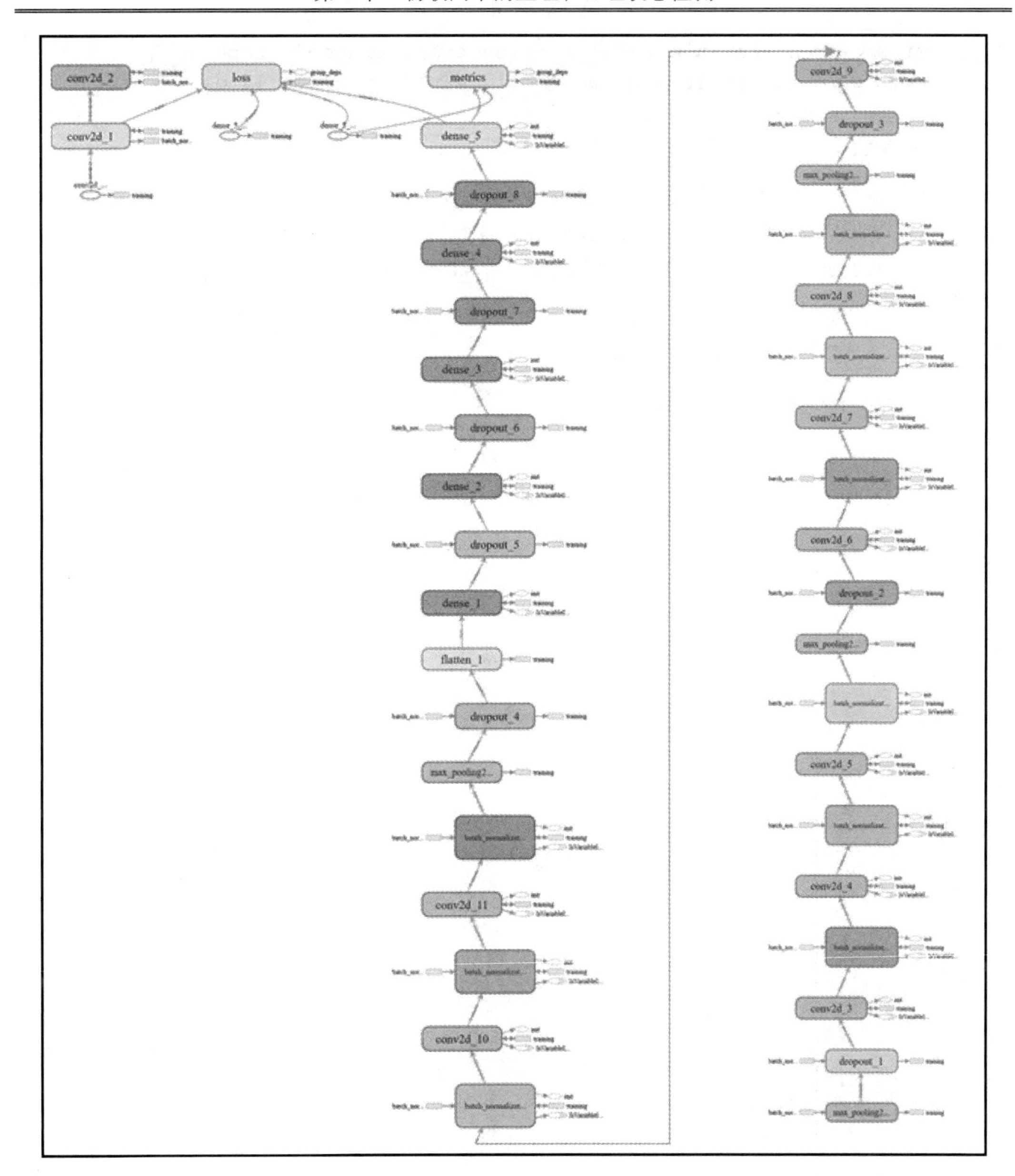

图 6-19

可以通过运行以下代码在 FER2019 上重新训练 MobileNet V1：

```
python retrain.py \
```

```
--output_graph=trained_model_mobilenetv1/retrained_graph.pb \
--output_labels=trained_model_mobilenetv1/retrained_labels.txt \
--architecture =mobilenet_1.0_224 \
--image_dir= your dataset directory
```

一旦运行了上述代码，它们就会在给定目录中生成重新训练的模型（retrained_graph.pb）和标签文本（retrained_labels.txt），并且还会将模型的摘要信息存储在目录中。TensorBoard 可以使用摘要信息（包含 retrain_logs 作为默认值的 --summaries_dir 参数）来可视化模型的各个方面，包括神经网络及其性能图。如果在终端或命令窗口中输入以下命令，那么它将运行 TensorBoard：

```
tensorboard --logdir retrain_logs
```

TensorBoard 运行后，即可将 Web 浏览器导航到 localhost:6006 以查看 TensorBoard 和相应模型的网络。图 6-20 显示了实现中使用的 MobileNet V1 架构的网络。

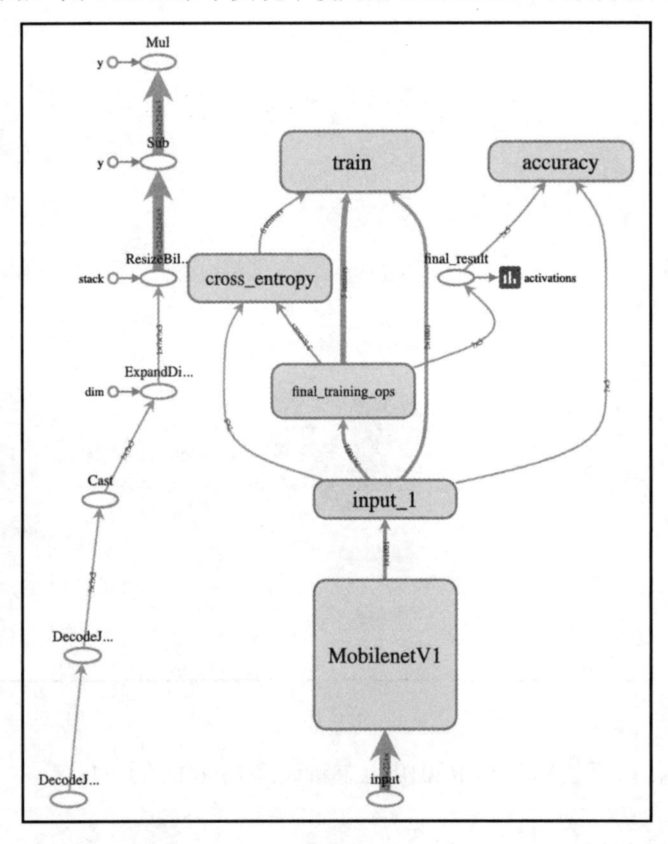

图 6-20

6.10　模型评估

可以从以下 3 个方面评估模型。

- 学习/重新训练时间。
- 存储要求。
- 性能（准确率）。

在训练时间方面，在具有 GPU 支持的台式机（配置为 Intel Xenon CPU E5-1650 v3@3.5GHz 和 32GB RAM）环境中，无论是在 HAR 数据集上训练 LSTM，还是在 FER2013 数据集上训练 CNN，或者在 FER2019 数据集上训练 MobileNet V1，其训练/再训练模型所花费的时间都不到 1h。

在资源受限的物联网设备中，模型的存储要求是必不可少的考虑因素。图 6-21 显示了针对两个用例测试的 3 个模型的存储需求。可以看到，简单 CNN 仅占用 2.6MB，不到 MobileNet V1（17.1MB）的六分之一。此外，用于人类活动识别的 LSTM 占用了 1.6MB（未在图中显示）的存储空间。在存储需求方面，所有模型都可以很好地部署在许多资源受限的物联网设备中，包括 Raspberry Pi 或智能手机。

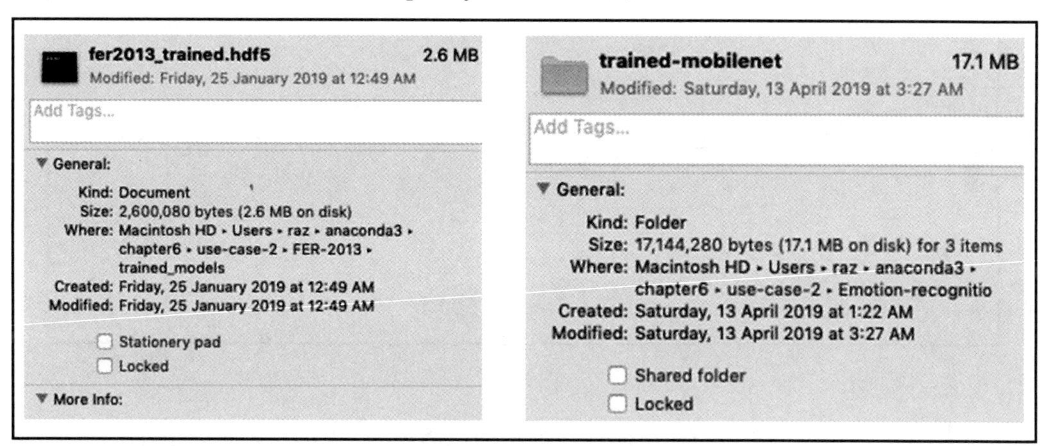

图 6-21

最后，我们评估了模型的性能。这时，可以对用例执行以下两个级别的性能评估。

- 在台式 PC 平台/服务器端的再训练阶段，已经完成了数据集范围的评估或测试。
- 在 Raspberry Pi 3 环境中测试或评估了用于人类活动的个人活动信号和用于情感

检测的面部图像。

6.10.1　模型性能（用例一）

图 6-22 显示了针对 HAR 数据集的 LSTM 模型的渐进式训练和测试准确率（Accuracy）。从图 6-22 中可以看出，训练准确率接近 1.0 或 100%，而测试准确率则超过 0.90 或 90%。凭借这种测试的准确率，我们有理由相信 LSTM 模型可以在大多数情况下检测到人类活动，包括受试者是否在进行指定的理疗活动。

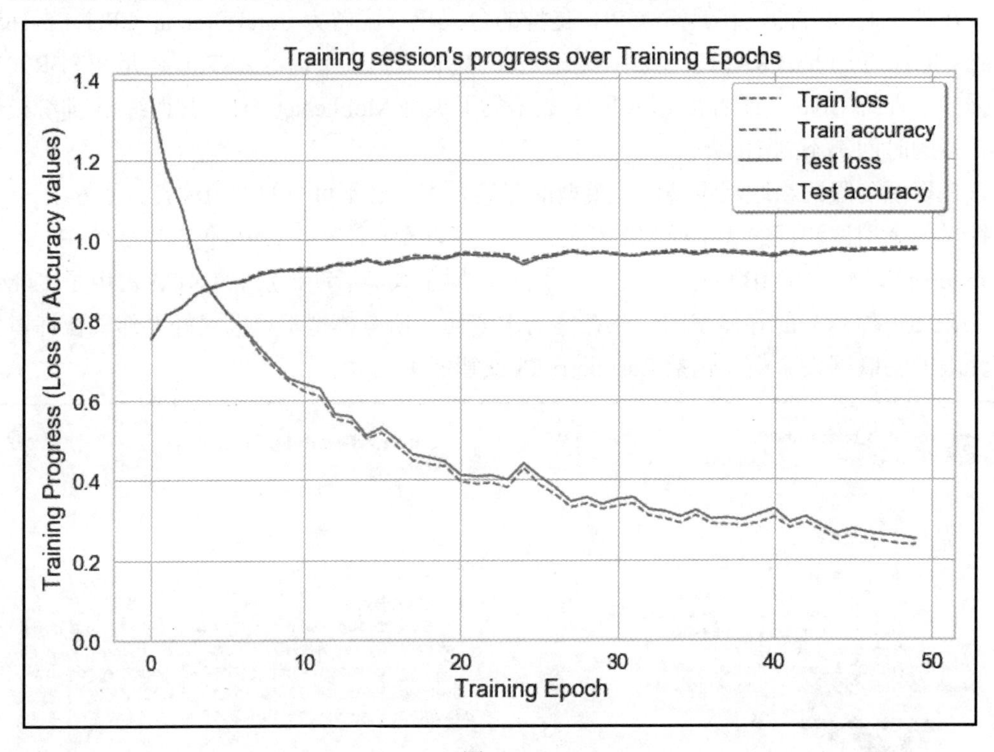

图 6-22

图 6-23 是 LSTM 模型与 HAR 测试数据集的混淆矩阵（Confusion Matrix）。可以看到，该模型在 Downstairs（下楼）和 Upstairs（上楼）、Sitting（坐着）和 Standing（站立）活动之间存在混淆，因为它们的移动性非常有限或为零，这意味着没有明显的加速度来区分它们。

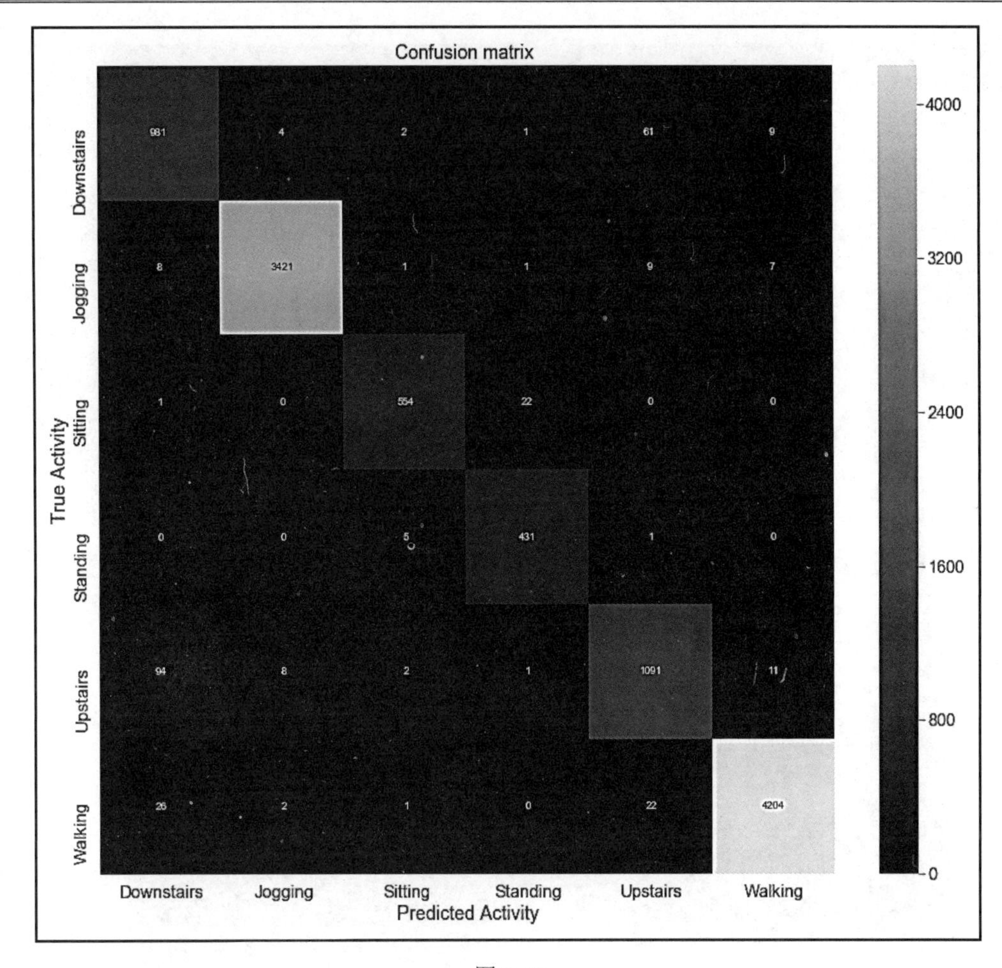

图 6-23

6.10.2　模型性能（用例二）

图 6-24 显示了简单 CNN 模型在 FER2013 数据集上的训练和验证性能。虽然该数据集的准确率不算太高（训练准确率为 0.83，验证准确率为 0.63），但是这样的测试或验证准确率仍应该能够检测出对于智能教室来说比较明显和必需的一些情绪（如快乐、不开心和感到困惑的表情等）。

图 6-25 显示了 CNN 模型针对 FER2013 测试数据集的混淆矩阵。不出所料，该模型在所有表情上都表现出混乱（例如，有 156 个愤怒的表情被检测为悲伤的表情）。这是深度学习的应用之一，需要进一步研究以提高性能。

```
Command Prompt - python CNN-FER2013.py
Epoch 00073: val_loss did not improve from 1.14731
Epoch 74/100
25838/25838 [==============================] - 32s 1ms/step - loss: 0.5493 - acc: 0.8155 - val_loss: 1.4115 - val_acc: 0.6198

Epoch 00074: val_loss did not improve from 1.14731
Epoch 75/100
25838/25838 [==============================] - 33s 1ms/step - loss: 0.5527 - acc: 0.8152 - val_loss: 1.4177 - val_acc: 0.6293

Epoch 00075: val_loss did not improve from 1.14731
Epoch 76/100
25838/25838 [==============================] - 32s 1ms/step - loss: 0.5345 - acc: 0.8224 - val_loss: 1.4075 - val_acc: 0.6283

Epoch 00076: val_loss did not improve from 1.14731
Epoch 77/100
25838/25838 [==============================] - 32s 1ms/step - loss: 0.5273 - acc: 0.8265 - val_loss: 1.4189 - val_acc: 0.6294

Epoch 00077: val_loss did not improve from 1.14731
Epoch 78/100
25838/25838 [==============================] - 32s 1ms/step - loss: 0.5047 - acc: 0.8319 - val_loss: 1.4780 - val_acc: 0.6291

Epoch 00078: val_loss did not improve from 1.14731
Accuracy score =  0.6221788799108386
[[219   0  53  17 156   7  39]
 [ 43   0   5   0   7   0   0]
 [ 50   0 208  19 168  43  40]
 [ 10   0  17 746  46  14  46]
 [ 40   0  48  29 374   5  98]
 [  3   0  49  24  16 317   7]
 [ 12   0  25  34 181   5 369]]
```

图 6-24

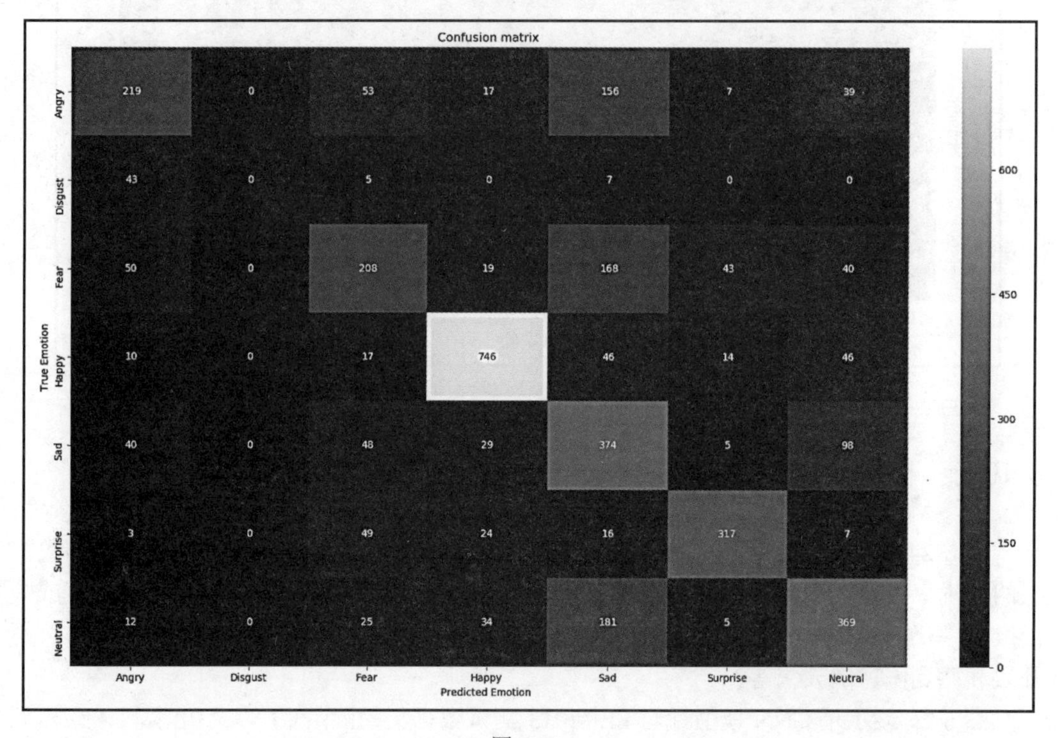

图 6-25

对于用例二，我们已经测试了 MobileNet V1。图 6-26 显示了在 FER2019 数据集上模型 MobileNet V1 的总体性能。从该图中可以看出，它显示出更好的训练准确率，但是在验证和测试准确率方面却没有任何改善。一个潜在的原因可能是数据的大小和质量，因为在数据增强之后，每个样本均可能不包含面部表情图像。所以，如果能对图像做更细致的预处理（包括手动检查），则可能会改善数据质量和模型的性能。

```
INFO:tensorflow:2019-04-12 22:01:57.172090: Step 3950: Validation accuracy = 56.0% (N=10
INFO:tensorflow:2019-04-12 22:01:57.717492: Step 3960: Train accuracy = 100.0%
INFO:tensorflow:2019-04-12 22:01:57.717706: Step 3960: Cross entropy = 0.025000
INFO:tensorflow:2019-04-12 22:01:57.771880: Step 3960: Validation accuracy = 56.0% (N=10
INFO:tensorflow:2019-04-12 22:01:58.327694: Step 3970: Train accuracy = 100.0%
INFO:tensorflow:2019-04-12 22:01:58.327912: Step 3970: Cross entropy = 0.019784
INFO:tensorflow:2019-04-12 22:01:58.382137: Step 3970: Validation accuracy = 51.0% (N=10
INFO:tensorflow:2019-04-12 22:01:58.960856: Step 3980: Train accuracy = 100.0%
INFO:tensorflow:2019-04-12 22:01:58.961076: Step 3980: Cross entropy = 0.019178
INFO:tensorflow:2019-04-12 22:01:59.013968: Step 3980: Validation accuracy = 54.0% (N=10
INFO:tensorflow:2019-04-12 22:01:59.570253: Step 3990: Train accuracy = 100.0%
INFO:tensorflow:2019-04-12 22:01:59.570446: Step 3990: Cross entropy = 0.024673
INFO:tensorflow:2019-04-12 22:01:59.623518: Step 3990: Validation accuracy = 62.0% (N=10
INFO:tensorflow:2019-04-12 22:02:00.125422: Step 3999: Train accuracy = 100.0%
INFO:tensorflow:2019-04-12 22:02:00.125639: Step 3999: Cross entropy = 0.019731
INFO:tensorflow:2019-04-12 22:02:00.180063: Step 3999: Validation accuracy = 64.0% (N=10
INFO:tensorflow:Final test accuracy = 48.4% (N=95)
WARNING:tensorflow:From retrain.py:838: convert_variables_to_constants (from tensorflow.
Instructions for updating:
Use tf.compat.v1.graph_util.convert_variables_to_constants
WARNING:tensorflow:From /Users/raz/anaconda3/lib/python3.7/site-packages/tensorflow/pyth
ted and will be removed in a future version.
Instructions for updating:
Use tf.compat.v1.graph_util.extract_sub_graph
INFO:tensorflow:Froze 2 variables.
INFO:tensorflow:Converted 2 variables to const ops.
```

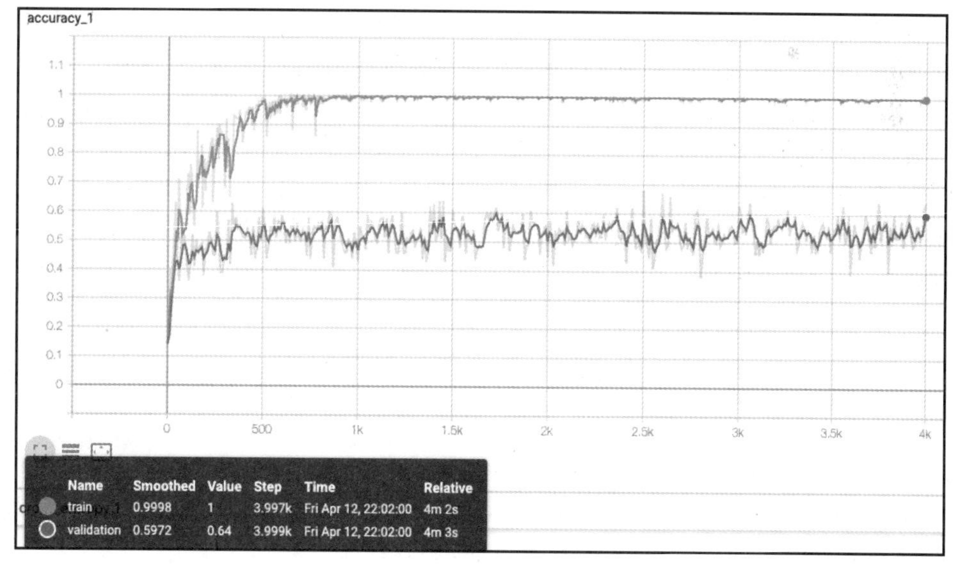

图 6-26

为了在单独的图像上测试模型并转移模型的学习知识，需要执行以下操作。

- 将训练之后的模型（如 fer2013_trained.hdf5）和 label_image.py 文件（图像分类器）导出到 Raspberry Pi（已经安装 TensorFlow）/智能手机中。
- 使用以下命令运行图像分类器（不要忘记更新 test_image 路径）：

```
python label_image.py
```

这将为测试图像生成测试结果。

6.11 小　结

自动人体生理和心理状态检测正成为一种流行的手段，开发人员可以通过这种手段来了解一个人的身心状态，以进行互动并做出相应的反应。在智能教育、医疗保健和娱乐领域中，有许多应用程序可以使用这些状态检测技术。机器学习和深度学习算法对于这些检测技术至关重要。

在本章的第一部分中，我们简要介绍了使用人类生理和心理状态检测的各种物联网应用。此外，我们还讨论了物联网的两个潜在用例，其中深度学习算法可用于人类生理和心理状态检测。用例一考虑了基于物联网的远程理疗进度监控系统；用例二是基于物联网的智能教室应用，该应用可以通过学生的面部表情来了解他们的学习反馈。

在本章的第二部分中，我们简要讨论了用例的数据收集过程，并讨论了为人类活动识别（HAR）和为面部表情识别（FER）选择卷积神经网络（CNN）的基本原理。

本章的其余部分描述了这些模型的深度学习管道的所有必要组件及其结果。

物联网应用的主要挑战之一是安全性。许多物联网应用（如无人驾驶汽车、联网医疗保健和智能电网）都是关键任务应用，安全性是这些应用以及许多其他物联网应用的基本要素。在第 7 章中，我们将讨论物联网应用中的安全性，并展示如何将深度学习用于物联网安全解决方案。

6.12 参考资料

[1] K. Rapp, C. Becker, I.D. Cameron, H.H. König, and G. Büchele, Epidemiology of falls in residential aged care: analysis of more than 70,000 falls from residents of Bavarian nursing homes, J. Am. Med. Dir. Assoc. 13 (2) (2012) 187.e1-187.e6.

[2] Centers for disease control and prevention. Cost of Falls Among Older Adults, 2014.

http://www.cdc.gov/homeandrecreationalsafety/falls/fallcost.html (accessed 14.04.19).

[3] M. S. Hossain and G. Muhammad, Emotion-Aware Connected Healthcare Big Data Towards 5G, in IEEE Internet of Things Journal, vol. 5, no. 4, pp. 2399-2406, Aug. 2018.

[4] M. A. Razzaque, Muta Tah Hira, and Mukta Dira. 2017. QoS in Body Area Networks: A Survey. ACM Trans. Sen. Netw. 13, 3, Article 25 (August 2017), 46 pages.

[5] Nigel Bosch, Sidney K. D'Mello, Ryan S. Baker, Jaclyn Ocumpaugh, Valerie Shute, Matthew Ventura, Lubin Wang, and Weinan Zhao. 2016. Detecting student emotions in computer-enabled classrooms. In Proceedings of the Twenty- Fifth International Joint Conference on Artificial Intelligence(IJCAI'16), Gerhard Brewka (Ed.). AAAI Press 4125-4129.

[6] Isabel Sagenmüller, Student retention: 8 reasons people drop out of higher education, https://www.u-planner.com/en-us/blog/student-retention-8-reasons-people-drop-out-of-higher-education.

[7] Nikki Bardsley, Drop-out rates among university students increases for third consecutive year, https://www.fenews.co.uk/featured-article/24449-drop-out-rates-among-university-students-increases-for-third-consecutive-year.

[8] S. Hochreiter and J. Schmidhuber, Long Short-Term Memory, neural computation, vol. 9, no. 8, pp. 1735-1780, 1997.

[9] http://www.cis.fordham.edu/wisdm/dataset.php.

[10] Goodfellow, D. Erhan, PL Carrier, A. Courville, M. Mirza, B. Hamner, W. Cukierski, Y. Tang, DH Lee, Y. Zhou, C. Ramaiah, F. Feng, R. Li, X. Wang, D. Athanasakis, J. Shawe-Taylor, M. Milakov, J. Park, R. Ionescu, M. Popescu, C. Grozea, J. Bergstra, J. Xie, L. Romaszko, B. Xu, Z. Chuang, and Y. Bengio., Challenges in Representation Learning: A report on three machine learning contests. arXiv 2013.

第7章　物联网安全

物联网的使用正在以危险的速度快速增长，研究人员和行业都估计，有源无线连接设备的数量将超过200亿。物联网设备的指数级增长对于我们的生命和财产以及整个IT行业来说，都意味着不断增加的风险。这是因为拥有更多连接的设备也意味着更多的攻击媒介，以及更多的黑客利用机会。在这种情况下，保证物联网安全不仅对其应用至关重要，而且对IT行业的其余部分也至关重要。

在物联网安全解决方案中，网络和设备可被视为是基于签名或基于行为的。基于行为的解决方案（如异常检测）在物联网中是首选，因为准备和维护动态以及未知物联网攻击的签名是非常困难的。与人类行为分析相似，深度学习（DL）/机器学习（ML）模型可在物联网中用于各种物联网应用环境中的数据浏览，并且可以学习物联网设备和网络的正常和异常行为（从安全性角度出发）。

本章将从总体上介绍基于深度学习的网络和设备的行为数据分析以及物联网应用的安全事件检测技术。在本章的第一部分中，我们将简要介绍各种物联网安全攻击及其潜在的检测技术，包括基于深度学习/机器学习的方法。此外，我们还将简要讨论两种物联网用例，通过基于深度学习的异常检测来智能地自动检测安全攻击，如拒绝服务（Denial of Service，DoS）和分布式DoS（Distributed DOS，DDoS）攻击。在本章的第二部分中，我们将介绍基于深度学习的安全事件检测的实现。

本章将讨论以下主题：

- 物联网中的安全攻击和检测。
- 用例一：物联网中的智能主机入侵检测。
- 用例二：物联网中基于流量的智能网络入侵检测。
- 用于物联网安全事件检测的深度学习技术。
- 数据收集。
- 数据预处理。
- 模型训练。
- 模型评估。

7.1　物联网中的安全攻击和检测

据统计，全球目前应该拥有超过260亿个联网的物联网设备。这些设备包括智能电视、平板电脑、智能手机、笔记本电脑、可穿戴设备、传感器及恒温器等，它们使我们的生活更高效、更节能、更舒适且成本更低。然而，只有在保证这些应用程序的安全性的情况下，才能实现这些功能，因为在许多情况下，这些设备都可能需要处理关键任务应用。

现实情况是，物联网安全性目前是物联网行业面临的第一大挑战。如果没有适当的安全解决方案，则遍历公共互联网（尤其是无线连接的设备）的数据很容易受到黑客的攻击。在这种情况下，整个物联网管道或路径都需要保证安全。换句话说，物联网需要端到端（End-to-End，E2E）安全性，在此过程中，在从终端设备到云端，或从云端到设备的往返过程，直至到达最终用户的移动应用或基于浏览器的应用中，都需要保证其安全性。另外，一旦在用户设备/应用中对其进行了处理并做出了决定，它就必须遵循安全的向后路径，以便将控制指令激活或在设备上执行。图 7-1 显示了物联网解决方案的 E2E（三层）视图以及主要三层的安全要求。

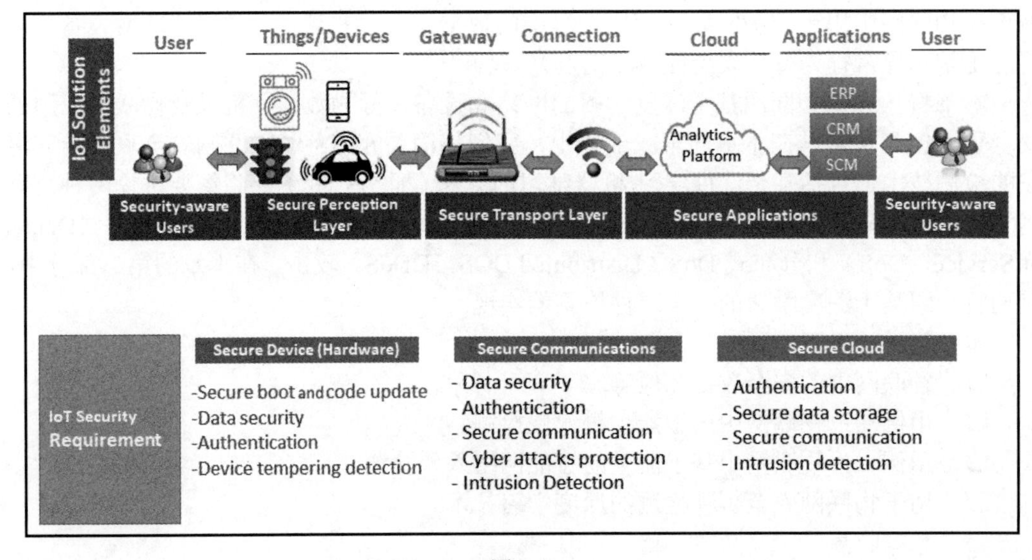

图 7-1

原　文	译　文	原　文	译　文
IoT Solution Elements	物联网解决方案元素	Gateway	网关
User	用户	Connection	连接
Security-aware Users	具有安全意识的用户	Secure Transport Layer	安全传输层
Things/Devices	物/设备	Cloud	云
Secure Perception Layer	安全感知层	Analytics Platform	分析平台

续表

原　　文	译　　文	原　　文	译　　文
Secure Applications	安全应用	Device tempering detection	设备检测
Applications	应用	Secure Communications	安全通信
IoT Security Requirement	物联网安全要求	Cyber attacks protection	网络攻击防护
Secure Device(Hardware)	安全设备（硬件）	Intrusion Detection	入侵检测
Secure boot and code update	安全启动和代码更新	Secure Cloud	安全云
Data security	数据安全	Secure data storage	安全数据存储
Authentication	认证	—	—

图 7-2 从 3 个角度概述了物联网中的主要攻击。

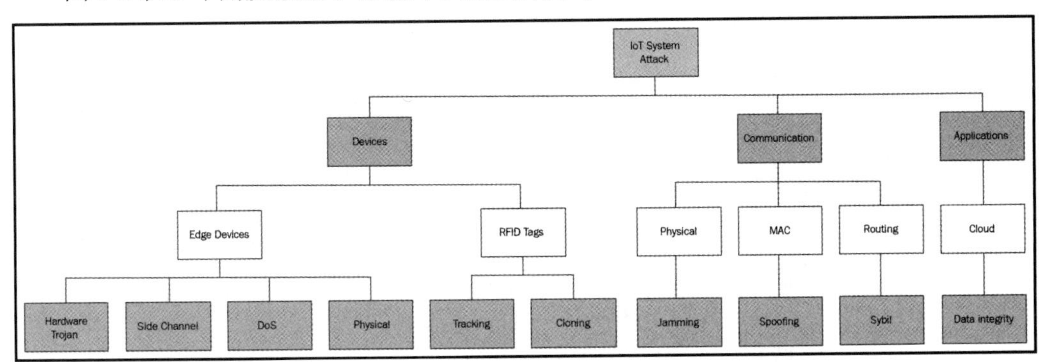

图 7-2

原　　文	译　　文	原　　文	译　　文
IoT System Attack	物联网系统攻击	Cloning	克隆
Devices	设备	Communication	通信
Edge Devices	边缘设备	Jamming	干扰
Hardware Trojan	硬件木马	Spoofing	池化
Slide Channel	滑动通道	Routing	路由
Physical	物理	Applications	应用
RFID Tags	RFID 标签	Cloud	云
Tracking	跟踪	Data integrity	数据的完整性

设计和开发物联网安全解决方案是一项非常艰巨的任务。例如，这样的设备通常被称为嵌入式设备（Embedded Device）——它们具有专门设计用于执行特定任务的固定功能，它们在操作系统、处理能力和内存方面均受资源限制。传统安全方案和 PC 平台上的安全解决方案显然不适合它们，因为这些方案甚至不能在大多数嵌入式设备上运行。重

要的是，攻击者可以利用大量具有漏洞的设备。例如，在智能家居中，拥有比 PC/笔记本电脑更多的物联网/智能设备。

随着市场上智能家居产品的不断增多，普通家庭也可能配备大量的连接设备，这些设备的数量甚至堪比一家小公司的连接数量。在这种情况下，如果没有 IT 安全团队或任何昂贵的企业级安全工具的支持，仅管理这些已连接设备的应用更新、密码和设置就将是一件非常麻烦的事情。

基于人工智能（Artificial Intelligence，AI）的自动化方法（尤其是深度学习/机器学习）可以主动或被动响应找到安全问题并帮助我们进行管理。基于人工智能的解决方案可以采用以下两种不同的形式。

- 基于网络的解决方案：基于网络的解决方案旨在通过在应用程序的网络周围形成防护罩来保护物联网应用的物联网设备。此方法会维护允许访问物联网应用网络的设备白名单，以防止入侵者进入网络。但是，物联网设备需要访问外部环境，例如从云和智能手机应用程序访问。深度学习/机器学习引擎可以监视到物联网设备的传入和传出流量，并创建定义物联网应用程序正常行为的配置文件。深度学习/机器学习引擎将通过与建立的正常行为进行比较来检测任何传入的威胁。与企业网络不同，基于物联网的威胁检测在物联网中更容易，因为通常物联网设备的功能非常有限，恶意请求很难伪装成物联网设备。此外，定义一组有限的规则来确定物联网设备的正常和异常行为更为容易。例如，在智能家居中，如果有智能灯泡与智能冰箱通信，那么这显然不是正常行为，灯泡用于照明，不需要与冰箱通信即可发光，因此这种异常很容易被检测到。
- 基于设备的解决方案：一般来说，物联网设备在处理能力和存储容量方面受资源限制。因此，基于签名的安全解决方案不适合物联网设备，因为它们需要庞大的威胁和恶意软件签名存储数据库。像基于网络的解决方案一样，支持深度学习/机器学习的基于行为的自动化解决方案是更好的选择，因为它们不那么耗费资源。此外，它们在运行时也不会阻塞小型处理器。

尽管很多人都喜欢基于网络的解决方案，而不是基于设备的解决方案，但我们建议同时保留这两种解决方案作为选项，因为它们可以为物联网设备和相关事物提供更强大的保护。

下面将详细讨论异常检测和物联网安全。

网络和设备级的行为异常检测是检测潜在安全事件（包括 DoS、DDoS 或任何常规入侵）的重要手段。异常检测机制可以分为许多子类。

- 统计方法：这些方法将使用过去的行为来近似传感器或某些事物的正确行为的

模型。如果在某些事物或网络上观察到新行为，则将其与模型进行比较；如果统计上不兼容，则将其标记为异常。

- 概率方法：这些方法围绕概率模型（参数或非参数模型）的定义为中心。如果设备或网络内发生事件的可能性降到预定义的阈值以下，则将其标记为异常事件。
- 基于邻近度（Proximity）的方法：这些方法基于正常行为和异常行为之间的距离。聚类方法也属于此类。
- 基于预测的方法：这些方法使用过去的网络/设备行为数据来训练可预测任何传入或传出流量的行为并识别异常的模型。这是在本章的两个用例中使用的方法。用例一是主机级别或设备级别入侵检测的异常检测；用例二则是网络级别的入侵检测。

DoS 和 DDoS 入侵事件在物联网应用中很常见。物联网设备可能是这些攻击的目标，并且攻击者可以利用物联网设备来生成泛洪流量，以发起和运行 DDoS 攻击。这些攻击可以在物联网协议栈的不同层中发起，包括网络层、传输层和应用层。

一般来说，由于请求数据包看起来与正常请求数据包相似，因此检测在应用程序层发起的 DDoS 攻击非常具有挑战性。作为此类攻击的结果，我们可能会观察到明确的导致资源被耗尽的行为，如网络带宽、CPU 处理能力和内存等资源。例如，2016 年 9 月，被 Mirai 恶意软件劫持的大量物联网设备为法国网络主机产生了大约 1Tbps 的 DDoS 流量。在这种情况下，必须检测主机/物联网设备级别以及物联网网络级别的入侵，以使物联网应用程序可用于其预期用途而不会成为对他人进行 DDoS 攻击的手段。下文将介绍两个用例：一个是物联网设备级入侵检测用例；另一个是物联网网络级入侵检测用例。

7.2　用例一：物联网中的智能主机入侵检测

一般来说，资源受限的物联网设备会成为入侵者进行 DoS 或 DDoS 攻击的目标，从而使消费者无法使用物联网应用程序。例如，考虑基于物联网的远程病人监护系统，如果医生或医院无法在某个关键时刻（如心脏病发作期间）读取传感器对患者的读数，则患者可能会失去生命。在这种情况下，设备或主机级别的入侵检测对于大多数物联网应用至关重要。在用例一中，我们将考虑物联网设备或主机级别的入侵检测。

必须选择一个良好的特征或一组特征来使用包括深度学习在内的预测方法确定物联网设备和网络（如 DoS 和 DDoS）中的异常。一般来说，我们需要时间序列数据来进行实时或在线异常检测，并且如果我们可以利用这种形式的任何数据源，则不需要进行其他特征工程。物联网设备的 CPU 利用率数据不需要进一步的特征工程设计就可以应用于检测主机/设备级别的异常。

我们将考虑基于物联网的远程患者监护应用程序，以实现智能主机级入侵检测。物理治疗的监测是一项艰巨的任务，基于物联网的疗法可以解决进度监控问题。图 7-3 简要介绍了基于物联网的远程患者监控系统及其设备级入侵检测的工作方式。

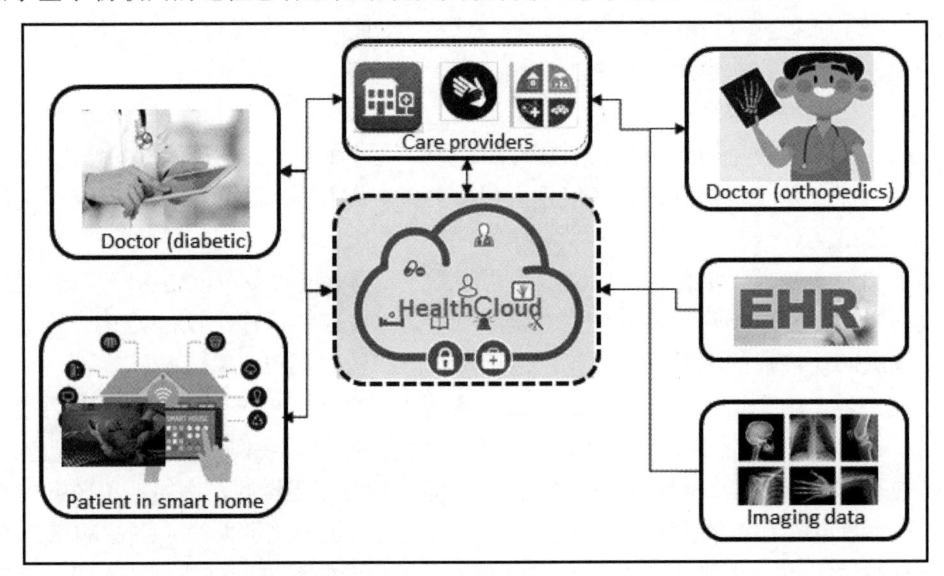

图 7-3

原　　文	译　　文	原　　文	译　　文
Doctor(diabetic)	医生（糖尿病）	Doctor(orthopedics)	医生（骨科）
Patient in smart home	智能家居中的患者	Imaging data	成像数据
Care providers	护理提供者	—	—

从图 7-3 中可以看到，基于物联网的远程患者监护系统包含以下 3 个主要元素。

- 传感器和患者端计算平台：患者将连接到多个传感器，包括心电图仪、血压传感器、加速度计和陀螺仪。这些传感器将收集与生理和活动有关的信息，并将其发送给护理提供者以获取必要的实时反馈。然而，由于 DoS 或 DDoS 攻击，来自这些传感器或其他事物的数据可能不可用。入侵者可以通过向这些传感器发送过多的请求来发起 DoS 攻击，以使其过载，从而阻止合法请求的实现。同样，攻击者可以通过从许多不同的分布式源中淹没这些传感器来发起 DDoS 攻击。与家庭网络连接的 Raspberry Pi 3 可以用作患者端计算平台和传感器级别的入侵检测器。

- 基于深度学习的入侵检测：Raspberry Pi 3 将预装基于深度学习的异常检测器，该异常检测器将分析传感器及其 CPU 利用率，以检测对传感器和计算平台的任何潜在入侵。如果传感器不带任何 MCU，可以考虑对 Raspberry Pi 3 进行入侵检测。检测器将连续监视 Raspberry Pi 3 的 CPU 使用情况，如果发现异常，将报告给管理团队以采取对策。
- 用于模型学习的 HealthCloud：HealthCloud 是一个云计算平台，主要设计用于医疗保健相关服务。这将使用参考数据集训练选定的深度学习模型以进行异常检测。

在本章的第二部分（从 7.4 节“用于物联网安全事件检测的深度学习技术”开始），我们将详细介绍在上面的用例中基于深度学习的异常检测的实现。本章配套的代码文件夹中提供了所有必需的代码。

7.3　用例二：物联网中基于流量的智能网络入侵检测

一般来说，主机入侵（包括设备级别的入侵）利用的是外部通信，并且在大多数情况下，成功的主机入侵都将伴随着网络入侵的成功。例如，在僵尸网络（Botnet）中，远程的命令和控制（Command-and-Control）服务器将与受感染机器通信，以提供有关要执行的操作的指令。更重要的是，大量不安全的物联网设备导致全球 IT 基础架构中的物联网僵尸网络攻击激增。2016 年 10 月的 Dyn 域名系统（Domain Name System，DNS）攻击就是一个例子，其中的 Mirai 僵尸网络命令向 100000 个物联网设备发起 DDoS 攻击。此事件影响了许多受欢迎的网站，包括 GitHub、Amazon、Netflix、Twitter、CNN 和 PayPal。在这种情况下，不仅需要物联网应用程序检测物联网中的网络级入侵，而且 IT 行业的其他部门也需要参与进来。

一般情况下，网络入侵检测器将通过检查网络中主机之间的流量来识别入侵者。像主机入侵检测一样，网络入侵检测可以基于签名或基于异常检测。在基于签名的方法中，将所有传入流量与恶意流量的已知签名列表进行比较；在异常检测方法中，则是将传入流量与先前建立的正常行为进行比较。基于签名的方法是资源密集型的，因此对于物联网应用而言，可以考虑基于异常检测的入侵检测系统（Intrusion Detection System，IDS）。

与传统网络不同，物联网中的入侵检测系统（IDS）必须是轻型的、能够分布到不同的层并且持久化。对于资源受限的物联网设备来说，第一个条件是显而易见的。解决方案需要分布在许多层上，以优化检测过程的效率。重要的是，该解决方案需要适用于持久的物联网设备。例如，一台智能冰箱可能在屋子里正常使用 10 年以上，而要找到可以承受这段时间的安全解决方案是一项艰巨的任务。

图 7-4 展示了一个物联网基础设施，其中包括一个多层网络入侵检测系统，可以满足物联网中入侵检测系统的前两个要求（轻型、能够分别到不同的层）。例如，物联网部署由分散且资源受限的不同组件组成，就实时响应而言，系统范围的整体入侵检测系统可能无法正常工作。在这种情况下，多层入侵检测系统中的每一层都将实时或准实时地识别特定于层的异常和相应的入侵者。

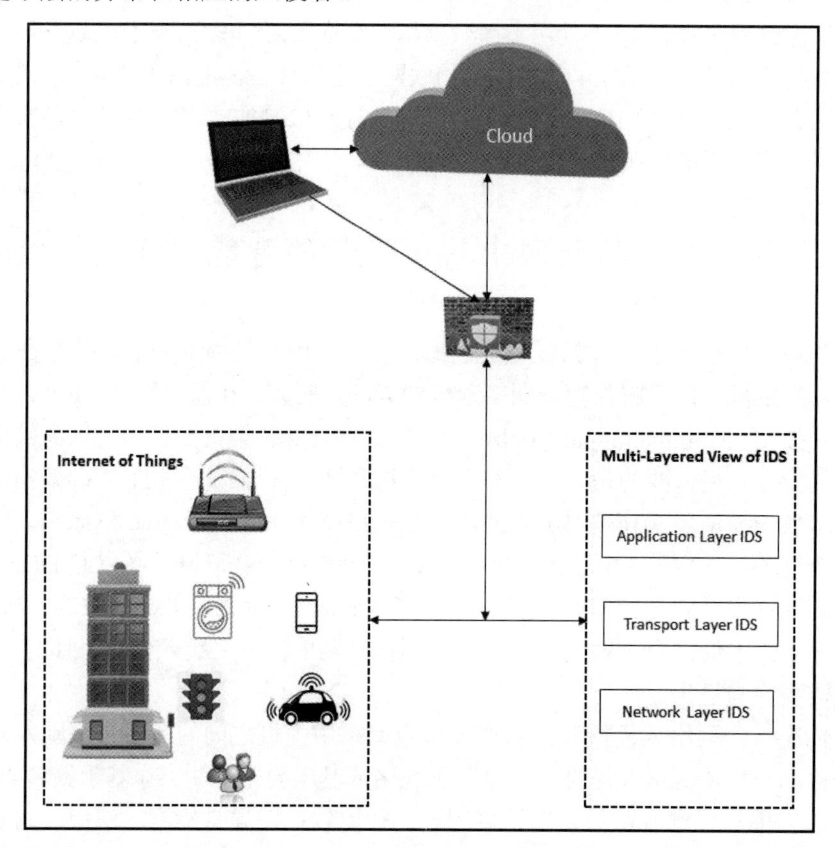

图 7-4

原　　文	译　　文	原　　文	译　　文
Cloud	云	Application Layer IDS	应用层 IDS
Internet of Things	物联网	Transport Layer IDS	传输层 IDS
Multi-Layered View of IDS	入侵检测系统多层视图	Network Layer IDS	网络层 IDS

物联网（尤其是在智能家居应用中）的多层网络入侵检测系统包含以下 3 个主要

元素。

- ❑ 传感器/事物和边缘计算平台：智能家居设备（例如智能电视、智能冰箱、恒温器、智能灯泡和家用物理安全摄像头）是用例二的传感器。这些设备通过家庭路由器/网关连接到 Internet。在用例二中，我们考虑的是基于网络的安全解决方案，而不是基于设备的解决方案。我们还假设家庭路由器将充当边缘计算设备，并且允许安装多层入侵检测系统。
- ❑ 基于深度学习的入侵检测：家庭路由器/网关将预先安装 3 个（每层一个）基于深度学习的异常检测器，用于分析来自家庭连接设备的流量/数据包。每个检测器将分析该层的正常流量并将其与之比较，以发现任何异常或入侵，如果检测到这些异常或入侵，则会将异常或入侵报告给房主或自动设置对策。
- ❑ 模型学习平台：将需要一个家用台式机或云平台来学习和更新异常检测器的深度学习模型。这将使用 3 个参考数据集训练选定的一个或多个深度学习模型，以使其能够进行异常检测。

7.4 节将详细介绍上述用例的基于深度学习的网络级和节点级异常检测的实现。本章配套的代码文件夹中提供了所有必需的代码。

7.4　用于物联网安全事件检测的深度学习技术

传统的安全解决方案（如加密、身份验证、访问控制和网络安全性）对于物联网设备来说是无效的。近年来，基于深度学习/机器学习的解决方案已成为传统解决方案的非常受欢迎的替代方案。基于深度学习/机器学习的解决方案可以智能地监控物联网设备及其网络，并检测各种新的攻击或零时差攻击。重要的是，深度学习/机器学习可以通过异常检测来检测和/或预测各种设备和网络级别的安全事件。通过收集、处理和分析有关设备/事物及其网络的各种正常和异常活动的数据，这些深度学习/机器学习方法可以识别各种安全事件，包括物联网设备和网络级别的入侵。接下来将简要介绍一些在物联网设备和网络级入侵检测系统中有用的深度学习模型。

包括简单深度神经网络（DNN）、自动编码器和循环神经网络（RNN）在内的许多深度学习模型已用于增强物联网安全性。这些方法可以是有监督的，也可以是无监督的。本章将同时使用有监督学习和无监督学习两种方法。

对于用例一，我们将使用基于长短期记忆（LSTM）的有监督方法进行设备级入侵检测；对于用例二，我们将分别使用深度神经网络和自动编码器进行有监督和无监督的网络级入侵检测。之所以将 LSTM 用于用例一，是因为设备级别的入侵检测是基于时间序列的 CPU 利用率数据，而 LSTM 可以很好地与时态数据协同工作；相反，因为自动编码器是轻量级模型，非常适合资源受限的物联网设备。

在前面的章节中，我们已经对 LSTM 进行了简要概述，因此，这里我们将简要介绍自动编码器，作为对该模型的回顾。

顾名思义，自动编码器是需要进行编码和解码的算法。图 7-5 展示了自动编码器模型的简单架构。

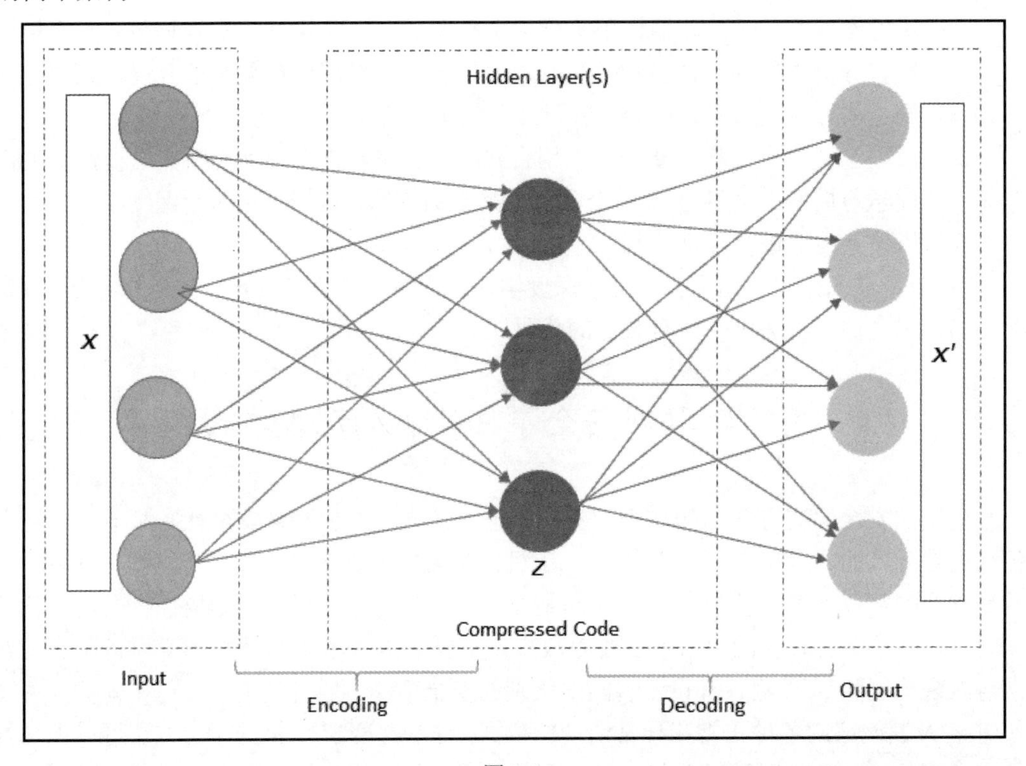

图 7-5

原　文	译　文	原　文	译　文
Input	输入	Compressed Code	压缩代码
Encoding	编码	Decoding	解码
Hidden Layer(s)	隐藏层	Output	输出

在图 7-5 中，自动编码器由通过一个或多个隐藏层连接的输入层和输出层组成。当自动编码器再现输入时，它们具有相同数量的输入和输出神经元。一般来说，自动编码器

由两个组件组成，即编码器和解码器。编码器与输入层连接，并且一旦接收到输入（*X*），就会将其转换为新的压缩表示（*Z*）。压缩后的代码也被称为代码或潜在变量（*Z*）。在输出层，解码器接收生成的代码或压缩的代码，并将其转换为原始输入的重构。自动编码器中训练过程的目的是最小化输出层中的重构错误。

自动编码器由于在输出层的输入重构而非常适合诊断和故障检测。重要的是，自动编码器的这一特殊功能在包括工业物联网（Industrial IoT，IIoT）在内的物联网中非常有用，可用于硬件设备和机器中的故障诊断，以及用于操作、数据收集和性能中的异常检测。自动编码器的异常检测能力促使我们在网络入侵检测用例中使用该模型。此外，一旦在云或服务器中可用，自动编码器就可以在各种物联网设备和网络之间轻松传输。各种类型的自动编码器都可用，包括降噪、压缩、堆叠、稀疏和可变自动编码器。

在该用例中，我们将使用带有独立深度学习模型的简单自动编码器架构进行入侵检测，但是自动编码器还可以与其他深度学习模型集成，包括卷积神经网络（CNN）和长短期记忆（LSTM）。在接下来的各节中，我们将从数据收集开始，讨论上述用例的基于深度学习的实现。

7.5　数 据 收 集

对于前述两种用例，我们都可以生成自己的数据集，并在其上训练和测试模型。接下来将简要介绍如何通过 DoS 攻击为设备级主机入侵检测创建数据集。

7.5.1　CPU 利用率数据

对于 DoS 攻击，我们需要攻击机和目标机。可以使用 Kali Linux 机器作为攻击者，并使用 Windows 机器作为目标（可以是家庭网关/Raspberry Pi 3 传感器）。在 Kali Linux 中，可以通过多种方式实现 DoS 攻击。方法之一是使用 hping3 命令。hping3 命令可以作为一种网络工具来发送自定义 TCP/IP 数据包，并允许测试防火墙、端口扫描、地址欺骗等。

通过快速连续发送多个请求，占用物联网服务器/传感器的资源并使其变慢或无法响应，可以将其用于执行 DoS 攻击。图 7-6 显示了在发送 hping3 命令或发起 DoS 攻击之前目标 Windows 服务器的 CPU 利用率。

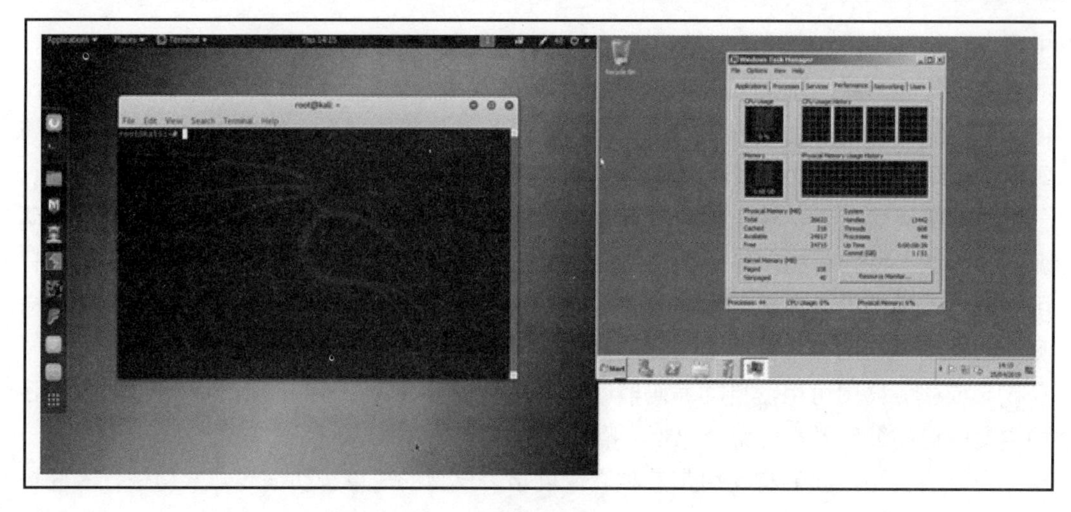

图 7-6

以下命令是使用 Kali Linux 的 hping3 工具进行 DoS 攻击的示例：

```
hping3 -c 10000 -d 120 -S -w 64 -p 21 --flood --rand-source example.com
```

上述命令的语法说明如下所示。

- hping3：二进制应用程序的名称。
- -c 10000：数据包的数量。
- -d 120：每个数据包的大小。
- -S：仅 SYN 数据包。
- -w 64：TCP 窗口大小。
- -p 21：目标端口。
- --flood：意味着尽可能快地发送数据包，而不在意显示传入的回复。
- --rand-source：使用随机源 IP 地址，也可以使用-a 或-spoof，以隐藏主机名。
- example.com：网站或目标 IP 地址或目标计算机的 IP 地址。

图 7-7 显示了 DoS 攻击后 Windows 服务器的 CPU 利用率。从该图中可以清楚地看到，被攻击机器的 CPU 利用率提高了 30%。

可以对不同的目标计算机运行不同的 hping3 会话，并保存 CPU 利用率数据。在 Windows 中，可以使用过程监视器来保存数据。对于用例一，我们将 CPU 利用率数据用于基于长短期记忆（LSTM）的入侵检测算法。

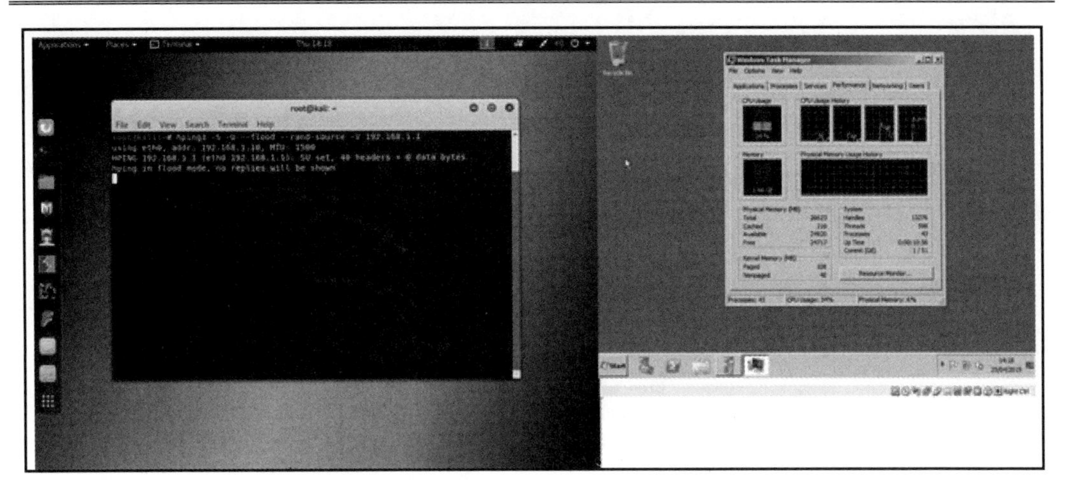

图 7-7

7.5.2　KDD cup 1999 IDS 数据集

在物联网中基于流量的智能网络入侵检测中，可以使用 Wireshark 网络监控工具记录和保存网络流量，以抵御与网络入侵相关的各种攻击，并创建自己的数据集。另外，也可以使用现有的开源数据集。我们将使用的是 KDD cup 1999 IDS 数据集，该数据集非常适合用例二，因为它是网络级入侵数据。接下来我们将简要介绍该数据集。有关该数据集的详细信息可参阅 7.10 节“参考资料”。

KDD cup 1999 IDS 数据集是由美国国防高级研究计划局（Defense Advanced Research Projects Agency，DARPA）在模拟的空军模型上生成的。该数据集是使用以下两个不同的周期收集的。

- 训练数据收集了 7 周数据。
- 测试数据收集了 2 周数据。

完整的数据集包括 39 种网络级攻击类型和 200 个后台流量实例。网络流量数据集被分类为某一种攻击类型或 Normal（正常）。KDD cup 1999 IDS 数据集有 3 个版本，即完整的 KDD 数据集、更正的 KDD 数据集和 10%KDD 数据集。10%KDD 数据集是 3 个数据集中使用最频繁的数据，我们将其用于用例二。在用例二中，将使用自动编码器对正常流量和攻击或入侵流量进行聚类。此外，我们还将测试深度神经网络（DNN），以对正常流量和攻击流量进行分类。

7.5.3 数据浏览

接下来我们将浏览用于两个用例的两个数据集（用于物联网设备级别的 CPU 利用率数据集，以及用于网络级入侵检测的 KDD cup 1999 IDS 数据集）。

- CPU 使用率数据集：该数据集是一个 CSV 文件，由日期和时间以及相应的 CPU 利用率（%）组成。该数据集包含每分钟记录的 700 个利用率值。图 7-8 显示了该数据集的屏幕截图。

time	cpu utilisation (%)
05/04/2019 19:42	44.8
05/04/2019 19:43	44
05/04/2019 19:44	43.6
05/04/2019 19:45	43.2
05/04/2019 19:46	44
05/04/2019 19:47	43.2
05/04/2019 19:48	45.2
05/04/2019 19:49	44.8
05/04/2019 19:50	43.6
05/04/2019 19:51	42.4
05/04/2019 19:52	41.6
05/04/2019 19:53	41.2
05/04/2019 19:54	40.4
05/04/2019 19:55	40
05/04/2019 19:56	39.6
05/04/2019 19:57	39.2
05/04/2019 19:58	38.8
05/04/2019 19:59	38
05/04/2019 20:00	37.2
05/04/2019 20:01	36.8
05/04/2019 20:02	36
05/04/2019 20:03	35.2
05/04/2019 20:04	35.2
05/04/2019 20:05	34.8
05/04/2019 20:06	34
05/04/2019 20:07	35.6
05/04/2019 20:08	34.4

图 7-8

- KDD cup 1999 IDS 数据集：图 7-9 显示了 KDD cup 1999 IDS 数据集的屏幕截图。从该图中可以清楚地看出，该数据集尚未准备好在模型中使用。该数据集具有协议类型、分类值，并且数据值未标准化。此外，还需要将数据分为 3 组，以实现三层的网络级入侵检测系统。

图 7-9 显示了正常通信的网络流量模式。

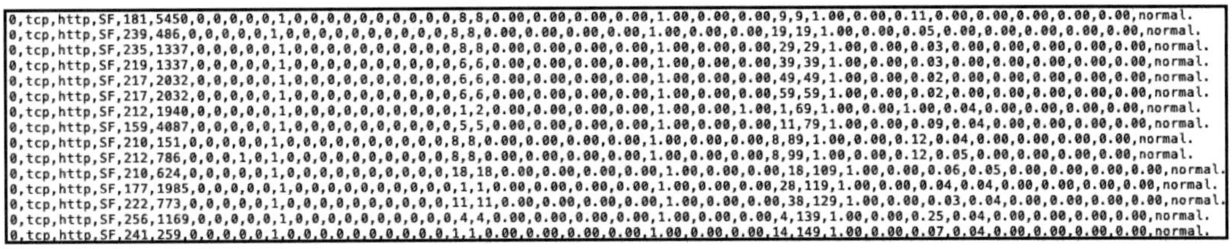

```
0,tcp,http,SF,181,5450,0,0,0,0,0,1,0,0,0,0,0,0,0,0,0,0,8,8,0.00,0.00,0.00,0.00,1.00,0.00,0.00,9,9,1.00,0.00,0.11,0.00,0.00,0.00,0.00,0.00,normal.
0,tcp,http,SF,239,486,0,0,0,0,0,1,0,0,0,0,0,0,0,0,0,0,8,8,0.00,0.00,0.00,0.00,1.00,0.00,0.00,19,19,1.00,0.00,0.05,0.00,0.00,0.00,0.00,0.00,normal.
0,tcp,http,SF,235,1337,0,0,0,0,0,1,0,0,0,0,0,0,0,0,0,0,8,8,0.00,0.00,0.00,0.00,1.00,0.00,0.00,29,29,1.00,0.00,0.03,0.00,0.00,0.00,0.00,0.00,normal.
0,tcp,http,SF,219,1337,0,0,0,0,0,1,0,0,0,0,0,0,0,0,0,0,6,6,0.00,0.00,0.00,0.00,1.00,0.00,0.00,39,39,1.00,0.00,0.03,0.00,0.00,0.00,0.00,0.00,normal.
0,tcp,http,SF,217,2032,0,0,0,0,0,1,0,0,0,0,0,0,0,0,0,0,6,6,0.00,0.00,0.00,0.00,1.00,0.00,0.00,49,49,1.00,0.00,0.02,0.00,0.00,0.00,0.00,0.00,normal.
0,tcp,http,SF,217,2032,0,0,0,0,0,1,0,0,0,0,0,0,0,0,0,0,6,6,0.00,0.00,0.00,0.00,1.00,0.00,0.00,59,59,1.00,0.00,0.02,0.00,0.00,0.00,0.00,0.00,normal.
0,tcp,http,SF,212,1940,0,0,0,0,0,1,0,0,0,0,0,0,0,0,0,0,1,2,0.00,0.00,0.00,0.00,1.00,0.00,1.00,1,69,1.00,0.00,1.00,0.04,0.00,0.00,0.00,0.00,normal.
0,tcp,http,SF,159,4087,0,0,0,0,0,1,0,0,0,0,0,0,0,0,0,0,5,5,0.00,0.00,0.00,0.00,1.00,0.00,0.00,11,79,1.00,0.00,0.09,0.04,0.00,0.00,0.00,0.00,normal.
0,tcp,http,SF,210,151,0,0,0,0,0,1,0,0,0,0,0,0,0,0,0,0,8,8,0.00,0.00,0.00,0.00,1.00,0.00,0.00,8,89,1.00,0.00,0.12,0.04,0.00,0.00,0.00,0.00,normal.
0,tcp,http,SF,212,786,0,0,0,1,0,1,0,0,0,0,0,0,0,0,0,0,8,8,0.00,0.00,0.00,0.00,1.00,0.00,0.00,8,99,1.00,0.00,0.12,0.05,0.00,0.00,0.00,0.00,normal.
0,tcp,http,SF,210,624,0,0,0,0,0,1,0,0,0,0,0,0,0,0,0,0,18,18,0.00,0.00,0.00,0.00,1.00,0.00,0.00,18,109,1.00,0.00,0.06,0.05,0.00,0.00,0.00,0.00,normal.
0,tcp,http,SF,177,1985,0,0,0,0,0,1,0,0,0,0,0,0,0,0,0,0,1,1,0.00,0.00,0.00,0.00,1.00,0.00,0.00,28,119,1.00,0.00,0.04,0.04,0.00,0.00,0.00,0.00,normal.
0,tcp,http,SF,222,773,0,0,0,0,0,1,0,0,0,0,0,0,0,0,0,0,11,11,0.00,0.00,0.00,0.00,1.00,0.00,0.00,38,129,1.00,0.00,0.03,0.04,0.00,0.00,0.00,0.00,normal.
0,tcp,http,SF,256,1169,0,0,0,0,0,1,0,0,0,0,0,0,0,0,0,0,4,4,0.00,0.00,0.00,0.00,1.00,0.00,0.00,4,139,1.00,0.00,0.25,0.04,0.00,0.00,0.00,0.00,normal.
0,tcp,http,SF,241,259,0,0,0,0,0,1,0,0,0,0,0,0,0,0,0,0,1,1,0.00,0.00,0.00,0.00,1.00,0.00,0.00,14,149,1.00,0.00,0.07,0.04,0.00,0.00,0.00,0.00,normal.
```

图 7-9

图 7-10 显示了异常或攻击通信（例如通过网络级分布式 DoS 攻击 smurf-it 进行的通信）的网络流量模式。

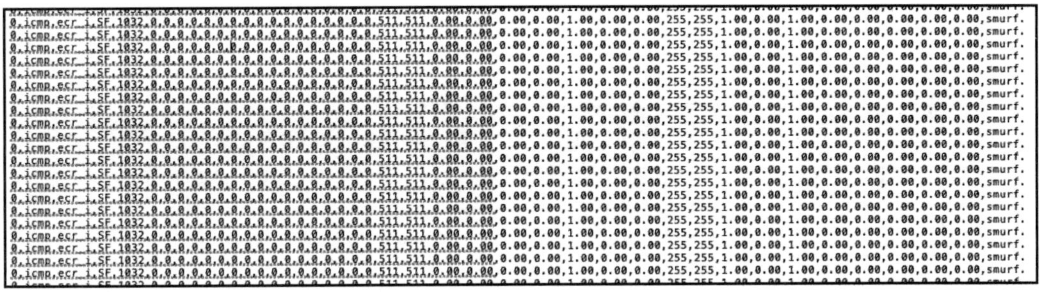

```
0,icmp,ecr_i,SF,1032,0,0,0,0,0,0,0,0,0,0,0,0,0,0,0,0,0,0,511,511,0.00,0.00,0.00,0.00,1.00,0.00,0.00,255,255,1.00,0.00,1.00,0.00,0.00,0.00,0.00,0.00,smurf.
0,icmp,ecr_i,SF,1032,0,0,0,0,0,0,0,0,0,0,0,0,0,0,0,0,0,0,511,511,0.00,0.00,0.00,0.00,1.00,0.00,0.00,255,255,1.00,0.00,1.00,0.00,0.00,0.00,0.00,0.00,smurf.
0,icmp,ecr_i,SF,1032,0,0,0,0,0,0,0,0,0,0,0,0,0,0,0,0,0,0,511,511,0.00,0.00,0.00,0.00,1.00,0.00,0.00,255,255,1.00,0.00,1.00,0.00,0.00,0.00,0.00,0.00,smurf.
0,icmp,ecr_i,SF,1032,0,0,0,0,0,0,0,0,0,0,0,0,0,0,0,0,0,0,511,511,0.00,0.00,0.00,0.00,1.00,0.00,0.00,255,255,1.00,0.00,1.00,0.00,0.00,0.00,0.00,0.00,smurf.
0,icmp,ecr_i,SF,1032,0,0,0,0,0,0,0,0,0,0,0,0,0,0,0,0,0,0,511,511,0.00,0.00,0.00,0.00,1.00,0.00,0.00,255,255,1.00,0.00,1.00,0.00,0.00,0.00,0.00,0.00,smurf.
0,icmp,ecr_i,SF,1032,0,0,0,0,0,0,0,0,0,0,0,0,0,0,0,0,0,0,511,511,0.00,0.00,0.00,0.00,1.00,0.00,0.00,255,255,1.00,0.00,1.00,0.00,0.00,0.00,0.00,0.00,smurf.
0,icmp,ecr_i,SF,1032,0,0,0,0,0,0,0,0,0,0,0,0,0,0,0,0,0,0,511,511,0.00,0.00,0.00,0.00,1.00,0.00,0.00,255,255,1.00,0.00,1.00,0.00,0.00,0.00,0.00,0.00,smurf.
0,icmp,ecr_i,SF,1032,0,0,0,0,0,0,0,0,0,0,0,0,0,0,0,0,0,0,511,511,0.00,0.00,0.00,0.00,1.00,0.00,0.00,255,255,1.00,0.00,1.00,0.00,0.00,0.00,0.00,0.00,smurf.
0,icmp,ecr_i,SF,1032,0,0,0,0,0,0,0,0,0,0,0,0,0,0,0,0,0,0,511,511,0.00,0.00,0.00,0.00,1.00,0.00,0.00,255,255,1.00,0.00,1.00,0.00,0.00,0.00,0.00,0.00,smurf.
0,icmp,ecr_i,SF,1032,0,0,0,0,0,0,0,0,0,0,0,0,0,0,0,0,0,0,511,511,0.00,0.00,0.00,0.00,1.00,0.00,0.00,255,255,1.00,0.00,1.00,0.00,0.00,0.00,0.00,0.00,smurf.
0,icmp,ecr_i,SF,1032,0,0,0,0,0,0,0,0,0,0,0,0,0,0,0,0,0,0,511,511,0.00,0.00,0.00,0.00,1.00,0.00,0.00,255,255,1.00,0.00,1.00,0.00,0.00,0.00,0.00,0.00,smurf.
0,icmp,ecr_i,SF,1032,0,0,0,0,0,0,0,0,0,0,0,0,0,0,0,0,0,0,511,511,0.00,0.00,0.00,0.00,1.00,0.00,0.00,255,255,1.00,0.00,1.00,0.00,0.00,0.00,0.00,0.00,smurf.
0,icmp,ecr_i,SF,1032,0,0,0,0,0,0,0,0,0,0,0,0,0,0,0,0,0,0,511,511,0.00,0.00,0.00,0.00,1.00,0.00,0.00,255,255,1.00,0.00,1.00,0.00,0.00,0.00,0.00,0.00,smurf.
0,icmp,ecr_i,SF,1032,0,0,0,0,0,0,0,0,0,0,0,0,0,0,0,0,0,0,511,511,0.00,0.00,0.00,0.00,1.00,0.00,0.00,255,255,1.00,0.00,1.00,0.00,0.00,0.00,0.00,0.00,smurf.
0,icmp,ecr_i,SF,1032,0,0,0,0,0,0,0,0,0,0,0,0,0,0,0,0,0,0,511,511,0.00,0.00,0.00,0.00,1.00,0.00,0.00,255,255,1.00,0.00,1.00,0.00,0.00,0.00,0.00,0.00,smurf.
0,icmp,ecr_i,SF,1032,0,0,0,0,0,0,0,0,0,0,0,0,0,0,0,0,0,0,511,511,0.00,0.00,0.00,0.00,1.00,0.00,0.00,255,255,1.00,0.00,1.00,0.00,0.00,0.00,0.00,0.00,smurf.
0,icmp,ecr_i,SF,1032,0,0,0,0,0,0,0,0,0,0,0,0,0,0,0,0,0,0,511,511,0.00,0.00,0.00,0.00,1.00,0.00,0.00,255,255,1.00,0.00,1.00,0.00,0.00,0.00,0.00,0.00,smurf.
0,icmp,ecr_i,SF,1032,0,0,0,0,0,0,0,0,0,0,0,0,0,0,0,0,0,0,511,511,0.00,0.00,0.00,0.00,1.00,0.00,0.00,255,255,1.00,0.00,1.00,0.00,0.00,0.00,0.00,0.00,smurf.
0,icmp,ecr_i,SF,1032,0,0,0,0,0,0,0,0,0,0,0,0,0,0,0,0,0,0,511,511,0.00,0.00,0.00,0.00,1.00,0.00,0.00,255,255,1.00,0.00,1.00,0.00,0.00,0.00,0.00,0.00,smurf.
0,icmp,ecr_i,SF,1032,0,0,0,0,0,0,0,0,0,0,0,0,0,0,0,0,0,0,511,511,0.00,0.00,0.00,0.00,1.00,0.00,0.00,255,255,1.00,0.00,1.00,0.00,0.00,0.00,0.00,0.00,smurf.
0,icmp,ecr_i,SF,1032,0,0,0,0,0,0,0,0,0,0,0,0,0,0,0,0,0,0,511,511,0.00,0.00,0.00,0.00,1.00,0.00,0.00,255,255,1.00,0.00,1.00,0.00,0.00,0.00,0.00,0.00,smurf.
```

图 7-10

7.6　数据预处理

数据预处理是深度学习管道的重要步骤。现在可以在训练中使用 CPU 利用率数据集，但是 KDD cup 1999 IDS 数据集则需要多个层次的预处理，它包括以下 3 个步骤。

（1）将数据分为 3 个不同的协议集（应用层、传输层和网络层）。

（2）删除重复的数据、转换分类数据和归一化。

（3）特征选择（可选）。

使用以下代码行是将数据集分为 3 个数据集（即 Final_App_Layer、Final_Transport_Layer 和 Final_Network_Layer）的一种潜在方法：

```
# 导入所有必需的库
import pandas as pd
IDSdata = pd.read_csv("kddcup.data_10_percent.csv",header = None,engine =
'python',sep=",")
```

```
# 添加列标
IDSdata.columns =
["duration","protocol_type","service","flag","src_bytes","dst_bytes",
"land","wrong_fragement","urgent",
"hot","num_failed_logins","logged_in","num_compressed","root_shell",
"su_attempted","num_root","num_file_creations",
"num_shells","num_access_files","num_outbound_cmds","is_hot_login",
"is_guest_login","count","srv_count","serror_rate","srv_serror_rate",
"rerror_rate","srv_rerror_rate","same_srv_rate","diff_srv_rate",
"srv_diff_host_rate","dst_host_count","dst_host_srv_count",
"dst_host_same_srv_rate","dst_host_diff_srv_rate",
"dst_host_same_src_port_rate","dst_host_srv_diff_host_rate",
"dst_host_serror_rate","dst_host_srv_serror_rate",
"dst_host_rerror_rate","dst_hos t_srv_rerror_rate","labels"]

# 浏览应用层 IDS 数据
ApplicationLayer =
IDSdata[(IDSdata['labels'].isin(['normal.','smurf.','back.','satan.',
'pod.','guess_passwd.','buffer_overflow.','warezmaster.','imap.',
'loadmodule.','ftp_write.','multihop.','perl.']))]
print (ApplicationLayer['labels'].value_counts())

# 将应用层数据保存到一个文本文件中
ApplicationLayer.to_csv('Final_App_Layer.txt',header = None,index = False)

# 浏览传输层 IDS 数据
TransportLayer =
IDSdata[(IDSdata['labels'].isin(['normal.','neptune.','portsweep.',
'teardrop.','buffer_overflow.','land.','nmap.']))]
print (TransportLayer['labels'].value_counts())
TransportLayer.to_csv('Final_Transport_Layer.txt',header = None,index =
False)

# 浏览网络层 IDS 数据
NetworkLayer =
IDSdata[(IDSdata['labels'].isin(['normal.','smurf.','ipsweep.','pod.',
'buffer_overflow.']))]
print (NetworkLayer['labels'].value_counts())
NetworkLayer.to_csv('Final_Network_Layer.txt',header = None,index = False)
```

在数据集准备好之后，即可删除重复的数据条目并归一化其余条目的值。以下代码行或函数可用于去重和标准化。

```
def DataPreprocessing(IDSdataframe):
 # 删除重复的数据条目
    recordcount = len(IDSdataframe)
    print ("Original number of records in the training dataset before
removing duplicates is: " , recordcount)
    IDSdataframe.drop_duplicates(subset=None, inplace=True)
    # 删除重复项的 Python 命令
    newrecordcount = len(IDSdataframe)
    print ("Number of records in the training dataset after removing the
duplicates is :", newrecordcount,"\n")

    # 删除不同数据集的标签，该数据集将用于训练循环神经网络分类器
    df_X = IDSdataframe.drop(IDSdataframe.columns[41],axis=1,inplace =
False)
    df_Y = IDSdataframe.drop(IDSdataframe.columns[0:41],axis=1, inplace =
False)

    # 分类数据到数值数据的转换
    df_X[df_X.columns[1:4]] =
df_X[df_X.columns[1:4]].stack().rank(method='dense').unstack()
    # 将正常状态编码为"1 0"，将攻击编码为"0 1"
    df_Y[df_Y[41]!='normal.'] = 0
    df_Y[df_Y[41]=='normal.'] = 1

    # 将输入数据转换为浮点值
    df_X = df_X.loc[:,df_X.columns[0:41]].astype(float)

    # 正常为"1 0"，攻击为"0 1"
    df_Y.columns = ["y1"]
    df_Y.loc[:,('y2')] = df_Y['y1'] ==0
    df_Y.loc[:,('y2')] = df_Y['y2'].astype(int)
    return df_X,df_Y
```

数据集的最终预处理是分类器的特征选择的最佳集合。这是一个可选过程，但对资源受限的物联网设备很有用，因为这将使输入层或网络神经元的大小最小化。以下代码行或函数利用了随机森林算法，可用于执行此预处理。

```
def FeatureSelection(myinputX, myinputY):
    labels = np.array(myinputY).astype(int)
    inputX = np.array(myinputX)

    # 随机森林模型
    model = RandomForestClassifier(random_state = 0)
```

```
    model.fit(inputX,labels)
    importances = model.feature_importances

    # 根据特征的重要性评分绘制特征
    indices = np.argsort(importances)[::-1]
    std = np.std([tree.feature_importances_ for tree in model.estimators_],
axis=0)
    plt.figure(figsize = (10,5))
    plt.title("Feature importances (y-axis) vs Features IDs(x-axis)")
    plt.bar(range(inputX.shape[1]), importances[indices],
       color="g", yerr=std[indices], align="center")
    plt.xticks(range(inputX.shape[1]), indices)
    plt.xlim([-1, inputX.shape[1]])
    plt.show()
    # 选择具有较高重要性值的重要特征
    newX = myinputX.iloc[:,model.feature_importances_.argsort()[::-1][:10]]

   # 将 DataFrame 转换为张量
    myX = newX.as_matrix()
    myY = labels
    return myX,myY
```

图 7-11 和图 7-12 分别突出显示了应用层和网络层数据集的 41 个特征，并且根据特征的重要性对特征进行了排序，从这两张图中可以明显看出，特征的不同集合对于不同层的数据集很重要。

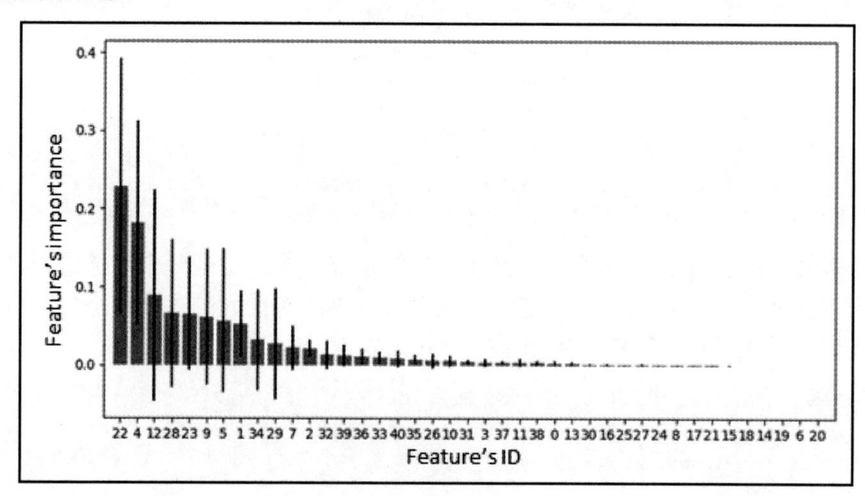

图 7-11

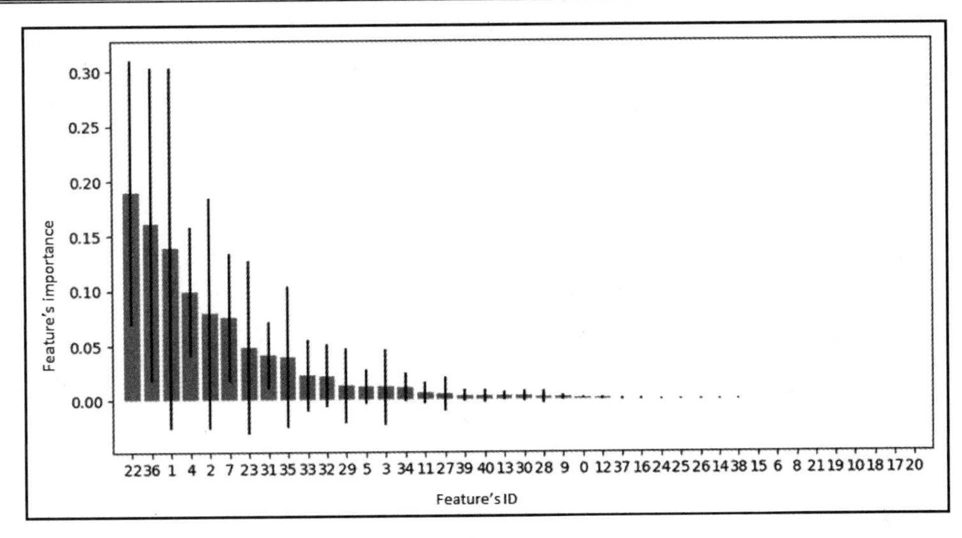

图 7-12

7.7　模 型 训 练

如本章前面所述，我们将长短期记忆（LSTM）用于用例一，将自动编码器用于多层入侵检测系统数据集，将深度神经网络（DNN）用于整个入侵检测系统数据集。本节将介绍这两种用例的深度学习模型训练过程。

7.7.1　用例一

对于基于 CPU 利用率的主机/设备级入侵检测，我们考虑了三层 LSTM 的网络架构。图 7-13 显示了我们使用的 LSTM 架构。

可以通过运行 lstm_anomaly_detection.py 文件（在本章配套的代码文件夹中可以找到）来训练和测试模型，代码如下：

```
python lstm_anomaly_detection.py
```

7.7.2　用例二

我们通过自动编码器对使用 KDD cup 1999 IDS 数据集的多层入侵检测系统实现进行了编码，并且已经在 3 个数据集上训练并测试了该自动编码器。为了在每个层的数据集上训练模型，需要在数据集上运行 IDS_AutoEncoder_KDD.py 文件（在本章配套的代码文件夹中可以找到），代码如下：

```
python IDS_AutoEncoder_KDD.py
```

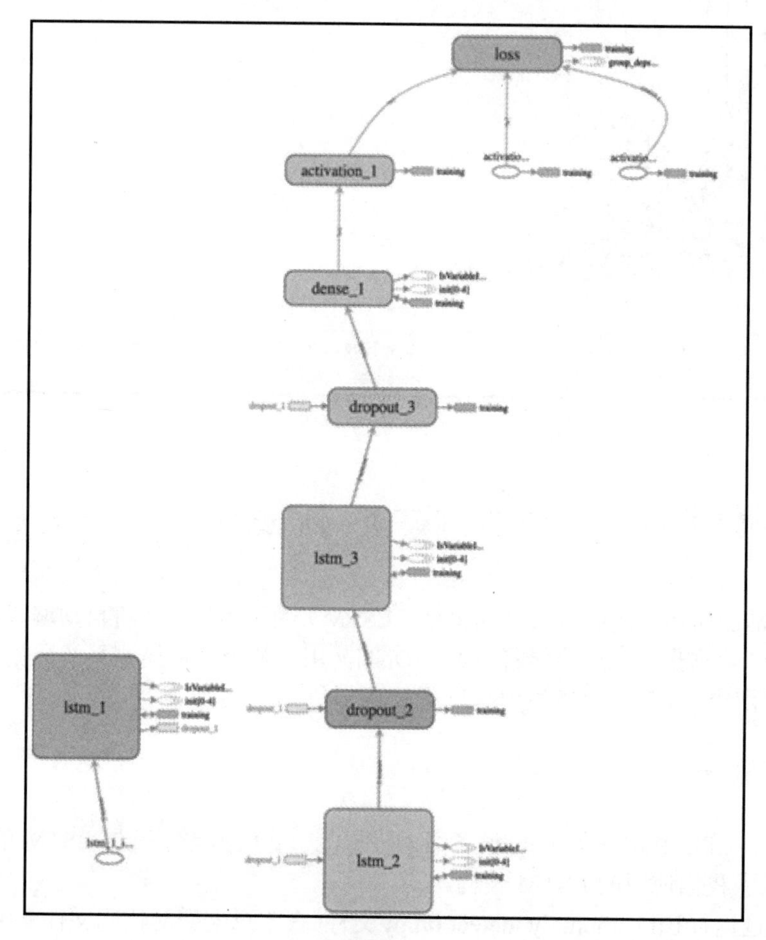

图 7-13

我们还在整个 KDD cup 1999 IDS 数据集上训练和测试了深度神经网络（DNN）模型。为此，我们需要运行 DNN-KDD-Overall.py 文件（在本章配套的代码文件夹中可以找到），代码如下：

```
python DNN-KDD-Overall.py
```

对于所有模型，我们都保存了最佳模型以在物联网设备中导入和使用。此外，我们还使用 TensorBoard 保存了模型的日志，以可视化模型的各个方面，包括网络及其性能图。

可以通过运行以下命令来生成性能图和网络：

```
tensorboard --logdir logs
```

一旦 TensorBoard 运行，就将 Web 浏览器导航到 localhost:6006 以查看 TensorBoard，并查看相应模型的网络。图 7-14 为用于物联网的多层入侵检测系统中的自动编码器的架构。

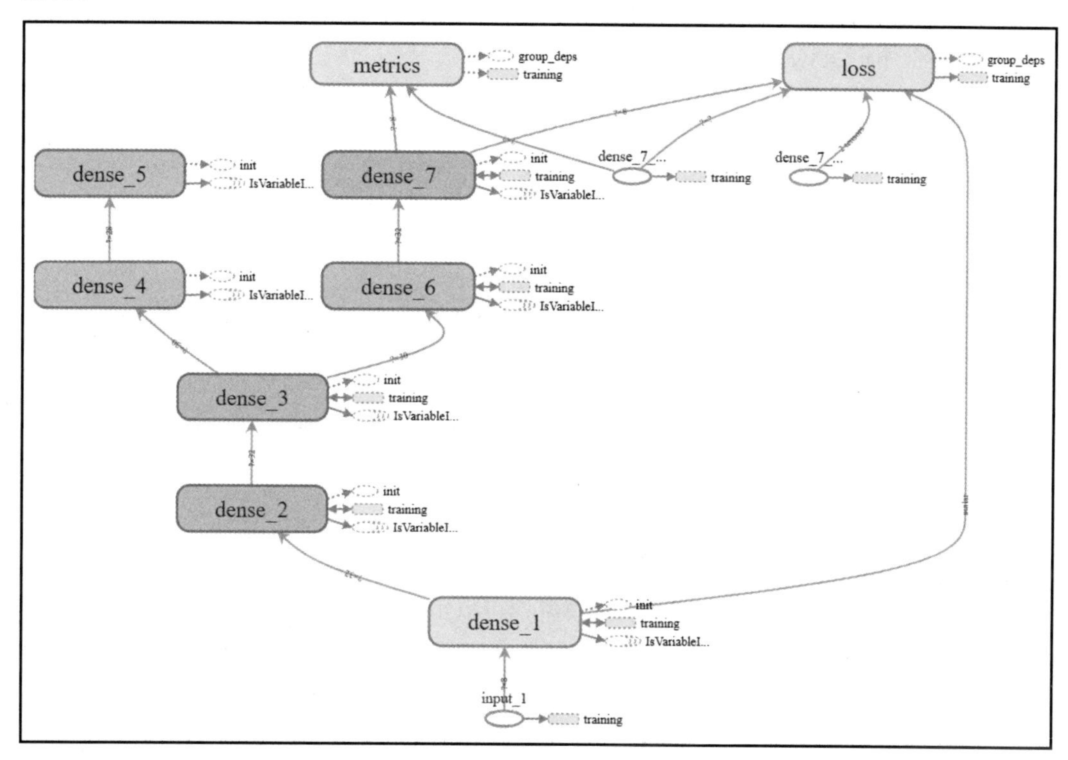

图 7-14

7.8 模型评估

我们可以评估模型的以下 3 个方面。

- 学习/重新训练时间。
- 存储要求。
- 性能（准确率）。

在具有 GPU 支持的台式机（硬件配置为 Intel Xenon CPU E5-1650 v3@3.5GHz 和 32 GB RAM）上，使用 CPU 利用率数据集对长短期记忆（LSTM）的训练和使用 KDD 分层数据集（精简数据集）对自动编码器的训练都只花了几分钟时间。使用整个数据集对深度神经网络（DNN）模型的训练则花费了一个多小时，这也是意料之中的，毕竟它训练的数据集要大得多（KDD 仅占总体数据集的 10%）。

在资源受限的物联网设备中，模型的存储要求是必不可少的考虑因素。图 7-15 显示了针对这两个用例测试的 3 种模型的存储要求。

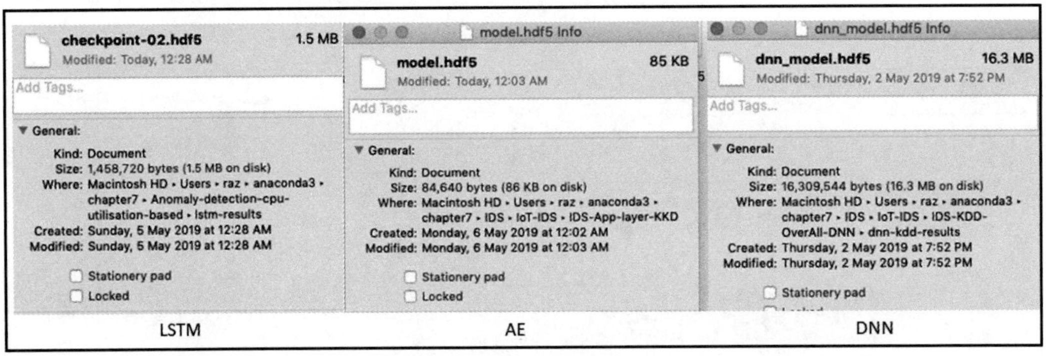

图 7-15

在图 7-15 中，自动编码器（AE）占用的存储空间仅以 KB 计。存储的自动编码器模型的最终版本仅占用 85KB，长短期记忆（LSTM）占用 1.5MB，而深度神经网络（DNN）则占用 16.3MB。就存储需求而言，所有模型都可以很好地部署在许多资源受限的物联网设备中，包括 Raspberry Pi 和智能手机。另外，从图 7-15 中还可以清楚地看出，由于最佳的特征选择过程以及其他原因，自动编码器是一种非常轻型的模型。

最后，我们还评估了模型的性能。在这两个用例中，训练阶段都在 PC 平台/服务器端进行了全数据集范围的评估或测试。可以在 Raspberry Pi 3 或任何物联网边缘计算设备上对它们进行测试，因为这些模型已被保存并可以导入。

7.8.1　模型性能（用例一）

图 7-16 显示了在 CPU 利用率数据集上使用长短期记忆（LSTM）的验证结果。

从图 7-16 中可以看到，预测（Predicted）值紧跟着观察（Observed）到的正常 CPU 利用率数据系列，这暗示它运行良好。重要的是，当它发现异常观测值时，观测到的 CPU 利用率值与预测的 CPU 利用率值（已经归一化）之间的差异与正常表现明显不同，这表明物联网设备可能受到 DoS 或 DDoS 攻击。误差以均方根（Root Mean Squared，RMS）值的形式绘制，它是此类差异最常用的指标之一。

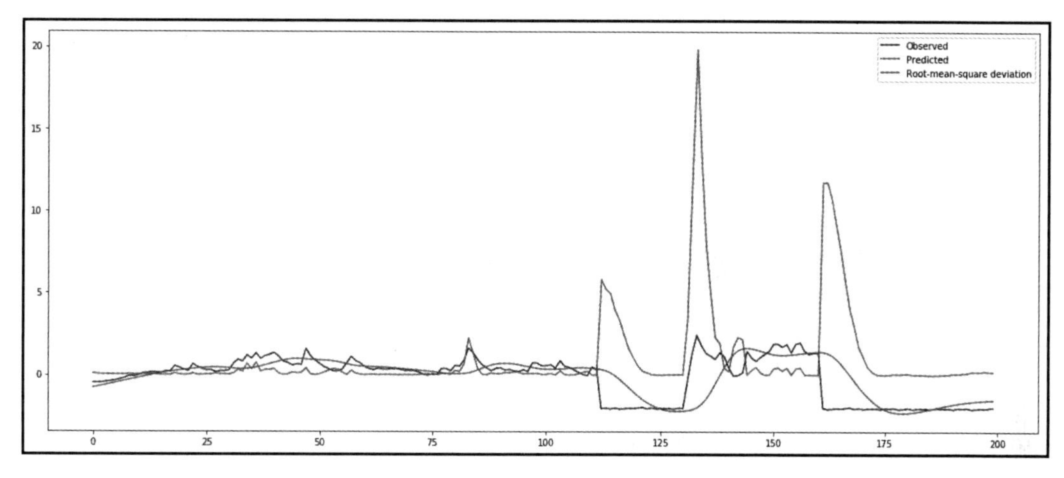

图 7-16

7.8.2　模型性能（用例二）

我们已经针对 3 个不同层的入侵检测系统在 3 个数据集上测试了自动编码器模型。图 7-17 显示了应用层的入侵检测系统的评估结果。

```
8000/8000 [==============================] - 1s 119us/step - loss: 6.1625e-04 - acc: 0.9849 - val_loss: 0.0043 - val_acc: 0.9910
Epoch 92/100
8000/8000 [==============================] - 1s 94us/step - loss: 6.0790e-04 - acc: 0.9863 - val_loss: 0.0043 - val_acc: 0.9925
Epoch 93/100
8000/8000 [==============================] - 1s 73us/step - loss: 6.1403e-04 - acc: 0.9846 - val_loss: 0.0043 - val_acc: 0.9925
Epoch 94/100
8000/8000 [==============================] - 1s 107us/step - loss: 6.0658e-04 - acc: 0.9856 - val_loss: 0.0042 - val_acc: 0.9925
Epoch 95/100
8000/8000 [==============================] - 1s 80us/step - loss: 6.0448e-04 - acc: 0.9851 - val_loss: 0.0043 - val_acc: 0.9795
Epoch 96/100
8000/8000 [==============================] - 1s 121us/step - loss: 6.2155e-04 - acc: 0.9840 - val_loss: 0.0043 - val_acc: 0.9925
Epoch 97/100
8000/8000 [==============================] - 1s 111us/step - loss: 5.7116e-04 - acc: 0.9848 - val_loss: 0.0036 - val_acc: 0.9900
Epoch 98/100
8000/8000 [==============================] - 1s 88us/step - loss: 5.2258e-04 - acc: 0.9830 - val_loss: 0.0038 - val_acc: 0.9920
Epoch 99/100
8000/8000 [==============================] - 1s 84us/step - loss: 5.0029e-04 - acc: 0.9824 - val_loss: 0.0032 - val_acc: 0.9925
Epoch 100/100
8000/8000 [==============================] - 1s 78us/step - loss: 5.0952e-04 - acc: 0.9850 - val_loss: 0.0033 - val_acc: 0.9920
```

图 7-17

从图 7-17 中可以看到，当使用前 12 个最重要的特征进行训练时，训练准确率以及验证和测试准确率都远远高于 90%。如果使用不同的特征集，则性能可能会有所不同。

图 7-18 显示了先前的模型在应用层入侵检测系统数据集上的逐个时期（Epoch）的训练的准确率。

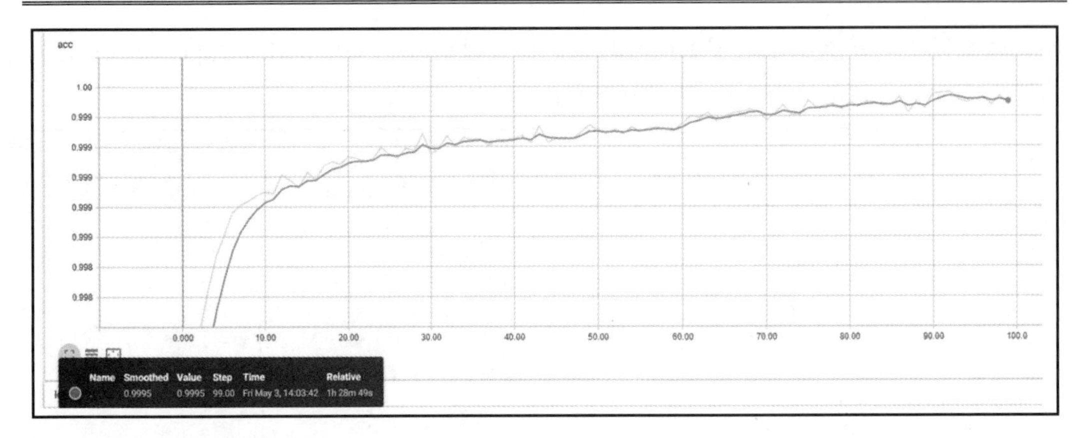

图 7-18

对于网络层和传输层的入侵检测系统模型训练则获得了一些有趣的评估结果。如果使用前 12 个最重要的特征，则验证准确率将在 50%的范围内；如果将特征集更改为 8～10，则准确度将为 80%～90%。图 7-19 和图 7-20 展示了网络层入侵检测系统实验评估的结果。

```
Epoch 88/100
8000/8000 [==============================] - 1s 107us/step - loss: 2.1088e-04 - acc: 0.9899 - val_loss: 0.0059 - val_acc: 0.9270
Epoch 89/100
8000/8000 [==============================] - 1s 110us/step - loss: 2.0525e-04 - acc: 0.9881 - val_loss: 0.0059 - val_acc: 0.9070
Epoch 90/100
8000/8000 [==============================] - 1s 119us/step - loss: 2.6043e-04 - acc: 0.9841 - val_loss: 0.0058 - val_acc: 0.9160
Epoch 91/100
8000/8000 [==============================] - 1s 97us/step - loss: 1.9234e-04 - acc: 0.9901 - val_loss: 0.0059 - val_acc: 0.9070
Epoch 92/100
8000/8000 [==============================] - 1s 95us/step - loss: 1.7994e-04 - acc: 0.9918 - val_loss: 0.0054 - val_acc: 0.9210
Epoch 93/100
8000/8000 [==============================] - 1s 109us/step - loss: 1.9276e-04 - acc: 0.9889 - val_loss: 0.0055 - val_acc: 0.9445
Epoch 94/100
8000/8000 [==============================] - 1s 79us/step - loss: 2.1188e-04 - acc: 0.9884 - val_loss: 0.0059 - val_acc: 0.9005
Epoch 95/100
8000/8000 [==============================] - 1s 82us/step - loss: 1.7335e-04 - acc: 0.9913 - val_loss: 0.0057 - val_acc: 0.9180
Epoch 96/100
8000/8000 [==============================] - 1s 79us/step - loss: 1.9446e-04 - acc: 0.9890 - val_loss: 0.0060 - val_acc: 0.8909
Epoch 97/100
8000/8000 [==============================] - 1s 80us/step - loss: 1.8210e-04 - acc: 0.9881 - val_loss: 0.0052 - val_acc: 0.9340
Epoch 98/100
8000/8000 [==============================] - 1s 108us/step - loss: 2.1122e-04 - acc: 0.9864 - val_loss: 0.0056 - val_acc: 0.9230
Epoch 99/100
8000/8000 [==============================] - 1s 101us/step - loss: 2.0366e-04 - acc: 0.9889 - val_loss: 0.0053 - val_acc: 0.9325
Epoch 100/100
8000/8000 [==============================] - 1s 71us/step - loss: 1.7829e-04 - acc: 0.9895 - val_loss: 0.0055 - val_acc: 0.9195

(tf-gpu) C:\Anaconda3\Book-DL-IoT\chapter7\IoT-IDS\IDS-Network-layer-KDD>_
```

图 7-19

有趣的是，从图 7-20 中可以看到，其准确率直到 50 Epoch 时都在 50%的范围内，然后它就跳到 90%的范围内，最终的准确率或保存的模型的准确率为 91%～98%。因此，它们完全可以检测到网络层和传输层的异常。

图 7-21 和图 7-22 显示了深度神经网络（DNN）模型在整个 KDD 数据集上的训练性能。

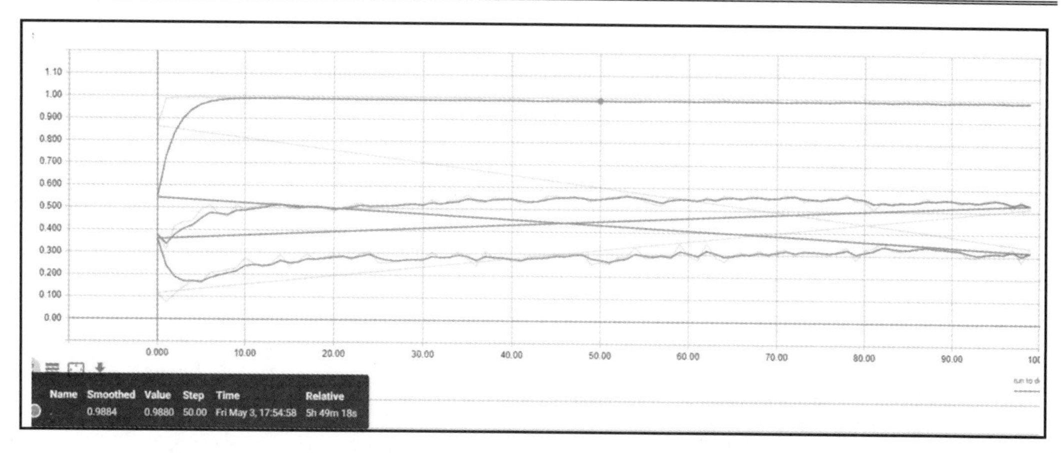

图 7-20

```
Epoch 00093: loss did not improve from 0.00189
Epoch 94/100
494021/494021 [==============================] - 50s 101us/step - loss: 0.0022 - acc: 0.9995

Epoch 00094: loss did not improve from 0.00189
Epoch 95/100
494021/494021 [==============================] - 53s 108us/step - loss: 0.0025 - acc: 0.9995

Epoch 00095: loss did not improve from 0.00189
Epoch 96/100
494021/494021 [==============================] - 51s 104us/step - loss: 0.0022 - acc: 0.9995

Epoch 00096: loss did not improve from 0.00189
Epoch 97/100
494021/494021 [==============================] - 55s 111us/step - loss: 0.0022 - acc: 0.9995

Epoch 00097: loss did not improve from 0.00189
Epoch 98/100
494021/494021 [==============================] - 50s 101us/step - loss: 0.0023 - acc: 0.9995

Epoch 00098: loss did not improve from 0.00189
Epoch 99/100
494021/494021 [==============================] - 52s 104us/step - loss: 0.0023 - acc: 0.9995

Epoch 00099: loss did not improve from 0.00189
Epoch 100/100
494021/494021 [==============================] - 51s 103us/step - loss: 0.0028 - acc: 0.9995

Epoch 00100: loss did not improve from 0.00189

(tf-gpu) C:\Anaconda3\Book-DL-IoT\chapter7\IoT-IDS\IDS-KDD-OverAll-DNN>
```

图 7-21

从图 7-22 中可以看到，其测试准确率接近 1 或 100%。我们还分别测试了保存的模型，测试准确率远高于 0.90 或 90%。由此可见，深度神经网络（DNN）也完全可以检测到物联网网络中的网络级入侵。

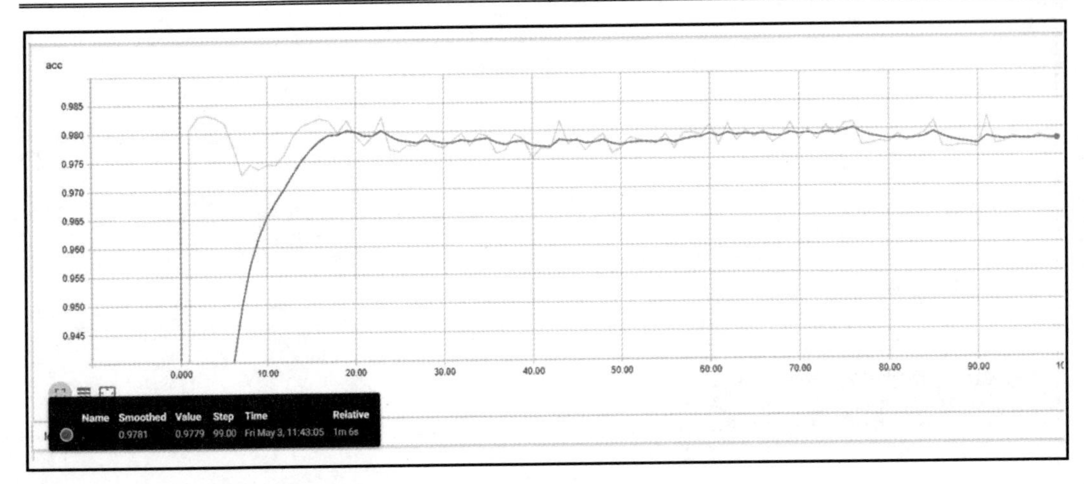

图 7-22

7.9 小　　结

安全是物联网实现中最重要的单个问题。传统的 PC/桌面安全解决方案，尤其是基于签名的解决方案，在物联网应用中是不切实际的。在物联网中，基于行为的解决方案（如异常检测）是首选。深度学习/机器学习模型是物联网中非常有用的工具，它可以应用于数据分析和安全事件检测。本章从宏观上介绍了基于深度学习的网络和设备行为数据分析，以及物联网应用的安全事件检测技术。

在本章的第一部分中，我们详细介绍了各种物联网安全攻击及其潜在的检测技术，包括基于深度学习/机器学习的技术。我们分别考虑了物联网应用中两种不同级别的入侵检测；用例一是在设备级别或主机级别上的入侵检测；用例二是在网络级别上的入侵检测。

在本章的第二部分中，我们介绍了上述两个用例的实现中基于深度学习的异常或事件检测部分。从验证和测试评估中可以发现，所选的深度学习模型足以检测到物联网应用中的设备级和网络级入侵。

物联网将用于基础设施和工业等各种应用中，以监控其健康状况。健康监控的潜在应用之一是对被监控对象（如电机）进行预测性维护，以避免服务中断或任何其他事件。

第 8 章将详细介绍基于物联网的预测性维护及其使用深度学习模型实现的重要性。

7.10 参 考 资 料

[1] Internet of Things (IoT) connected devices installed base worldwide from 2015 to

2025 (in billions), at https://www.statista.com/statistics/471264/iot-number-of-connected-devices-worldwide/.

[2] Real-Time Detection of Application-Layer DDoS Attack Using Time Series Analysis, T. Ni, X. Gu, H. Wang, and Y. Li, Journal of Control Science and Engineering, vol. 2013, pp. 1-6, 2013.

[3] DDoS in the IoT: Mirai and Other Botnets, C. Kolias, G. Kambourakis, A. Stavrou, and J. Voas, IEEE Computer, vol. 50, no. 7, pp. 80-84, 2017.

[4] 2016 Dyn cyberattack, at https://en.wikipedia.org/wiki/2016_Dyn_ cyberattack.

[5] A Big Network Traffic Data Fusion Approach Based on Fisher and Deep Auto-Encoder, Tao X., Kong D., Wei Y., and Wang Y. (2016), Information, 7(2), 20.

[6] An Effective Intrusion Detection Classifier Using Long Short-Term Memory with Gradient Descent Optimization, Kim J., and Kim H. (2017, February), In Platform Technology and Service (PlatCon), 2017 International Conference on (pp. 1-6), IEEE.

[7] Pierre Baldi, Autoencoders, Unsupervised Learning and Deep Architectures, Isabelle Guyon, Gideon Dror, Vincent Lemaire, Graham Taylor, and Daniel Silver(Eds.), In Proceedings of the 2011 International Conference on Unsupervised and Transfer Learning workshop—Volume 27 (UTLW'11), Vol. 27, JMLR.org 37-50,2011.

[8] KDD cup 1999 Data, at http://kdd.ics.uci.edu/databases/kddcup99/kddcup99.html.

第 3 篇

物联网高级分析

本篇将介绍如何使用 Turbofan Engine Degradation Simulation（涡轮发动机退化模拟）数据集开发用于物联网预测维护的深度学习解决方案。我们还将进一步研究如何在医疗保健领域中使用基于深度学习的物联网解决方案，并详细讨论两个用例，探讨使用支持深度学习的物联网解决方案可以在哪些方面改善医疗保健服务或实现服务的自动化。最后，我们将探讨物联网中现有深度学习技术面临的不同挑战，尤其是在资源受限和嵌入式物联网设备中的难题，并提出了一些未来解决方案的方向。

本篇包括以下 3 章：

- 第 8 章　物联网的预测性维护
- 第 9 章　医疗物联网中的深度学习
- 第 10 章　挑战和未来

第 8 章　物联网的预测性维护

在物联网（IoT）设备中，流数据的生成方式是一次一个事件。基于深度学习的方法可以检查此数据，以便实时诊断整个设备链条中的问题，并且可以预测各个单元的未来运行状况，以实现按需维护。这种策略称为预测性维护（Predictive Maintenance，PM）或基于状态维护（Condition-Based Maintenance）。这种方法现在正成为物联网最有前途和利润丰厚的工业应用之一。

考虑到这些动机，本章将研究如何使用 Turbofan Engine Degradation Simulation（涡轮发动机退化模拟）数据集为物联网的预测性维护开发深度学习解决方案。预测性维护的思想是确定各种类型的故障模式是否可以预测。此外，我们还将讨论如何从支持物联网的设备收集数据以进行预测性维护。

本章将讨论以下主题：

- 关于物联网的预测性维护。
- 用例：飞机燃气涡轮发动机的预测性维护。
- 用于预测剩余使用寿命的深度学习技术。
- 常见问题。

8.1　关于物联网的预测性维护

随着实时数据捕获和流传输架构的进步，现在已经可以进行实时数据监视，从而使企业或组织可以实时了解各个组成部分和所有流程。监视仍然需要积极参与和快速响应，例如，油井传感器指示温度或流量升高，或者网络流量指示可能出现僵尸网络活动或内部威胁。

让我们考虑一个在工业工程中称为设备故障（Equipment Failure）的真实示例，设备故障始终被视为一个代价高昂的问题，定期进行预防性维护一直是常规策略。因此，其日程安排往往非常冒险，通常是基于操作员的经验。这种手动干预有几个缺点：首先，它很可能会增加维护成本；其次，这样的做法无法适应高度复杂或不断变化的工业场景。

8.1.1　在工业环境中收集物联网数据

根据 RT Insights 的数据，单台喷气发动机的成本为 1600 万美元，而在跨大西洋飞行中，它可以消耗 36000 加仑的燃料。如今，航空公司的燃油价格单程约为 54000 美元，或每小时 5000 美元以上。大多数喷气发动机是燃气涡轮发动机，它靠喷管高速喷出气流直接产生反作用推力。燃料和氧化剂在发动机的燃烧室内起化学反应而释放热能，然后热能在喷管中转换为动能，再通过旋转的转子将其转换成旋转机械能。这样的发动机会产生大量的物联网数据。我们可试着理解机器学习的预测性维护如何帮助降低维护成本。

第一步是收集代表不同运行条件（如温度、流量和压力）下正常运行和故障运行的传感器数据。在现实生活场景中，这些设备可能被部署在不同的环境和位置（假设工作环境是在西伯利亚，其温度为-20℃，流体黏度较高；而另一个工作环境则是在中东国家，其温度为 45℃，流体黏度较低中）。

即使它们都被假定为可以正常工作，但是由于不同的运行条件，其中一台发动机也可能很快就会出现问题。糟糕的是，如果没有足够的数据，就无法进一步调查失败的根本原因。一旦部署了这种喷气涡轮发动机，就可以使用流传输技术在以下设置中收集传感器数据。

- 来自正常系统运行的真实传感器数据。
- 来自在故障状态下运行的系统的真实传感器数据。
- 来自系统故障时的真实传感器数据（run-to-failure 数据）。

但是，如果我们没有部署太多此类发动机，那么就不会有太多此类数据（这些数据应该既表现出健康状况下的运行情况，也表现出故障状况下的运行情况）。有以下两种解决方法可以克服这种数据稀缺性。

- 使用来自相似/相同发动机的历史数据，这可能类似于当前部署的发动机。
- 可以建立发动机的数学模型，并根据可用的传感器数据估算其参数。根据统计分布和运行条件，我们可以生成故障数据。

如果选择第二种方法，则在生成传感器数据之后，可以将它们与实际传感器数据结合起来，以便为正在开发的预测维护模型生成大规模传感器数据，如图 8-1 所示。

8.1.2　用于预测性维护的机器学习技术

深度学习（DL）技术可以应用于处理大量的物联网数据，并且可以作为经典机器学习算法的一种有吸引力的新兴替代方法。这个思路是，当给设备配备传感器并联网时，会产生大量的传感器数据。在更复杂的工业环境中，来自传感器通道的数据非常嘈杂并且会随时间波动，但是某些数据似乎根本没有变化。

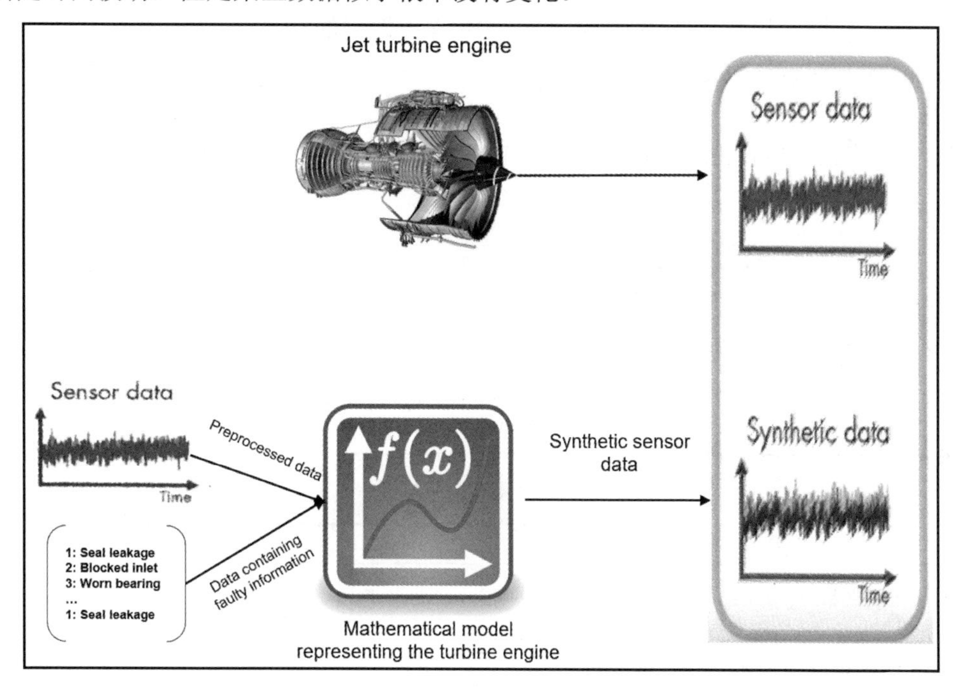

图 8-1

原　　文	译　　文
Jet turbine engine	喷气涡轮发动机
Sensor data Time	传感器数据 时间
1：Seal leakage 2：Blocked inlet 3：Worn bearing …	1：密封件泄漏 2：入口堵塞 3：轴承磨损 …
Preprocessed data	预处理数据
Data containing faulty information	包含故障信息的数据
Mathematical model representing the turbine engine	代表涡轮发动机的数学模型
Sensor data	传感器数据
Synthetic sensor data	合成传感器数据
Synthetic data	合成数据

每种工业设置都差不多如此，因为在物联网设置中生成的数据是传感器测量值的多变量系列，每个传感器测量值都有其自己的噪声量，其中包含许多缺失或无信息的值。

预测性维护应用程序开发中的关键步骤是从收集的传感器数据中识别状态指标（Condition Indicator，CI）和特征（Feature），并且随着系统退化，以可预测的方式检查状态指标的行为变化。一般来说，状态指标包含有助于区分正常运行和故障运行并预测剩余使用寿命（Remaining Useful Life，RUL）的特征，如图 8-2 所示。

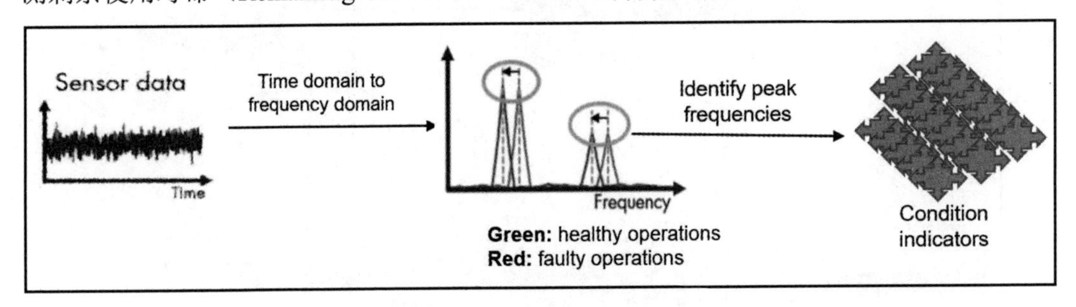

图 8-2

原　文	译　文
Sensor data Time	传感器数据 时间
Time domain to frequency domain	时域到频域
Frequency	频率
Green: healthy operations Red: faulty operations	绿色：健康运行 红色：故障运行
Identify peak frequencies	识别峰值频率
Condition indicators	状态指标

发动机或机器的剩余使用寿命（RUL）是发动机需要维修或更换之前的预期寿命或剩余使用时间。因此，在许多预测维护应用中，根据传感器数据预测 RUL 至关重要。在图 8-2 中可以看到，随着涡轮发动机退化（性能下降），频率数据中的峰值向左移动。因此，峰值频率就可以用作状态指标。

状态指标可以帮助我们了解涡轮发动机是处于健康运行状态还是故障运行状态。但是，它们并不会告诉我们需要修理哪些零部件，或者直到发生故障还有多少时间。我们在修复之前确定故障类型或在计划维护之前预测剩余使用寿命。对于前一个选项，可使用提取的状态指标特征来训练机器学习或深度学习模型并识别故障类型，例如密封件泄漏、入口堵塞或轴承磨损，如图 8-3 所示。

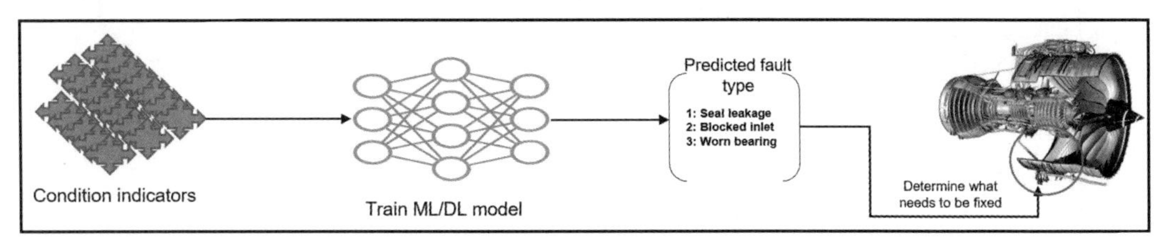

图 8-3

原　　文	译　　文
Condition indicators	状态指标
Train ML/DL model	训练机器学习/深度学习模型
Predicted fault type	预测故障类型
1: Seal leakage 2: Blocked inlet 3: Worn bearing	1：密封件泄漏 2：入口堵塞 3：轴承磨损
Determine what needs to be fixed	确定需要修理的零部件

对于后一种策略，我们还可以训练机器学习/深度学习模型，以预测发动机将在这两种状态（当前状态和故障状态）之间继续转换的趋势。深度学习模型可以捕获状态指标特征之间的关系，而涡轮发动机的退化路径将帮助我们预测直到下一次故障的时间，或需要安排维护的时间，如图 8-4 所示。

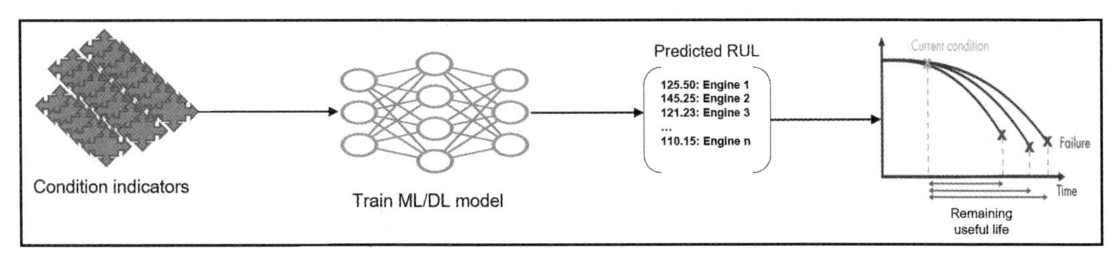

图 8-4

原　　文	译　　文	原　　文	译　　文
Condition indicators	状态指标	Failure	故障状态
Train ML/DL model	训练机器学习/深度学习模型	Time	时间
Predicted RUL	预测剩余使用寿命	Remaining useful life	剩余使用寿命
Current condition	当前状态	—	—

最后，可以在工业环境中部署稳定的模型。上述步骤可以总结为如图 8-5 所示。

糟糕的是，由于缺乏用于预测故障类型的传感器数据，因此只能使用机器学习和深度学习技术预测剩余使用寿命，8.2 节将介绍该用例。

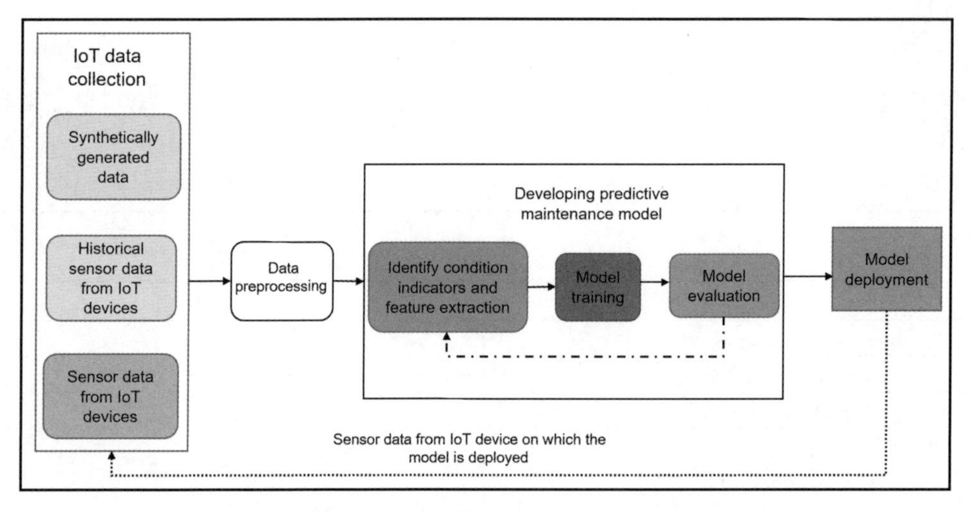

图 8-5

原　　文	译　　文
IoT data collection	物联网数据收集
Synthetically generated data	综合生成的数据
Historical sensor data from IoT devices	来自物联网设备的历史传感器数据
Sensor data from IoT devices	来自物联网设备的传感器数据
Data preprocessing	数据预处理
Developing predictive maintenance model	开发预测性维护模型
Identify condition indicators and feature extraction	识别状态指标和特征提取
Model training	模型训练
Model evaluation	模型评估
Model deployment	模型部署
Sensor data from IoT device on which the model is deployed	来自部署了预测模型的物联网设备的传感器数据

8.2　用例：飞机燃气涡轮发动机的预测性维护

为了真实了解预测性维护（Predictive Maintenance，PM），我们将使用开源的 Turbofan Engine Degradation Simulation（涡轮发动机退化模拟）数据集，该数据集由美国国家航空航天局（NASA）Ames 研究中心的卓越预测中心（Prognostics Center of Excellence）于 2008 年发布。其下载地址如下：

https://ti.arc.nasa.gov/c/6/

感谢以下研究的作者提供了此数据集。

注意：

Turbofan Engine Degradation Simulation Data Set, A Saxena and K Goebel (2008), NASA Ames Prognostics Data Repository (https://ti.arc.nasa.gov/tech/dash/groups/pcoe/prognostic-data-repository/), NASA Ames Research Center, Moffett Field, CA.

8.2.1　数据集说明

Turbofan Engine Degradation Simulation 数据集由来自模拟飞机燃气涡轮发动机运行状态的传感器读数作为多个多元时间序列组成。数据集由单独的训练集和测试集组成。测试集与训练集相似，不同之处在于，每台发动机的测量在失败之前都会被截断一些（未知）时间量。数据以具有 26 列数字的 ZIP 压缩文本文件形式提供，每行代表一个运行周期内获取的数据快照，每列代表不同的变量。这些列对应于以下属性。

- 单元编号。
- 时间（按周期计算）。
- 运行设定 1。
- 运行设定 2。
- 运行设定 3。
- 传感器测量 1。
- 传感器测量 2。
- 传感器测量 26。

此外，Turbofan Engine Degradation Simulation 数据集还具有用于数据的真实剩余使用寿命（RUL）值的向量，它将用作训练模型的基础。

8.2.2　探索性分析

为了对诸如发动机的物理状态（例如，有关零组件的温度、涡轮的风扇速度等）区域中的传感器读数有所了解，我们决定从单台发动机上所有传感器的第一个数据集中提取第一个单元。为此，我们编写了一个脚本（参见 make_dataset.py），该脚本可以从输入目录中获取所有数据文件，然后将一组原始数据文件解析为单个 DataFrame 对象，并返回具有适当列名称的所有文件的聚合表示形式。该脚本内容如下：

```
data_sets = []
    for data_file in glob(file_pattern):
        if label_data:
            # 将内容作为 DataFrame 读入
```

```
            subset_df = pd.read_csv(data_file, header=None)
            # 需要显式创建 unit_id 列
            unit_id = range(1, subset_df.shape[0] + 1)
            subset_df.insert(0, 'unit_id', unit_id)
        else:
            # 将内容作为 DataFrame 读入
            subset_df = pd.read_csv(data_file, sep=' ', header=None,
usecols=range(26))
        # 从名称中提取数据集的 ID 并添加为列
        dataset_id = basename(data_file).split("_")[1][:5]
        subset_df.insert(0, 'dataset_id', dataset_id)
        # 添加到列表
        data_sets.append(subset_df)
    # 组合 DataFrame
    df = pd.concat(data_sets)
    df.columns = columns
    # 返回结果

    return df
```

当使用上述脚本时，首先复制 data/raw/目录中的所有文件，然后执行以下命令：

```
$python3 make_dataset.py data/raw/ /data/processed/
```

该命令将分别为训练集、测试集和标签生成 3 个文件（即 train.csv、test.csv 和 RUL.csv）。现在我们的数据集已经准备好进行探索性分析，接下来可以将每个 CSV 文件作为 pandas DataFrame 读取，代码如下：

```
# 以 CSV 格式加载处理后的数据
train_df = pd.read_csv('train.csv')
test_df = pd.read_csv('test.csv')
rul_df = pd.read_csv('RUL.csv')

# 为方便起见，标识传感器和运行设置列
sensor_columns = [col for col in train_df.columns if
col.startswith("sensor")]
setting_columns = [col for col in train_df.columns if
col.startswith("setting")]
```

从第一个数据集中提取第一个单元，代码如下：

```
slice = train_df[(train_df.dataset_id == 'FD001') & (train_df.unit_id == 1)]
```

然后，在 7×3 = 21 的绘制网格上绘制随时间变化的传感器迹线，以查看所有传感器通道。必须绘制与此位置对应的通道。代码如下：

```
fig, axes = plt.subplots(7, 3, figsize=(15, 10), sharex=True)

for index, ax in enumerate(axes.ravel()):
    sensor_col = sensor_columns[index]
    slice.plot(x='cycle', y=sensor_col, ax=ax, color='blue');
    # 标签格式化
    if index % 3 == 0:
        ax.set_ylabel("Sensor reading", size=10);
    else:
        ax.set_ylabel("");
    ax.set_xlabel("Time (cycle)");
    ax.set_title(sensor_col.title(), size=14);
    ax.legend_.remove();

# 绘制格式化结果
fig.suptitle("Sensor reading : unit 1, dataset 1", size=20, y=1.025)
fig.tight_layout();
```

图 8-6 说明了来自传感器通道的数据噪声较大，并且会随时间波动，而其他数据似乎根本没有变化。每个传感器的生命周期在 x 轴上的开始值和结束值都有所不同。

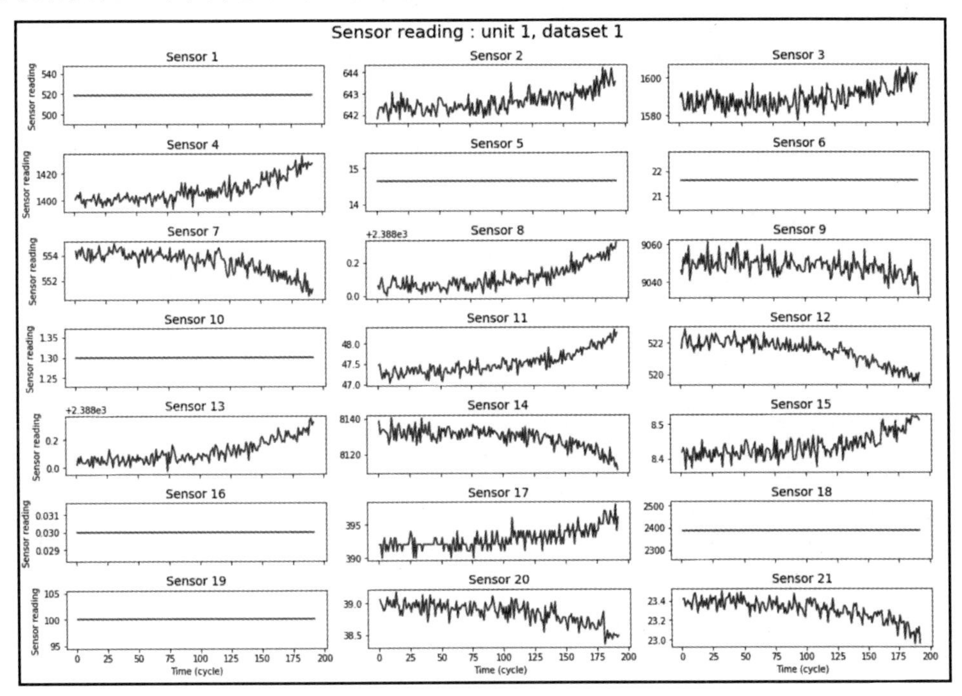

图 8-6

从图 8-6 中可以看到，每台发动机的寿命和故障模式都略有不同。接下来，可以针对时间从训练集中随机抽取 10 台发动机的样本，将所有传感器通道的数据可视化，代码如下：

```
# 从数据集 1 中随机选择 10 个单元进行绘制
all_units = train_df[train_df['dataset_id'] == 'FD001']['unit_id'].unique()
units_to_plot = np.random.choice(all_units, size=10, replace=False)

# 从这些单元获取数据
plot_data = train_df[(train_df['dataset_id'] == 'FD001') &
                     (train_df['unit_id'].isin(units_to_plot))].copy()

# 绘制其传感器迹线（重叠）
fig, axes = plt.subplots(7, 3, figsize=(15, 10), sharex=True)

for index, ax in enumerate(axes.ravel()):
    sensor_col = sensor_columns[index]

    for unit_id, group in plot_data.groupby('unit_id'):
        # 绘制原始传感器迹线
        (group.plot(x='cycle', y=sensor_col, alpha=0.45, ax=ax,
color='gray', legend=False));
        # 覆盖 10 周期滚动平均值传感器迹线，以使其看起来更清晰
        (group.rolling(window=10, on='cycle')
            .mean()
            .plot(x='cycle', y=sensor_col, alpha=.75, ax=ax,
color='black', legend=False));
    # 标签格式化
    if index % 3 == 0:
        ax.set_ylabel("Sensor Value", size=10);
    else:
        ax.set_ylabel("");
    ax.set_title(sensor_col.title());
    ax.set_xlabel("Time (Cycles)");

# 绘制格式化结果
fig.suptitle("All Sensor Traces: Dataset 1 (Random Sample of 10 Units)",
size=20, y=1.025);
fig.tight_layout();
```

上述代码片段绘制了如图 8-7 所示的结果，它是从数据集 1 读取的传感器中随机抽取的 10 个单元的样本。

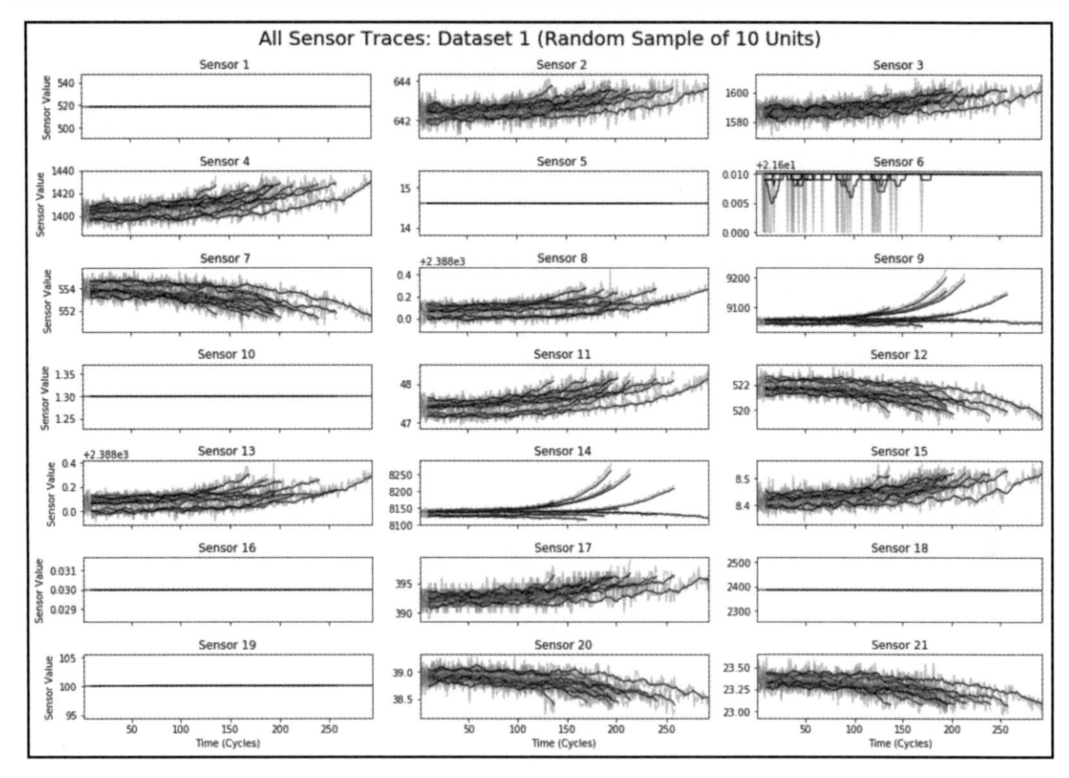

图 8-7

从图 8-6 和图 8-7 中可以检查出，发动机在时间方面的进度与其他发动机的时间进度并不是一致的。

8.2.3　检查故障模式

由于已经知道训练集中的每台发动机何时会出现故障，因此我们可以计算每个时间步长的故障前时间（Time Before Failure，TBF）值，该时间可以定义如下：

故障前时间（Time Before Failure，TBF）= 发生故障时发动机的使用寿命（Engine Elapsed Life，EEL）– 总使用寿命（Total Operating Lifetime，TOL）

此数字可以被视为每台发动机的故障倒计时，这使我们可以将不同发动机的数据对齐，因为它们的结果应该是一样的，代码如下：

```
# 生成使用寿命的序列
lifetimes = train_df.groupby(['dataset_id', 'unit_id'])['cycle'].max()
```

```
# 将上述函数应用于要绘制的数据
plot_data['ctf'] = plot_data.apply(lambda r: cycles_until_failure(r,
lifetimes), axis=1)

# 绘制其传感器迹线（重叠）
fig, axes = plt.subplots(7, 3, figsize=(15, 10), sharex=True)
for index, ax in enumerate(axes.ravel()):
    sensor_col = sensor_columns[index]
    # 使用与上述相同的数据子集
    for unit_id, group in plot_data.groupby('unit_id'):
        # 使用时间轴上的 ctf 绘制原始传感器迹线
        (group.plot(x='ctf', y=sensor_col, alpha=0.45, ax=ax, color='gray',
legend=False));

        # 覆盖 10 周期滚动平均值传感器迹线，以使其看起来更清晰
        (group.rolling(window=10, on='ctf')
            .mean()
            .plot(x='ctf', y=sensor_col, alpha=.75, ax=ax, color='black',
legend=False));

    # 标签格式化
    if index % 3 == 0:
        ax.set_ylabel("Sensor Value", size=10);
    else:
        ax.set_ylabel("");
    ax.set_title(sensor_col.title());
    ax.set_xlabel("Time Before Failure (Cycles)");

    # 添加垂直红线以表示共同的故障时间
    ax.axvline(x=0, color='r', linewidth=3);

    # 延伸 x 轴以进行补偿
    ax.set_xlim([None, 10]);
fig.suptitle("All Sensor Traces: Dataset 1 (Random Sample of 10 Units)",
size=20, y=1.025);
fig.tight_layout();
```

图 8-8 显示了相同发动机中的传感器通道。唯一的区别是，先前的图表是针对故障发生前的时间绘制的，其中每台发动机都在同一时刻结束（$t = 0$）。图 8-8 还为我们提供了跨不同发动机的通用模式，该模式表明某些传感器读数在发生故障之前就一直上升或下降，而其他传感器（如 Sensor 14）则表现出不同的故障行为。

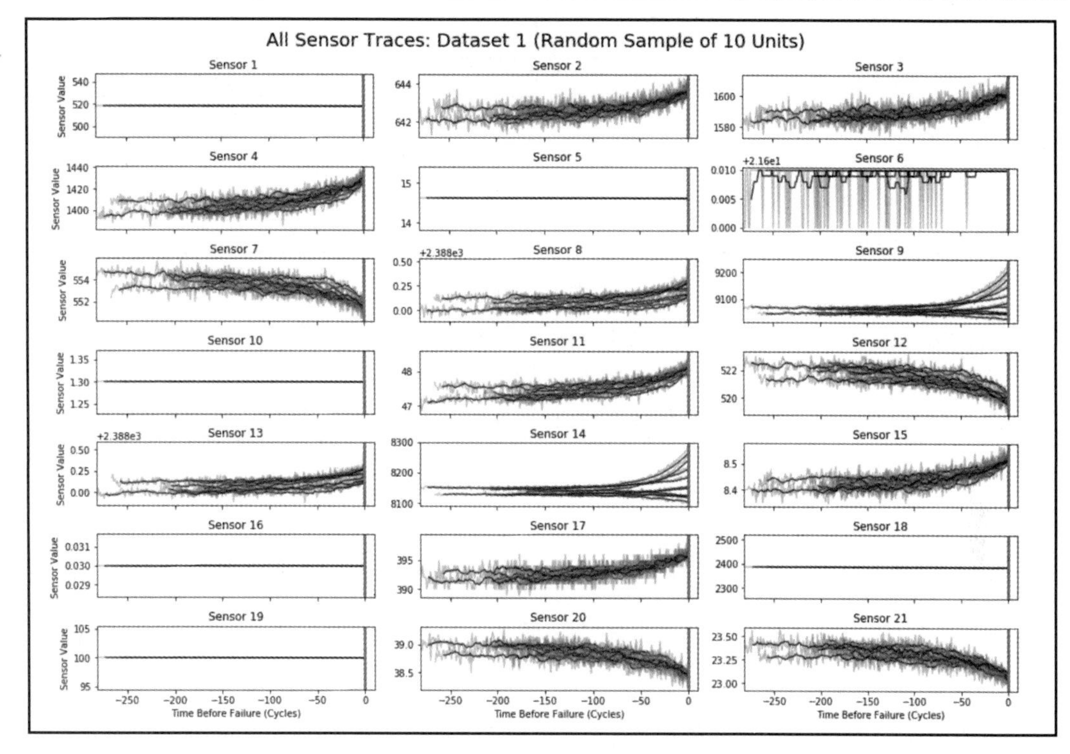

图 8-8

这种模式在许多预测性维护问题中非常普遍——故障通常是不同过程的融合，因此，现实世界中的事物可能会表现出多种故障模式。由于这种不可预测的数据模式，预测剩余使用寿命（RUL）非常具有挑战性。

8.2.4　预测挑战

图 8-9 展示了在一定的时间量（该图中为 133 个周期）中观察发动机的传感器测量值和运行状况之后，面临的挑战是预测发动机的时间量（也就是剩余使用寿命）。这个预测隐含的条件是在出现故障之前，发动机将一直运行。

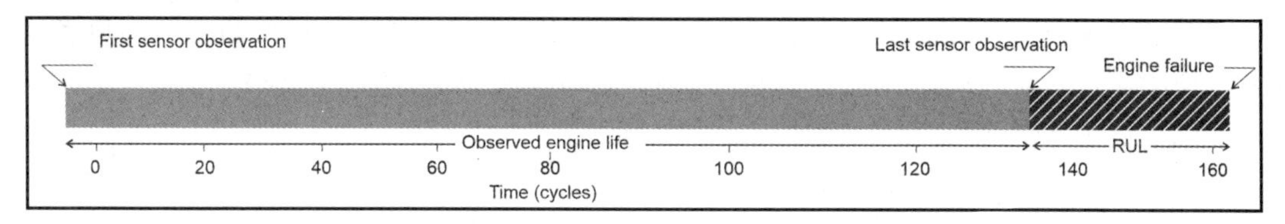

图 8-9

原　　文	译　　文
First sensor observation	第一次传感器观察结果
Observed engine life	已观察的发动机寿命
Time(cycles)	时间（以周期为单位）
Last sensor observation	最近一次传感器观察结果
Engine failure	发动机故障

然而，机器学习/深度学习模型在做出错误的预测时，基本上会低估特定发动机的真实剩余使用寿命（RUL）。这可能会使涡轮发动机过早地进行维护，因为它本来可以运转更长的时间而不会出现任何问题。那么，如果模型反而高估了真实的剩余使用寿命，又会怎么样呢？在这种情况下，意味着我们可能会让性能下降的飞机继续飞行，并冒着灾难性的发动机故障的风险。

显然，这两个结果的成本是不一样的。考虑到这些挑战，在 8.3 节中，我们将重点介绍使用基于深度学习的技术来预测剩余使用寿命。

8.3　用于预测剩余使用寿命的深度学习技术

正如前文已经讨论过的，我们可以尝试计算发动机需要维护前的时间量。该数据集与众不同的地方在于，发动机将一直运行直到发生故障，从而为我们提供了每个时间点的每台发动机精确的剩余使用寿命信息。

8.3.1　计算截止时间

下面查看 FD004 数据集，该数据集包含随时间（time_in_cycles）监视的多达 249 台发动机（engine_no）的数据。每台发动机均有 operation_settings 和 sensor_measurements 记录，并对应每个周期。查看代码如下：

```
data_path = 'train_FD004.txt'
data = utils.load_data(data_path)
```

为了训练将用来预测剩余使用寿命的模型，可以通过选择发动机寿命中的随机点，并仅使用该点之前的数据来模拟真实的预测。通过使用截止时间（Cut-Off Time），可以轻松创建包含该限制的特征，代码如下：

```
def make_cutoff_times(data):
    gb = data.groupby(['unit_id'])
```

```
    labels = []
    for engine_no_df in gb:
        instances = engine_no_df[1].shape[0]
        label = [instances - i - 1 for i in range(instances)]
        labels += label
    return new_labels(data, labels)
```

上述函数通过采样 cutoff_time 和 label 来生成截止时间，可以按如下方式调用：

```
cutoff_times = utils.make_cutoff_times(data)
cutoff_times.head()
```

上面的代码行仅显示了前 5 台发动机的剩余使用寿命和截止时间，如图 8-10 所示。

index	engine_no	cutoff_time	RUL
1	1	2000-01-01 12:00:00	119
2	2	2000-01-03 00:10:00	189
3	3	2000-01-05 09:50:00	22
4	4	2000-01-06 06:00:00	90
5	5	2000-01-07 02:30:00	236

图 8-10

8.3.2　深度特征合成

接下来，我们可以使用深度特征合成（Deep Feature Synthesis，DFS）来生成特征。为此，我们需要为数据建立一个实体集（Entity Set）结构。可以通过规范原始数据中的 engine_no 列来创建发动机实体，代码如下：

```
def make_entityset(data):
    es = ft.EntitySet('Dataset')
    es.entity_from_dataframe(dataframe=data,
                             entity_id='recordings',
                             index='index',
                             time_index='time')
    es.normalize_entity(base_entity_id='recordings',
                        new_entity_id='engines',
                        index='engine_no')
```

```
    es.normalize_entity(base_entity_id='recordings',
                        new_entity_id='cycles',
                        index='time_in_cycles')
    return es
es = make_entityset(data)
```

上面的代码将生成以下有关实体集的统计信息：

```
Entityset: Dataset
    Entities:
      recordings [Rows: 20631, Columns: 28]
      engines [Rows: 100, Columns: 2]
      cycles [Rows: 362, Columns: 2]
    Relationships:
      recordings.engine_no -> engines.engine_no
      recordings.time_in_cycles -> cycles.time_in_cycles
```

ft.dfs()函数采用了一个实体集，并在各个实体之间彻底地堆叠诸如 max、min 和 last 之类的原语，代码如下：

```
fm, features = ft.dfs(entityset=es,
                      target_entity='engines',
                      agg_primitives=['last', 'max', 'min'],
                      trans_primitives=[],
                      cutoff_time=cutoff_times,
                      max_depth=3,
                      verbose=True)
fm.to_csv('FM.csv')
```

8.3.3　机器学习基准

在生成了特征之后，即可开始训练称为 RandomForestRegressor 的第一个机器学习模型。然后，我们将逐步过渡到使用深度学习，具体来说就是使用长短期记忆（LSTM）网络。随机森林（Random Forest，RF）是一种集合技术，可构建多个决策树并将其集成在一起，以获得更准确和稳定的预测。一般来说，较深的树表示更复杂的决策规则和拟合更好的模型，例如，图 8-11 显示了大学录取数据的决策树。

因此，树越深，决策规则越复杂，模型就拟合得越好，这是随机森林的直接结果。换句话说，基于单个评判团的多数投票的最终预测总是比最佳评判团更好、更可靠。图 8-12 显示了随机森林及其集合技术。

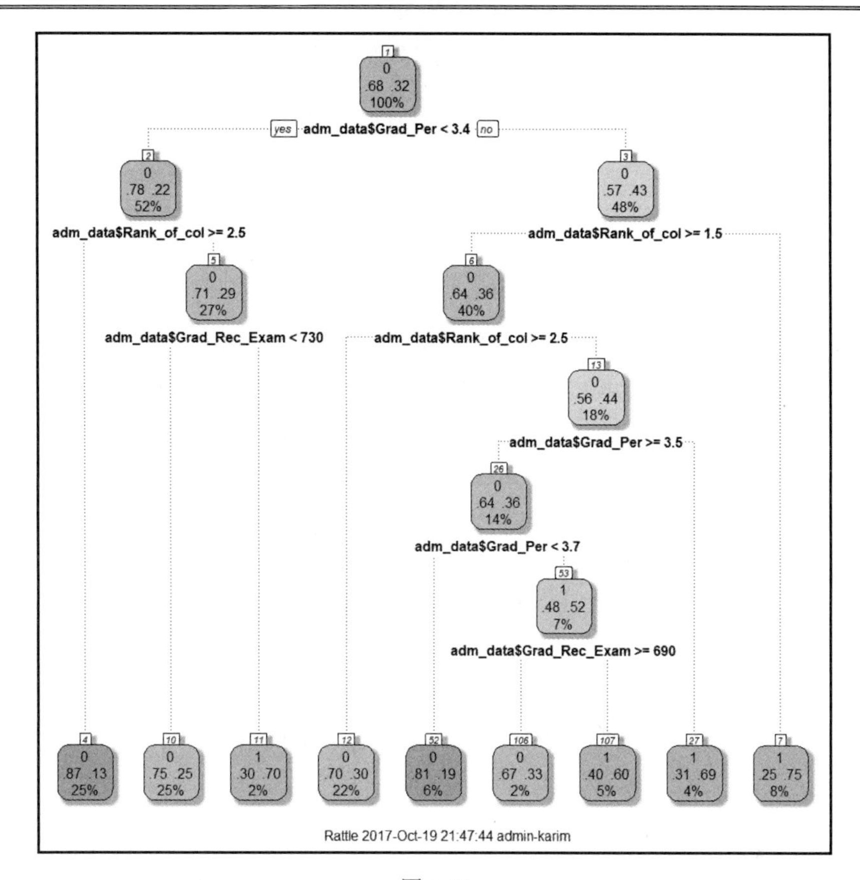
0
.68 .32
100%
yes
adm_data$Grad_Per < 3.4
no
0
.78 .22
52%
adm_data$Rank_of_col >= 2.5
0
.57 .43
48%
adm_data$Rank_of_col >= 1.5
0
.71 .29
27%
adm_data$Grad_Rec_Exam < 730
0
.64 .36
40%
adm_data$Rank_of_col >= 2.5
0
.56 .44
18%
adm_data$Grad_Per >= 3.5
0
.64 .36
14%
adm_data$Grad_Per < 3.7
1
.48 .52
7%
adm_data$Grad_Rec_Exam >= 690
0
.87 .13
25%
0
.75 .25
25%
1
.30 .70
2%
0
.70 .30
22%
0
.81 .19
6%
0
.67 .33
2%
1
.40 .60
5%
1
.31 .69
4%
1
.25 .75
8%
Rattle 2017-Oct-19 21:47:44 admin-karim

图 8-11

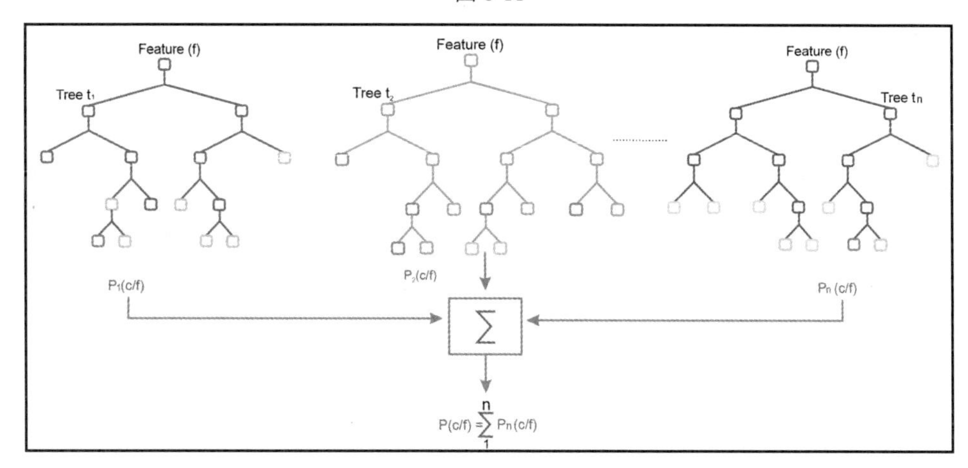
Feature (f)
Tree t1
Feature (f)
Tree t2
Feature (f)
Tree tn
P1(c/f)
P2(c/f)
Pn (c/f)
P(c/f) = Σ Pn (c/f)

图 8-12

因此，可以从准备单独的训练集和测试集开始，代码如下：

```
fm = pd.read_csv('FM.csv', index_col='engine_no')
X = fm.copy().fillna(0)
y = X.pop('RUL')
X_train, X_test, y_train, y_test = train_test_split(X, y)
```

然后使用训练集检查以下基线。

- 始终预测 y_train 的中值。
- 始终预测剩余使用寿命，就像每台发动机都有 X_train 中的中位寿命一样。

我们将使用来自 scikit-learn 的 RandomForestRegressor 查找称为平均绝对误差（Mean Absolute Error，MAE）的误差的绝对值的平均值，以检查这些预测，对应的代码如下：

```
from sklearn.model_selection import train_test_split
from sklearn.metrics import mean_absolute_error

yhat_median_predict = [np.median(y_train) for _ in y_test]
print('Baseline by median label: MAE = {:.2f}'.format(
    mean_absolute_error(yhat_median_predict, y_test)))
# 收集训练集中传感器的读数
recordings_from_train =
es['recordings'].df[es['recordings'].df['engine_no'].isin(y_train.index)]
median_life =
np.median(recordings_from_train.groupby(['engine_no']).apply(lambda df:
df.shape[0]))

# 收集训练集中传感器的读数
recordings_from_test =
es['recordings'].df[es['recordings'].df['engine_no'].isin(y_test.index)]
life_in_test = recordings_from_test.groupby(['engine_no']).
apply(lambda df: df.shape[0])-y_test

# 以剩余使用寿命中位数作为基准计算平均绝对误差
yhat_median_predict2 = (median_life - life_in_test).apply(lambda row:
max(row, 0))
print('Baseline by median life: MAE = {:.2f}'.format(
    mean_absolute_error(yhat_median_predict2, y_test)))
```

上述代码块应产生以下输出，以显示基准 MAE 值：

```
Baseline by median label: MAE = 66.72
Baseline by median life: MAE = 59.96
```

8.3.4 做出预测

现在可以使用已经创建的特征将 RandomForestRegressor 拟合到数据中，并查看是否可以提高以前的得分，对应的代码如下：

```
rf = RandomForestRegressor()
# 首先实例化来自 scikit-learn 的 RandomForestRegressor
rf.fit(X_train, y_train)
# 使用训练集训练 regressor 模型
preds = rf.predict(X_test)
# 对未知观察做出预测
scores = mean_absolute_error(preds, y_test)
# 计算 MAE

print('Mean Abs Error: {:.2f}'.format(scores))
high_imp_feats = utils.feature_importances(X, reg, feats=10)
# 输出特征重要性
```

上述代码块应产生以下输出，以显示基准 MAE 值和有关发动机记录周期的统计信息：

```
Mean Abs Error: 31.04
 1: LAST(recordings.cycles.LAST(recordings.sensor_measurement_4)) [0.395]
 2: LAST(recordings.sensor_measurement_4) [0.192]
 3: MAX(recordings.sensor_measurement_4) [0.064]
 4: LAST(recordings.cycles.MIN(recordings.sensor_measurement_11)) [0.037]
 5: LAST(recordings.cycles.MAX(recordings.sensor_measurement_12))[0.029]
 6: LAST(recordings.sensor_measurement_15) [0.020]
 7: LAST(recordings.cycles.MAX(recordings.sensor_measurement_11))[0.020]
 8: LAST(recordings.cycles.LAST(recordings.sensor_measurement_15)) [0.018]
 9: MAX(recordings.cycles.MAX(recordings.sensor_measurement_20)) [0.016]
 10: LAST(recordings.time_in_cycles) [0.014]
```

然后必须准备特征和标签，对应的代码如下：

```
data2 = utils.load_data('test_FD001.txt')
es2 = make_entityset(data2)
fm2 = ft.calculate_feature_matrix(entityset=es2, features=features,
verbose=True)
fm2.head()
```

已加载的数据应具有来自 249 台发动机的 41214 条记录，其中有在 3 种运行设置下使用的 21 个传感器的测量值。然后，我们必须使用加载的数据准备特征和标签，具体执行代码如下：

```
X = fm2.copy().fillna(0)
y = pd.read_csv('RUL_FD004.txt', sep=' ', header=-1, names=['RUL'],
index_col=False)

preds2 = rf.predict(X)
print('Mean Abs Error: {:.2f}'.format(mean_absolute_error(preds2, y)))

yhat_median_predict = [np.median(y_train) for _ in preds2]
print('Baseline by median label: MAE = {:.2f}'.format(
    mean_absolute_error(yhat_median_predict, y)))

yhat_median_predict2 = (median_life -
es2['recordings'].df.groupby(['engine_no']).apply(lambda df:
df.shape[0])).apply(lambda row: max(row, 0))

print('Baseline by median life: MAE = {:.2f}'.format(
    mean_absolute_error(yhat_median_predict2 y)))
```

上述代码块应产生以下输出，以显示预测的 MAE 和基准 MEA 值：

```
Mean Abs Error: 40.33
Baseline by median label: Mean Abs Error = 52.08
Baseline by median life: Mean Abs Error = 49.55
```

从上述输出结果中可以看到，预测的 MAE 值低于两个基准 MAE 值。接下来，我们将尝试使用长短期记忆（LSTM）网络进一步改进平均绝对误差（MAE）。

8.3.5　用长短期记忆网络改进平均绝对误差

我们将使用基于 Keras 的长短期记忆（LSTM）网络来预测剩余使用寿命。但是，在此之前需要先转换数据，以便 LSTM 模型可以使用它（LSTM 模型需要的是三维格式的数据），代码如下：

```
# 为基于 Keras 的 LSTM 模型准备数据
def prepareData(X, y):
    X_train, X_test, y_train, y_test = train_test_split(X, y)
    X_train = X_train.as_matrix(columns=None)
    X_test = X_test.as_matrix(columns=None)
```

```
    y_train = y_train.as_matrix(columns=None)
    y_test = y_test.as_matrix(columns=None)
    y_train = y_train.reshape((y_train.shape[0], 1))
    y_test = y_test.reshape((y_test.shape[0], 1))
    X_train = np.reshape(X_train, (X_train.shape[0], 1, X_train.shape[1]))
    X_test = np.reshape(X_test, (X_test.shape[0], 1, X_test.shape[1]))
    return X_train, X_test, y_train, y_test
```

在拥有适合 LSTM 模型的数据后，即可开始构建 LSTM 网络。我们为此设计了一个不一样的 LSTM 网络，该网络只有一个 LSTM 层，后面跟着一个密集层（Dense Layer），然后应用一个随机失活（Dropout）层进行更好的正则化（Regularization）。最后，我们还有另一个密集层，在投射该密集层的输出之前，需要通过使用线性激活函数的激活层（Activation Layer），这样它才能输出实值。

我们使用的是称为 RMSProp 的 SGD 版本，该版本会尝试优化**均方误差**（Mean Square Error，MSE），代码如下：

```
# 创建 LSTM 模型
from keras.models import Sequential
from keras.layers.core import Dense, Activation
from keras.layers.recurrent import LSTM
from keras.layers import Dropout
from keras.layers import GaussianNoise

def createLSTMModel(X_train, hidden_neurons):
    model = Sequential()
    model.add(LSTM(hidden_neurons, input_shape=(X_train.shape[1],
X_train.shape[2])))
    model.add(Dense(hidden_neurons))
    model.add(Dropout(0.7))
    model.add(Dense(1))
    model.add(Activation("linear"))
    model.compile(loss="mean_squared_error", optimizer="rmsprop")
    return model
```

然后可使用训练集训练 LSTM 模型，代码如下：

```
X_train, X_test, y_train, y_test = prepareData(X, y)
hidden_neurons = 128
model = createLSTMModel(X_train, hidden_neurons)
history = model.fit(X_train, y_train, batch_size=32, nb_epoch=5000,
validation_split=0.20)
```

上述代码行应该会生成一些日志，使我们能够看到迭代之间的训练和验证损失是否有所减少。

```
Train on 60 samples, validate on 15 samples
 Epoch 1/5000
 60/60 [==============================] - ETA: 0s - loss: 7996.37 - 1s
11ms/step - loss: 7795.0232 - val_loss: 8052.6118
 Epoch 2/5000
 60/60 [==============================] - ETA: 0s - loss: 6937.66 - 0s
301us/step - loss: 7466.3648 - val_loss: 7833.4321
 …
 60/60 [==============================] - ETA: 0s - loss: 1754.92 - 0s
259us/step - loss: 1822.5668 - val_loss: 1420.7977
 Epoch 4976/5000
 60/60 [==============================] - ETA: 0s - loss: 1862.04
```

现在训练已经完成，可以绘制训练和验证损失图，代码如下：

```
# 绘制历史记录
plt.plot(history.history['loss'], label='Training')
plt.plot(history.history['val_loss'], label='Validation')
plt.legend()
plt.show()
```

上述代码块生成的图形应如图 8-13 所示。在该图中可以看到，验证（Validation）损失下降至训练（Training）损失以下。

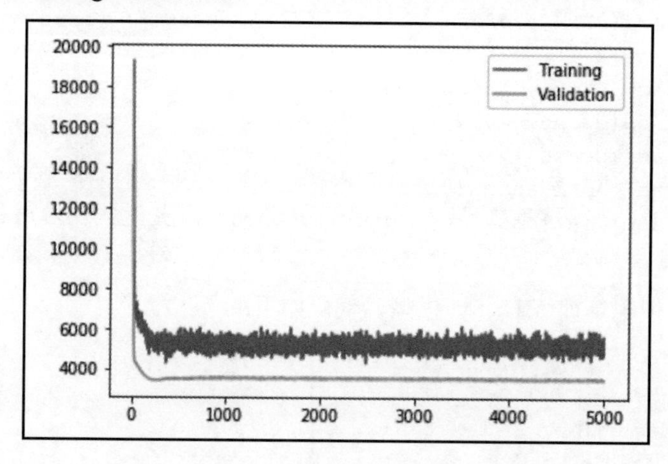

图 8-13

LSTM 模型可能过拟合了训练数据。在训练过程中测量和绘制 MAE 可能会对此有所启发。现在来查看测试集上的 MAE，对应的代码如下：

```
predicted = model.predict(X_test)
rmse = np.sqrt(((predicted - y_test) ** 2).mean(axis=0))
print('Mean Abs Error: {:.2f}'.format(mean_absolute_error(predicted,
y_test)))
```

我们应该得到 38.32 的 MAE，这意味着 MAE 误差已经有所降低（RF 给出的 MAE 为 40.33），但是仍然不能令人信服。如此高的 MAE 背后可能有两个原因：第一个原因是，例如没有足够的训练数据；第二个原因是，我们使用了一种效率低下的方法来生成实体集。对于第一个问题，我们可以使用所有数据集来训练模型。但是，我们还可以通过指定噪声阈值来使用其他正则化技术，如高斯噪声层（Gaussian Noise Layer），代码如下：

```
def createLSTMModel(X_train, hidden_neurons):
    model = Sequential()
    model.add(LSTM(hidden_neurons, input_shape=(X_train.shape[1],
X_train.shape[2])))
    model.add(GaussianNoise(0.2))
    model.add(Dense(hidden_neurons))
    model.add(Dropout(0.7))
    model.add(Dense(1))
    model.add(GaussianNoise(0.5))
    model.add(Activation("linear"))
    model.compile(loss="mean_squared_error", optimizer="rmsprop")
    return model
```

高斯噪声层可以用作输入层，直接将噪声添加到输入变量中。这是噪声在神经网络中作为正则化方法的传统用法，它表示可以在使用激活函数之前或之后添加噪声。在激活之前添加此选项可能更有意义，但是这两个选项都是可行的。在我们的用例中，在 LSTM 层之后和密集层之前添加了一个随机失活为 0.2 的高斯噪声层。

我们还有另一个高斯噪声层，它会在校正线性激活函数之前将噪声添加到密集层的线性输出中。然后，在引入噪声的情况下用相同的数据训练 LSTM 模型，应该会产生稍低的 MAE 值，约为 35.25。我们还可以检查显示训练（Training）和验证（Validation）损失的图形，如图 8-14 所示。

图 8-14 显示的训练损失和测试损失大致相同，这表明 LSTM 模型具有更好的正则化。因此，该模型在测试集上的表现也更好。当然，也许仍可以使用质量更高的特征来降低 MAE。不妨使用一种更好的特征生成技术来进行探索。

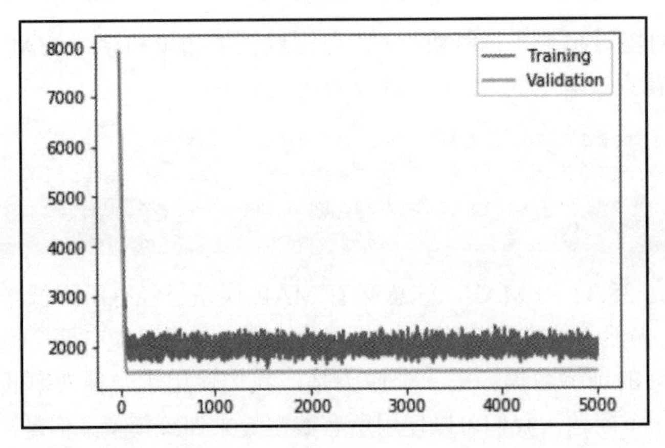

图 8-14

8.3.6　无监督学习的深度特征合成

现在来讨论实体集结构为什么有助于提高预测的准确性，它是怎么做到的呢？我们将使用 tsfresh 库中的时间序列函数构建自定义原语（Primitive）。

在此之前，可以通过从每台发动机的寿命中随机选择一个来作为截止时间。我们将设置 5 组截止时间用于交叉验证，代码如下：

```
from tqdm import tqdm
splits = 10
cutoff_time_list = []
for i in tqdm(range(splits)):
    cutoff_time_list.append(utils.make_cutoff_times(data))
cutoff_time_list[0].head()
```

上面的代码块应显示 5 台发动机的截止时间和剩余使用寿命值，如图 8-15 所示。

	engine_no	cutoff_time	RUL
index			
1	1	2000-01-03 00:20:00	30
2	2	2000-01-04 07:20:00	143
3	3	2000-01-06 14:30:00	119
4	4	2000-01-07 15:30:00	243
5	5	2000-01-09 15:50:00	146

图 8-15

然后，我们将使用一种无监督学习的方式来生成实体集。可以看到，运行设置 1～3 的值是连续的，但是它们在不同的发动机之间创建了隐式关系。因此，如果两台发动机的运行设置相似，则传感器测量将获得相似的值。这里的思路是通过 k 均值将聚类技术应用于这些设置，然后从具有相似值的聚类中创建一个新实体，代码如下：

```
from sklearn.cluster import KMeans
nclusters = 50
def make_entityset(data, nclusters, kmeans=None):
    X = data[['operational_setting_1', 'operational_setting_2',
'operational_setting_3']]
    if kmeans:
        kmeans=kmeans
    else:
        kmeans = KMeans(n_clusters=nclusters).fit(X)
    data['settings_clusters'] = kmeans.predict(X)
        es = ft.EntitySet('Dataset')
    es.entity_from_dataframe(dataframe=data,
                             entity_id='recordings',
                             index='index',
                             time_index='time')
    es.normalize_entity(base_entity_id='recordings',
                        new_entity_id='engines',
                        index='engine_no')
    es.normalize_entity(base_entity_id='recordings',
                        new_entity_id='settings_clusters',
                        index='settings_clusters')
    return es, kmeans
es, kmeans = make_entityset(data, nclusters)
```

上述代码片段将生成一个实体集，显示以下关系：

```
Entityset: Dataset
    Entities:
      settings_clusters [Rows: 50, Columns: 2]
      recordings [Rows: 61249, Columns: 29]
      engines [Rows: 249, Columns: 2]
    Relationships:
      recordings.engine_no -> engines.engine_no
      recordings.settings_clusters -> settings_clusters.settings_clusters
```

除了更改实体集结构外，我们还将使用 tsfresh 包中的复杂度时间序列原语。可以使用 make_agg_primitive()函数将任何采用 pandas 序列输入并输出 float 值的函数转换为聚合原语，代码如下：

```
from featuretools.primitives import make_agg_primitive
import featuretools.variable_types as vtypes
from tsfresh.feature_extraction.feature_calculators import (number_peaks,
mean_abs_change,
                                                            cid_ce,
last_location_of_maximum, length)
Complexity = make_agg_primitive(lambda x: cid_ce(x, False),
                                input_types=[vtypes.Numeric],
                                return_type=vtypes.Numeric,
                                name="complexity")
fm, features = ft.dfs(entityset=es,
                      target_entity='engines',
                      agg_primitives=['last', 'max', Complexity],
                      trans_primitives=[],
                      chunk_size=.26,
                      cutoff_time=cutoff_time_list[0],
                      max_depth=3,
                      verbose=True)
fm.to_csv('Advanced_FM.csv')
fm.head()
```

使用上述方法，我们设法生成了 12 个以上的特征（以前有 290 个），然后又建立了 4 个以上具有相同特征集但截止时间不同的特征矩阵。这使得我们可以在对测试数据使用管道之前对其进行多次测试，代码如下：

```
fm_list = [fm]
for i in tqdm(range(1, splits)):
    fm = ft.calculate_feature_matrix(entityset=make_entityset(data,
nclusters, kmeans=kmeans)[0],
          features=features, chunk_size=.26,
cutoff_time=cutoff_time_list[i])
    fm_list.append(fm)
```

然后，使用递归特征消除方法，我们再次对 RF 回归模型进行了建模，以便该模型仅选择重要特征，使得它可以做出更好的预测，代码如下：

```
from sklearn.ensemble import RandomForestRegressor
from sklearn.model_selection import train_test_split
from sklearn.metrics import mean_absolute_error
from sklearn.feature_selection import RFE
```

```
def pipeline_for_test(fm_list, hyperparams={'n_estimators':100,
'max_feats':50, 'nfeats':50}, do_selection=False):
    scores = []
    regs = []
    selectors = []
    for fm in fm_list:
        X = fm.copy().fillna(0)
        y = X.pop('RUL')
        reg =
RandomForestRegressor(n_estimators=int(hyperparams['n_estimators']),
              max_features=min(int(hyperparams['max_feats']),
int(hyperparams['nfeats'])))
        X_train, X_test, y_train, y_test = train_test_split(X, y)

        if do_selection:
            reg2 = RandomForestRegressor(n_jobs=3)
            selector=RFE(reg2,int(hyperparams['nfeats']),step=25)
            selector.fit(X_train, y_train)
            X_train = selector.transform(X_train)
            X_test = selector.transform(X_test)
            selectors.append(selector)
        reg.fit(X_train, y_train)
        regs.append(reg)
        preds = reg.predict(X_test)
        scores.append(mean_absolute_error(preds, y_test))
    return scores, regs, selectors
scores, regs, selectors = pipeline_for_test(fm_list)
print([float('{:.1f}'.format(score)) for score in scores])
print('Average MAE: {:.1f}, Std: {:.2f}\n'.format(np.mean(scores),
np.std(scores)))
most_imp_feats = utils.feature_importances(fm_list[0], regs[0])
```

上述代码块应产生以下输出，该输出将显示每次迭代中的预测 MAE 及其平均值。此外，它还显示了基准 MAE 值和有关发动机记录周期的统计信息。

```
[33.9, 34.5, 36.0, 32.1, 36.4, 30.1, 37.2, 34.7,38.6, 34.4]
 Average MAE: 33.1, Std: 4.63
 1:
MAX(recordings.settings_clusters.LAST(recordings.sensor_measurement_13))
[0.055]
 2:MAX(recordings.sensor_measurement_13) [0.044]
 3:MAX(recordings.sensor_measurement_4) [0.035]
 4:MAX(recordings.settings_clusters.LAST(recordings.sensor_measurement_4))
```

```
[0.029]
 5:MAX(recordings.sensor_measurement_11) [0.028]
```

现在可以再次尝试使用 LSTM 来查看是否可以减少 MAE 误差，代码如下：

```
X = fm.copy().fillna(0)
y = X.pop('RUL')
X_train, X_test, y_train, y_test = prepareData(X, y)

hidden_neurons = 128
model = createLSTMModel(X_train, hidden_neurons)

history = model.fit(X_train, y_train, batch_size=32, nb_epoch=5000,
validation_split=0.20)
# 绘制历史记录
plt.plot(history.history['loss'], label='Training')
plt.plot(history.history['val_loss'], label='Validation')
plt.legend()
plt.show()
```

上述代码绘制的结果应如图 8-16 所示。从该图中可以看到，验证（Validation）损失已经降至训练（Training）损失以下。

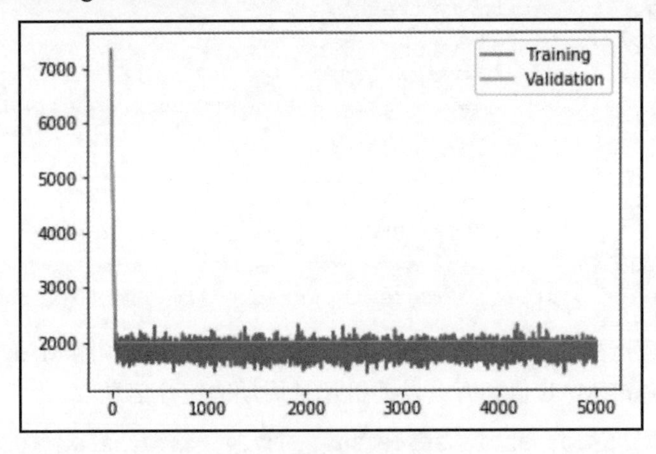

图 8-16

最后，我们可以基于 MAE 评估模型的性能，代码如下：

```
predicted = model.predict(X_test)
print('Mean Abs Error: {:.2f}'.format(mean_absolute_error(predicted,
y_test)))
```

上述代码块产生的 MAE 应该为 52.40，这比 8.3.5 节中的 MAE 要高。

8.4 常见问题

本节将提供一些常见问题解答（Frequently Asked Question，FAQ），以助于扩展此类应用。

（1）可以使用其他深度神经网络架构在类似的物联网设置中进行预测吗？

答：是的，使用其他深度神经网络架构可能是一个可行的选择。例如，通过结合卷积神经网络（CNN）和长短期记忆（LSTM）层的预测能力来创建卷积 LSTM 网络（Convolutional-LSTM Network），已证明在许多用例中都是有效的，如音频分类、自然语言处理（Natural Language Processing，NLP）和时间序列预测。

（2）有时没有足够的物联网数据来灵活地训练模型，此时该如何增加训练的数据量？

答：有很多方法可以做到这一点。例如，可以尝试通过合并所有发动机的数据来生成训练集。在这一点上，为训练、测试和剩余使用寿命生成的 CSV 文件将很有帮助。另一个思路是，可以尝试通过添加更多样本来扩展数据集。

（3）可以在工业环境中进行异常检测吗？

答：是的，可以。实际上，这在工业环境中很常见，如生产故障识别、实时时间序列异常检测、预测性监视等。

（4）在物联网设置中，可以从哪里获取数据来执行其他分析？

答：来自预测数据存储库（Prognostics Data Repository）的某些从正常状态到失败状态的时间序列数据可用于开发预测算法。开发人员可查看以下链接以了解有关该数据集的更多信息：

https://ti.arc.nasa.gov/tech/dash/groups/pcoe/prognostic-data-repository/

8.5 小　结

本章研究了如何使用物联网和 Turbofan Engine Degradation Simulation（涡轮发动机退化模拟）数据集开发用于预测性维护的深度学习解决方案。我们首先讨论了数据集的探索性分析，然后使用一种流行的基于树的集成技术（称为 RF）对预测性维护进行建模，该技术直接使用了涡轮发动机的特征。我们还讨论了如何使用长短期记忆（LSTM）网络提高预测的准确性。LSTM 网络确实有助于减少网络误差。此外，我们还研究了如何添加高斯噪声层以实现 LSTM 网络中的泛化以及随机失活。

了解深度学习技术在物联网所有层（包括传感器/感应、网关和云端层）中的潜力非常重要，这一点同样适用于为基于物联网的医疗设备开发可扩展且高效的解决方案。第 9 章将详细介绍这方面的一个用例，在医疗物联网中使用深度学习技术为其生命周期的所有潜在阶段执行数据分析。

第 9 章　医疗物联网中的深度学习

物联网具有多种应用领域，包括健康和医疗保健。物联网在医疗保健中的使用正在以令人瞠目结舌的速度快速增长，市场研究表明，到 2025 年，全球物联网医疗保健市场规模可能达到 5343 亿美元。其中大多数应用（包括远程和实时患者监护）将产生异构的、流式传输的大数据。然而，对这些数据进行分析和提取有用信息对于医学和保健专业人员而言是一项艰巨的任务。在这种情况下，机器学习（ML）和深度学习（DL）模型可以通过自动分析、各种数据分类以及检测数据中的异常来应对挑战，医疗保健行业广泛地将机器学习和深度学习用于各种应用。因此，在物联网医疗保健应用中使用机器学习/深度学习模型是真正实现医疗保健物联网的必要条件。

本章从总体上介绍了用于医疗保健的基于深度学习的物联网解决方案。在本章的第一部分，我们将详细介绍物联网在医疗保健中的各种应用。然后，我们将简要讨论两个医疗服务的用例，它们都是可以通过深度学习改进医疗服务或支持医疗服务自动化的物联网解决方案。在本章的第二部分中，我们将详细介绍这两个用例中基于深度学习的医疗事件或疾病检测部分的具体实现。

本章将讨论以下主题：

- 物联网和医疗保健应用。
- 用例一：慢性病的远程管理。
- 用例二：用于痤疮检测和护理的物联网。
- 物联网医疗保健应用的深度学习模型。
- 数据收集。
- 数据浏览。
- 数据预处理。
- 模型训练。
- 模型评估。

9.1　物联网和医疗保健应用

在全球范围内，由于诸如高昂的成本、人口老龄化、慢性病和/或多种疾病的患病率增加，以及缺乏熟练的医疗保健专业人员等问题，使得健康和医疗服务面临着巨大的挑战。此外，传统的护理服务依赖于平均数据和/或定性数据（Qualitative Data）以及一种包治百病式的方法，效果可能并不理想。在这种情况下，在医疗保健服务中使用物联网可解决许多问题，因为它们可以提供以下功能。

- 与各种现有技术无缝集成。
- 支持大数据处理和分析。
- 个性化服务。
- 基于远程和实时监控的互联医疗服务。
- 定量数据（Quantitative Data），它可以比定性数据提供更有效的服务。
- 医护人员与患者之间的互动和实时交互。
- 普遍获得服务。
- 有效管理医疗资源。

基于物联网解决方案的所有这些功能可以提供各种服务，它们将对医疗保健行业产生颠覆性的影响。可以在以下两种不同的环境中查看和提供这些服务。

- 医院和诊所。
- 非临床患者环境。

图 9-1 突出显示了这两种环境的一些主要应用，并列出了两种环境中的潜在服务。

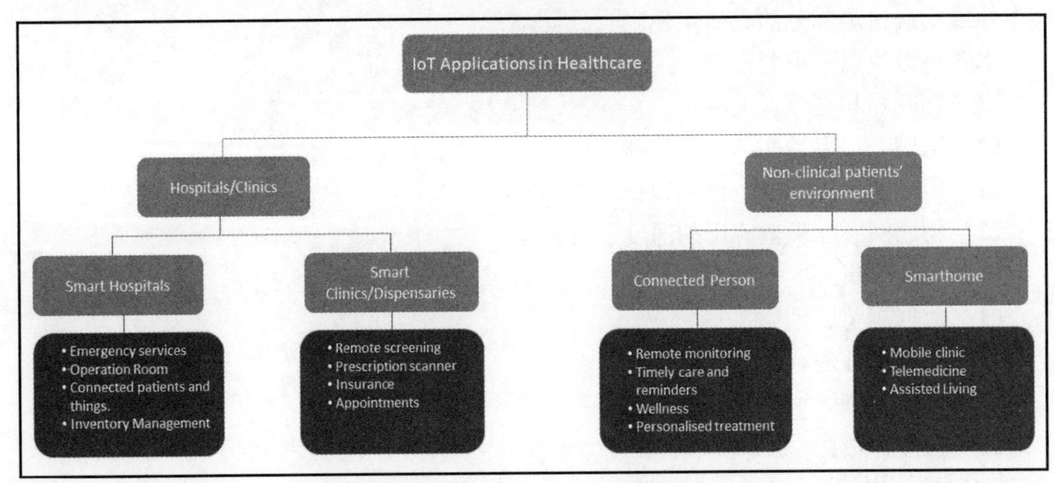

图 9-1

原　　文	译　　文
IoT Applications in Healthcare	物联网在医疗保健中的应用
Hospitals/Clinics	医院/诊所

续表

原　　文	译　　文
Smart Hospitals	智慧医院
Emergency services	紧急救护服务
Operation Room	手术室
Connected patients and things	连接患者和事物
Inventory Management	库存管理
Smart Clinics/Dispensaries	智能诊所/药房
Remote screening	远程筛选
Prescription scanner	处方扫描仪
Insurance	保险
Appointments	预约
Non-clinical patients' environment	非临床患者的环境
Connected Person	连接的人员
Remote monitoring	远程监控
Timely care and reminders	及时护理和提醒
Wellness	养生
Personalised treatment	个性化治疗
Smarthome	智慧家居
Mobile clinic	移动诊所
Telemedicine	远程医疗
Assisted Living	辅助生活

以下是物联网医疗保健的关键子域。

- 智慧医院（Smart Hospital）：在全球范围内，无论是发达国家还是发展中国家，医院都是人满为患。而且，它们缺乏资源，包括熟练的专业人员和设备。在大多数国家的农村地区，情况确实很糟糕，那里的人们无法获得医疗保健设施，或者无法使用医疗保健设施。在这种情况下，基于物联网的远程服务（如远程监控和远程医疗）可以提供许多基本医疗服务。此外，对老年患者和患有慢性疾病的患者进行远程监控可以大大降低医疗保健相关的成本，并提高患者和医疗保健专业人员的生活质量。智能的互联救护车可以提供线上提示和紧急救护服务，并减少与紧急服务相关的事件。在手术室中，连接的医生（支持本地和外部连接方式）、员工和医疗设备可以提供更好、更流畅的操作环境。此外，通过物联网应用还可以大大改善医院的库存管理。

- 诊所（Clinic）：许多人愿意去全科医生（General Practitioner，GP）诊所寻求初级保健服务，这些服务提供者还可以从使用物联网应用程序中受益。例如，全科医生可以查看和分析患者的病理报告，从而节省了双方的时间。重要的是，与信息收集相比，患者将有更多时间进行与护理相关的讨论。诊所可以实时验证患者的保险范围。诊所的预约管理和全科医生实践是一项全球性挑战。在英格兰，每年约有1500万个预约被错过，这使国家卫生局（National Health Service，NHS）损失了数百万英镑。可以通过基于物联网的应用来改善这种情况。
- 非临床患者环境（Non-Clinical Environment）：可以将物联网的两个潜在应用领域——患者和智慧家居连接起来。在连接起来之后，这意味着智慧家居将随时随地为患者提供医疗保健服务。可以通过连接的患者应用程序对处方干预（如物理治疗）进行远程监控，而且患者还可以获得个性化服务，如提醒服药。向老年人提供监视和医疗保健服务是全球范围的巨大挑战，智慧家居解决方案可以改善他们现有的服务，并通过跌倒检测、用药提醒、远程医疗和一般性的辅助生活为这些高度脆弱的人群提供新服务。

从上述讨论中可以明显看出，物联网在医疗保健领域具有巨大的潜力。下文将简要讨论医疗保健中物联网的两个用例。

9.2 用例一：慢性病的远程管理

慢性疾病（包括心血管疾病、高血压和糖尿病）每年在全球造成约4000万人死亡。在发展中国家和发达国家，这个问题具有不同的层面。在发展中国家，慢性病患者获得许多基本卫生服务的机会有限或根本无法获得（包括早期发现或及时发现的医疗设施），这导致许多人的提早死亡；相反，在发达国家，医学研究已大大提高了预期寿命，这是通过疾病的早期发现和监测来实现的。但是，在发达国家，预期寿命每增加2年，我们就只能获得1年的优质生活。因此，我们在慢性疾病和残障疾病上花费的比例正在上升，管理患有多种慢性疾病患者的费用为数万亿美元。幸运的是，基于物联网的慢性病患者远程监控可以解决大多数此类问题，并提供具有成本效益的服务。

现在我们来考虑针对用例一的基于物联网的远程患者监控应用程序。图9-2简要介绍了基于物联网的远程患者监视和管理系统的工作方式。

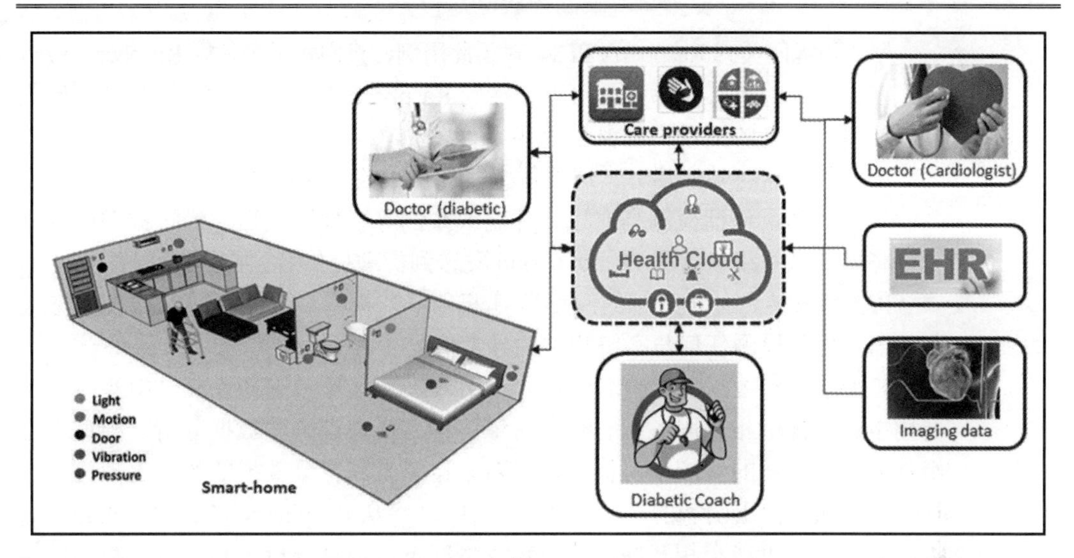

图 9-2

原　　文	译　　文	原　　文	译　　文
Doctor(diabetic)	医生（糖尿病）	Motion	运动
Care providers	护理提供者	Door	门
Doctor(Cardiologist)	医生（心脏病）	Vibration	振动
Imaging data	成像数据	Pressure	压力
Diabetic Coach	糖尿病指导者	Smart-home	智慧家居
Light	光线	—	—

在图 9-2 中，基于物联网的远程患者监控系统包括 3 个主要元素，即智慧家居、护理提供者和 Health Cloud。

- 智慧家居：这是解决方案的核心，包括患者和物联网解决方案的各种设备。智慧家居包括以下关键组成部分。
  - 患者：患者将被连接到多个传感器，包括心电图（ElectroCardioGram，ECG）、血压传感器、加速计和陀螺仪。这些传感器将收集生理数据和与活动相关的数据，并将其发送给护理人员，以获取必要的实时反馈。
  - 环境感应：人体感应器和可穿戴设备不足以覆盖患者的所有活动。同样，由于多种原因，包括无缝运动的需要，患者对身体上的太多传感器感到不舒服。智慧家居将安装各种环境传感器，包括光线、振动、运动、压力和门传感器，这些传感器将提供有关患者的上下文信息。
  - 边缘计算平台：我们为该组成部分提供了多种选择，例如智能手机/平板电脑、边缘网关或 Raspberry Pi 3。对于此用例，我们将考虑使用 Raspberry Pi 3，上面提到的所有传感器都可以连接到 Raspberry Pi 3 中。大多数将持续感测环境和患者的活动，而其他将由事件驱动（例如，如果有人打开或敲门，则门传感器将被激活）。这些传感器会将数据发送到 Raspberry Pi 3 做进一步的处理，包括检测高血压、体温或跌倒等事件。最后，经过处理的数据将通过家庭路由器和 Health Cloud 发送到护理提供者。重要的是，Raspberry Pi 3 将安装各种预训练的深度学习/机器学习模型，包括一个 ECG 测量分类器，用于检测任何与心脏相关的异常情况。

- 用于模型学习和数据分析的 Health Cloud：Health Cloud 是一个云计算平台，主要用于医疗保健相关服务，它将负责深度学习模型训练和数据分析。模型训练组件将训练必要的深度学习模型，以对来自患者和背景数据的各种生理信号进行分类，从而做出明智的决策。Health Cloud 将从 Raspberry Pi 3 中接收各种数据，其中一些可能会相互冲突。在这种情况下，数据分析工具将分析数据并将其提供给医疗保健专业人员进行决策。
- 护理提供者：这里的护理提供者可以是提供护理服务的医院或诊所。由于许多患者患有多种慢性疾病，因此大多数患者都需要直接或间接与一位以上的专科医生联系。一旦医生收到有关患者及其周围环境的信息，他们将在其他数据——包括电子健康记录（Electronic Health Record，EHR）历史数据的支持下做出决定。一旦做出决定，该决定就会被发送回患者，并在必要时通过连接到患者的适当设备（如胰岛素泵）来做出决定。

基于心电图的心脏健康检查是上述用例的基本要素。在本章的第二部分，我们将描述该用例的基于深度学习的 ECG 测量分类的实现。

9.3　用例二：用于痤疮检测和护理的物联网

痤疮（Acne）是世界上最常见的皮肤病之一，大多数人在一生中的某个时候都会受到痤疮的影响。一般来说，痤疮会在脸上发展，并出现斑点（见图 9-3）和油性皮肤。有时，皮肤会变得灼热或触痛。痤疮可表现为白头（Whitehead）、黑头（Blackhead）、脓疱（Pustule）、丘疹（Papule）、囊肿（Cyst）和结节（Nodule），前 3 个也称为粉刺（Pimple）。不同类型的痤疮需要不同的治疗和护理，因此痤疮的检测和自动分类可能会很有用。痤疮可能与酒渣鼻（Rosacea）、湿疹（Eczema）或过敏反应（Allergic Reaction）这 3 种类似情况产生混淆，因为患者经常会进行自我诊断和治疗，而错误的诊断和治疗可能会使病情恶化。图 9-3 显示了痤疮的两个示例。

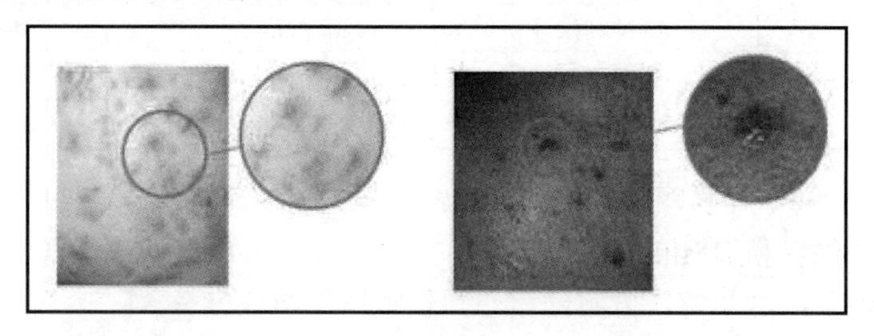

图 9-3

一般来说，痤疮不仅是许多人的身体健康问题，还是精神健康问题。根据研究，痤疮与抑郁症密切相关。在 *British Journal of Dermatology*（英国皮肤病学杂志）上发表的一项研究中，研究人员对英国 1986—2012 年痤疮患者的记录进行了分析，并对这些患者的心理健康问题提出了比较明显的对比意见。他们得出的结论是，与没有痤疮的患者相比，患有痤疮的患者患抑郁症的风险高出 63%。

本章将介绍一种使用物联网和深度学习模式解决痤疮检测/诊断问题的创新解决方案。

大多数患有痤疮和出现相关皮肤症状况的人都会使用镜子来检测痤疮并监测治疗进度。因此，我们的创新思路是创建一个智能的连接镜，以帮助用户检测和识别皮肤（主要是面部）异常，包括痤疮。

图 9-4 显示了用于实现自动痤疮检测、分类和护理服务的物联网基础架构。

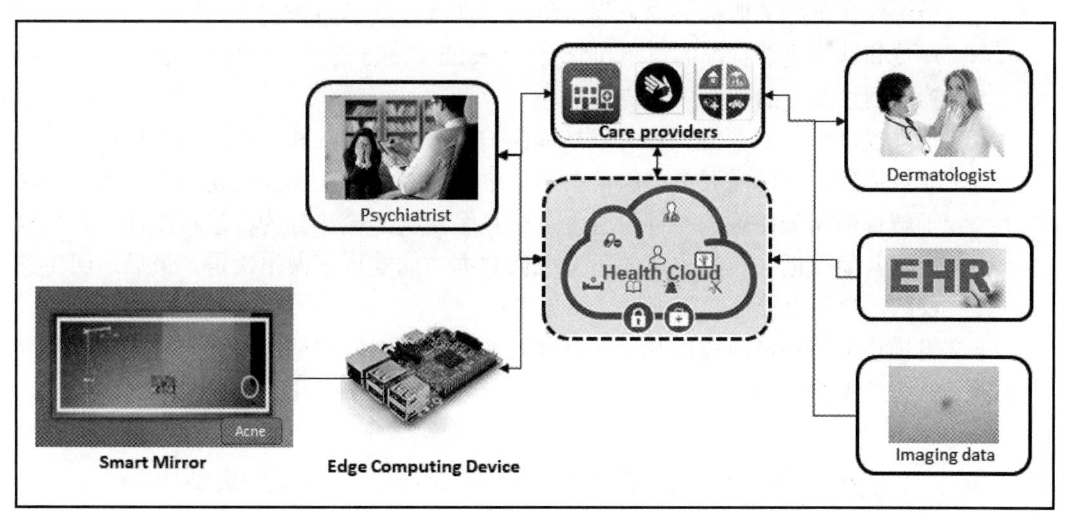

图 9-4

原　　文	译　　文	原　　文	译　　文
Psychiatrist	精神科医生	Imaging data	成像数据
Care providers	护理提供者	Smart Mirror	智能镜子
Dematologist	皮肤科医生	Edge Computing Device	边缘计算设备

在图 9-4 中，基于物联网的痤疮自动检测、分类和护理系统包含 3 个主要元素，即智能镜子、护理提供者和 Health Cloud。

- 智能镜子：这是解决方案的核心，包括以下组成部分。
  - 摄像头：镜子内置了高分辨率摄像头，可以捕获面部图像。镜子中会有一个按钮，可以激活检测过程，因为患者可能并不总是感兴趣或需要该服务。镜子还将有一个小显示屏，以显示痤疮检测结果和护理人员的建议治疗方法。
  - 边缘计算平台：我们为此组成部分提供了多种选择，包括智能手机/平板电脑、边缘网关或 Raspberry Pi 3。对于这种用例，可以考虑将 Raspberry Pi 3 连接到相机上。一旦收到图像，它就会在预装的深度学习模型的支持下检测到任何与皮肤相关的问题，包括痤疮。最后，Raspberry Pi 3 将检测结果以及图像发送给护理人员，以获得治疗建议。另外，可以在 Raspberry Pi 3 中合并一个模型，该模型将分析面部图像以进行潜在的抑郁症检测，并获得精神科医生的相应支持（当然，这不在本书的讨论范围之内）。
- 用于模型学习和数据的 Health Cloud：Health Cloud 是一个云计算平台，主要用于医疗保健相关服务。该云平台将用于训练深度学习模型，以执行基于图像的痤疮和其他皮肤状况的检测和分类。Health Cloud 还负责更新 Raspberry Pi 3 或物联网设备中的任何预安装模型。
- 护理提供者：护理提供者可以是提供护理服务的医院和诊所。由于痤疮可能会导致抑郁，因此需要考虑聘请两名医生——了解皮肤相关问题的皮肤科医生和了解抑郁相关问题的精神科医生。一旦医生收到检测到的信息和图像，他们就会在其他数据（包括患者的历史成像数据）的支持下做出决定。最后，医生建议的治疗或反馈信息将被发送回患者。

下文将描述上述用例所需的基于深度学习的解决方案的实现。本章配套代码文件夹中提供了所有必需的代码。

9.4 物联网医疗保健应用的深度学习模型

深度学习模型正在发展成为每个行业中最强大和最有效的计算资源，它们可以通过改善用户体验和做出更明智的决策来为行业价值做出重大贡献。医疗保健是深度学习的关键应用领域之一，并且由于异构医疗保健数据的可用性日益提高，深度学习有了进一步的发展。

与许多其他行业不同，健康和医疗行业在许多领域中都获得了高附加值的应用，包括研究、创新和现实世界的医疗环境。这些应用中的许多应用都是面向患者的（如癌症的早期检测和预测，以及个性化医学），而其他应用则是用于改善医疗保健 IT 各个方面的用户体验。图 9-5 突出显示了深度学习在医疗保健中的一些应用领域。

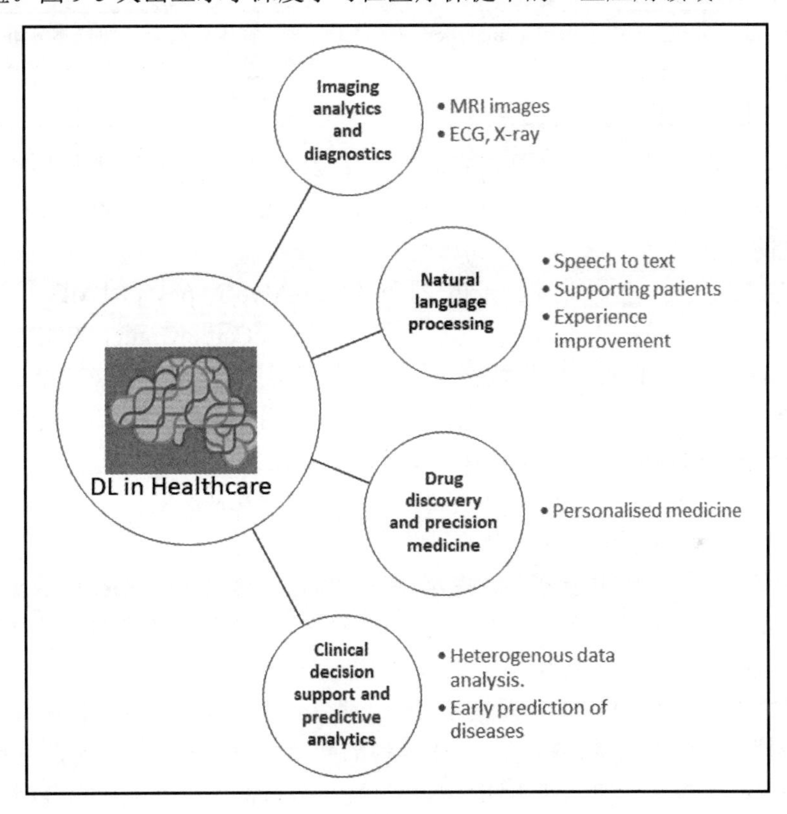

图 9-5

原　　文	译　　文
DL in Healthcare	医疗保健中的深度学习
Imaging analytics and diagnostics ● MRI images ● ECG,X-ray	影像分析和诊断 ❑ 磁共振成像（MRI） ❑ 心电图，X 射线

续表

原　文	译　文
Natural language processing ● Speech to text ● Supporting patients ● Experience improvement	自然语言处理（NLP） ❑ 语音转文字 ❑ 支持患者 ❑ 体验改善
Drug discovery and precision medicine Personalised medicine	药物发现与精准医疗 个性化医疗
Clinical decision support and predictive analytics ● Heterogeneous data analysis ● Early prediction of diseases	临床决策支持和预测分析 ❑ 异构数据分析 ❑ 疾病的早期预测

医疗保健应用可以生成大数据，它们来自异构格式的异构源。其中很多——包括来自磁共振成像（Magnetic Resonance Imaging，MRI）、X 射线、超声的筛查和诊断数据都是图像格式的。

人类生理信号，如通过肌电图（ElectroMyoGraphy，EMG）、脑电图（ElectroEncephaloGraphy，EEG）、心电图（ElectroCardioGram，ECG）和眼电图（ElectroOculography，EOG）检测到的信号，都是时间序列数据。EHR 包括结构化的（例如诊断、处方和实验室检查）以及非结构化的（如自由文本临床注释）临床数据，而且高通量生物学（例如基因组学）会产生有关人类内部结构的高维数据。

所有这些不同的医疗保健数据都需要机器学习（尤其是深度学习）的支持，以提取有价值的信息并获得对任何潜在问题的见解。

许多深度学习模型已用于分析这些异构医疗数据。卷积神经网络（CNN）和长短期记忆（LSTM）/循环神经网络（RNN）是使用最广泛的深度学习模型，因为它们的特征适用于大多数医疗保健数据类型。例如，CNN 模型最适合图像处理，并可用于各种医学图像。相比之下，LSTM/RNN 最适合大多数生理信号，因为它们具有记忆特征来处理信号的时间特性。心电图测量是筛查心血管疾病的关键生理信号之一，因此远程病人监护系统包括一个基于深度学习的心电图（ECG）信号分析器，可用于检测各种心脏状况，如心房颤动（Atrial Fibrillation，AF）。

考虑到心电图信号的时间方面，我们将考虑使用长短期记忆实现远程患者监护系统。另外，我们还将对心电图信号进行卷积神经网络测试以作为对比。基于物联网的痤疮检测和护理系统将依赖于图像，因此我们将使用卷积神经网络架构实现此目标。这两个深度学习模型已在各章中进行了简要介绍，请参考相应的内容。

9.5　数 据 收 集

出于多种原因（包括隐私和道德问题），用于健康和医疗应用程序的数据收集是一项具有挑战性的任务。在这种情况下，我们决定针对两个用例使用两个不同的开源数据集。

9.5.1　用例一

用例一的心电图数据集是从 PhysioNet Computing in Cardiology Challenge 2017 中收集的，该数据集包含 8528 个心电图测量值。这些测量是通过 AliveCor 手持设备记录的，如图 9-6 所示。有趣的是，这也是医疗物联网应用的示例。

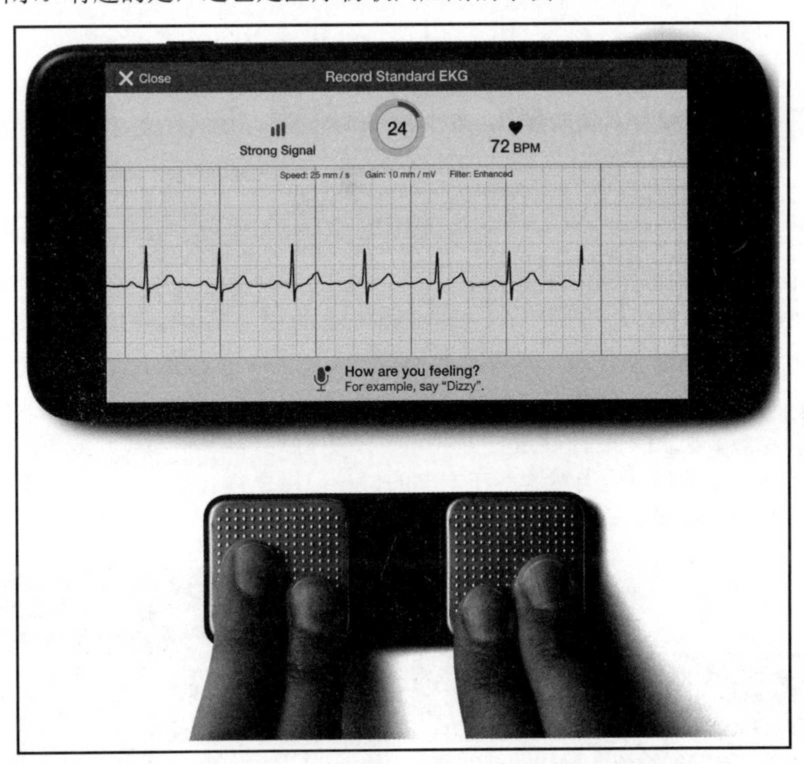

图 9-6

心电图测量的采样率为 300Hz，并且通过 AliveCor 设备进行的带通滤波（Band-Pass Filter）消除了噪声。每次记录的测量都符合 MATLAB V4 WFDB 格式，并包含以下两个文件。

- ❑ 扩展名为.mat 的文件，显示主要的心电图信号信息。
- ❑ 扩展名为.hea 的相应头文件，其中包含与测量相关的波形信息。

数据集包含4种不同类别的信号：Normal Heart Rhythm（正常心律）、Atrial Fibrillation（心房颤动）、Other Rhythm（其他心律）或 Noisy（噪声）。图 9-7 显示了这些不同类别的心电图信号的可视化结果。

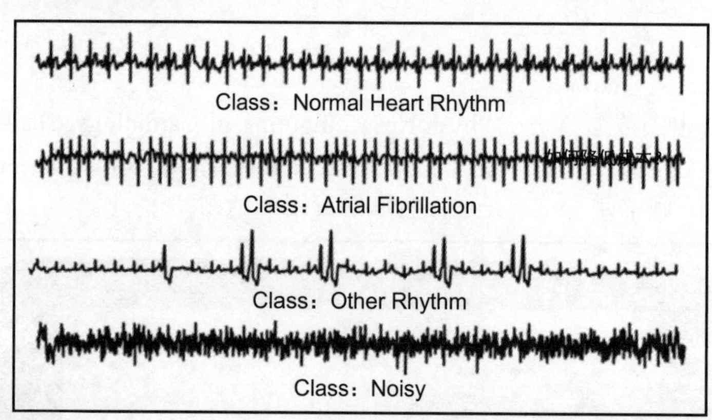

图 9-7

除 Normal Heart Rhythm（正常心律）外，Atrial Fibrillation（心房颤动）的特征是心房快速不规则跳动，表明心律不正常。其他异常的心律被视为 Other Rhythm（其他心律）。最后，任何无法反映这 3 类之一的测量（因为它们太嘈杂而无法分类）则被定义为 Noisy（噪声）。基于深度学习模型的分类器需要提取测量结果中的这些特征，以对从患者记录的信号以及与心脏相关的问题进行分类。为了更好地理解和实际实现，有必要对心电图信号进行进一步的研究，当然这不在本书的讨论范围之内。图 9-8 显示了正常心律和心房颤动信号的测量结果。

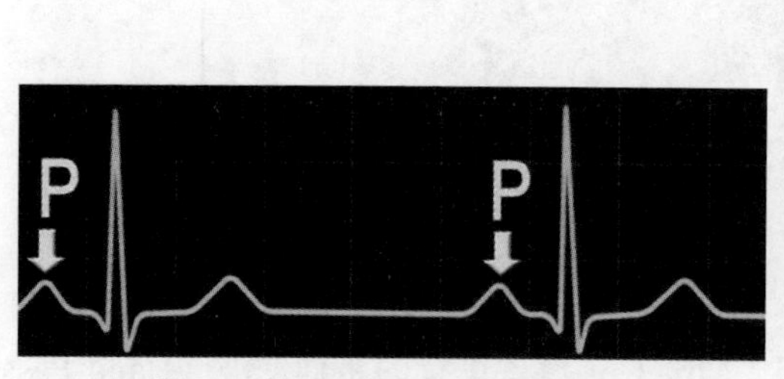

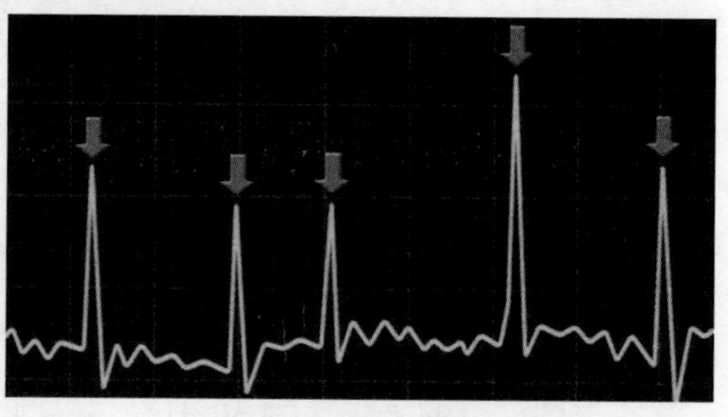

图 9-8

9.5.2　用例二

对于痤疮检测和护理系统用例，我们依靠的是成像数据集。我们从 Dermnet Skin Disease Atlas 收集了图像。Dermnet Skin Disease Atlas 是有关各种皮肤疾病的开源数据库，该数据库包含 23 个数据集，每个数据集涉及不同的皮肤疾病，并且每个类别（包括痤疮和酒渣鼻）都有子类别。由于页面太多，因此不容易下载数据集。我们已经使用 Python 的 Beautiful Soup 模块编写了一个图像抓取工具（Scraper），并且该抓取工具是通用的，这样读者就可以针对不同的皮肤疾病测试其 LSTM/CNN 模型。抓取工具 image_scraper.py 可在本章配套的代码子文件夹 use-case-2 中找到。要抓取所有 23 个数据集，请运行以下命令：

```
python image_scraper.py
```

图 9-9 显示了所有皮肤病类型的已下载图像文件夹。

Name	Date modified	Type
Acne-Closed-Comedo	08/05/2019 13:58	File folder
Acne-Cystic	08/05/2019 14:00	File folder
Acne-Excoriated	08/05/2019 14:00	File folder
Acne-Histology	08/05/2019 14:00	File folder
Acne-Infantile	08/05/2019 14:01	File folder
Acne-Mechanica	08/05/2019 14:01	File folder
Acne-Open-Comedo	08/05/2019 14:02	File folder
Acne-Primary-Lesions	08/05/2019 14:02	File folder
Acne-Pustular	08/05/2019 14:03	File folder
Acne-Scar	08/05/2019 14:03	File folder
Acne-Steroid	08/05/2019 14:03	File folder
Gram-Negative-Folliculitis	08/05/2019 14:03	File folder
Hidradenitis-Suppurativa	08/05/2019 14:05	File folder
Hyperhidrosis	08/05/2019 14:05	File folder
Milia	08/05/2019 14:05	File folder
Minocycline-Pigmentation	08/05/2019 14:05	File folder
Nevus-Comedonicus	08/05/2019 14:05	File folder
Perioral-Dermatitis	08/05/2019 14:07	File folder
Prominent-Sebaceous-Glands-and-Fo...	08/05/2019 14:08	File folder
Rosacea	08/05/2019 14:10	File folder
Rosacea-Granulomatous	08/05/2019 14:10	File folder
Rosacea-Nose	08/05/2019 14:11	File folder
Rosacea-Steroid	08/05/2019 14:11	File folder
Tes-Cate	08/05/2019 14:11	File folder
testcat-6	08/05/2019 14:11	File folder

图 9-9

9.6　数 据 浏 览

接下来我们将浏览用于两个用例的数据集，即心电图（ECG）数据集和痤疮（Acne）数据集。

9.6.1　心电图数据集

图 9-10 显示了心电图数据集的快照，其中包括 4 类数据，具体分类解释参见 9.5.1 节“用例一”。从该图中可以看到，每种信号都有独特的特征可供深度学习模型使用。

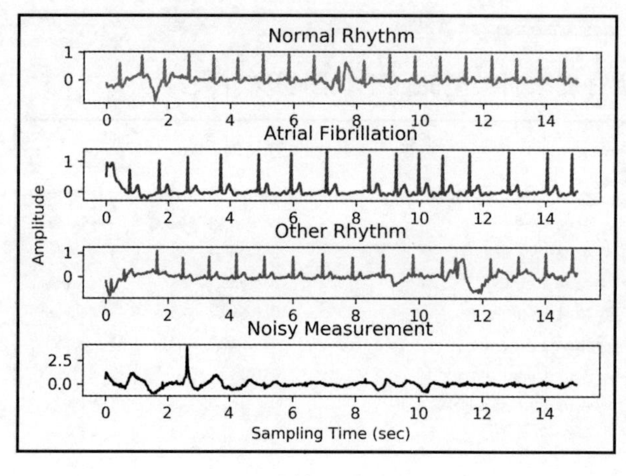

图 9-10

可以使用本章配套的 use-case-1 代码文件夹中的 ecg_singal_explorer.py 生成上述结果。

9.6.2　痤疮数据集

我们使用了 Acne（痤疮）和 Rosacea（酒渣鼻）图像数据集。图 9-11 显示了数据集的文件夹视图，包括该类中的图像数量。比较糟糕的是，可以看到的，只有 4 个文件夹或类所包含的图像在 100 张以上。

当使用 MobileNet V1 架构时，任何图像少于 100 张的类都可能显示错误。实际上，我们已经对此进行了测试，并且发现了与数据量不足有关的错误。在这种情况下，我们只能选择一个简化的数据集，该数据集仅由 4 类数据组成，而这些类的数据所具有的图像都在 100 张以上。

图 9-12 显示了经过浏览之后决定简化的痤疮数据集。

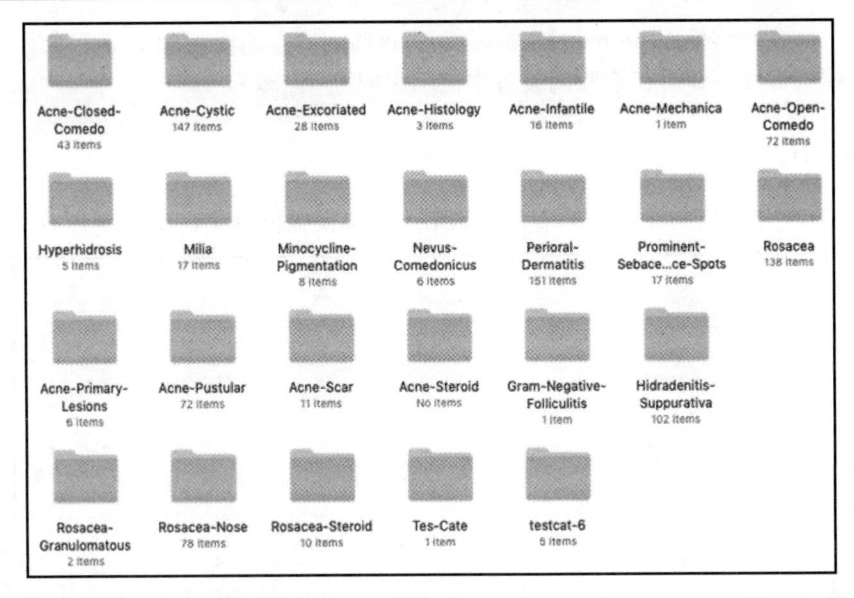

图 9-11

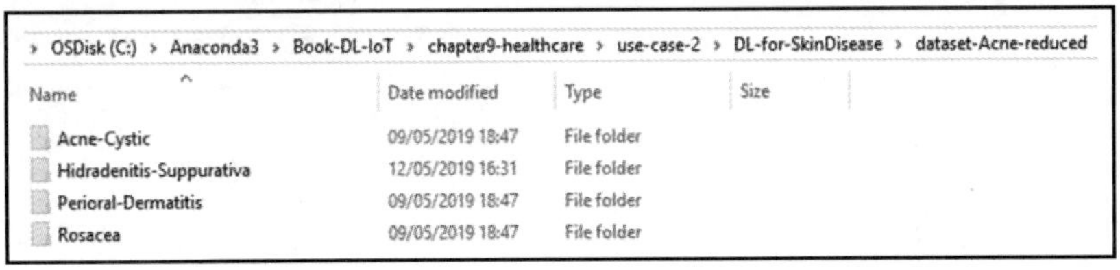

› OSDisk (C:) › Anaconda3 › Book-DL-IoT › chapter9-healthcare › use-case-2 › DL-for-SkinDisease › dataset-Acne-reduced

Name	Date modified	Type	Size
Acne-Cystic	09/05/2019 18:47	File folder	
Hidradenitis-Suppurativa	12/05/2019 16:31	File folder	
Perioral-Dermatitis	09/05/2019 18:47	File folder	
Rosacea	09/05/2019 18:47	File folder	

图 9-12

9.7　数据预处理

数据预处理是深度学习管道的重要步骤。心电图（ECG）数据集目前尚未准备好用于模型训练和验证。心电图信号的预处理器分别包含在模型训练与验证代码 LSTM_ECG.py 和 CNN1D_ECG.py 中，它们都可以在本章配套代码文件夹的 use-case-1 子文件夹中找到。这两个.py 文件的代码将在预处理 .mat 格式的输入数据后运行模型。另外，痤疮图像数据集则是已经准备好的，可直接用于训练和验证。

9.8　模 型 训 练

如前文所述，我们将对用例一使用长短期记忆和卷积神经网络（尤其是一维 CNN）；

对于用例二，我们将使用 MobileNet V1。所有这些深度学习实现都支持迁移学习，不需要从头开始进行训练即可在物联网设备中使用它们。

9.8.1　用例一

可以将长短期记忆（LSTM）五层架构用于心电图数据分类，如图 9-13 所示。

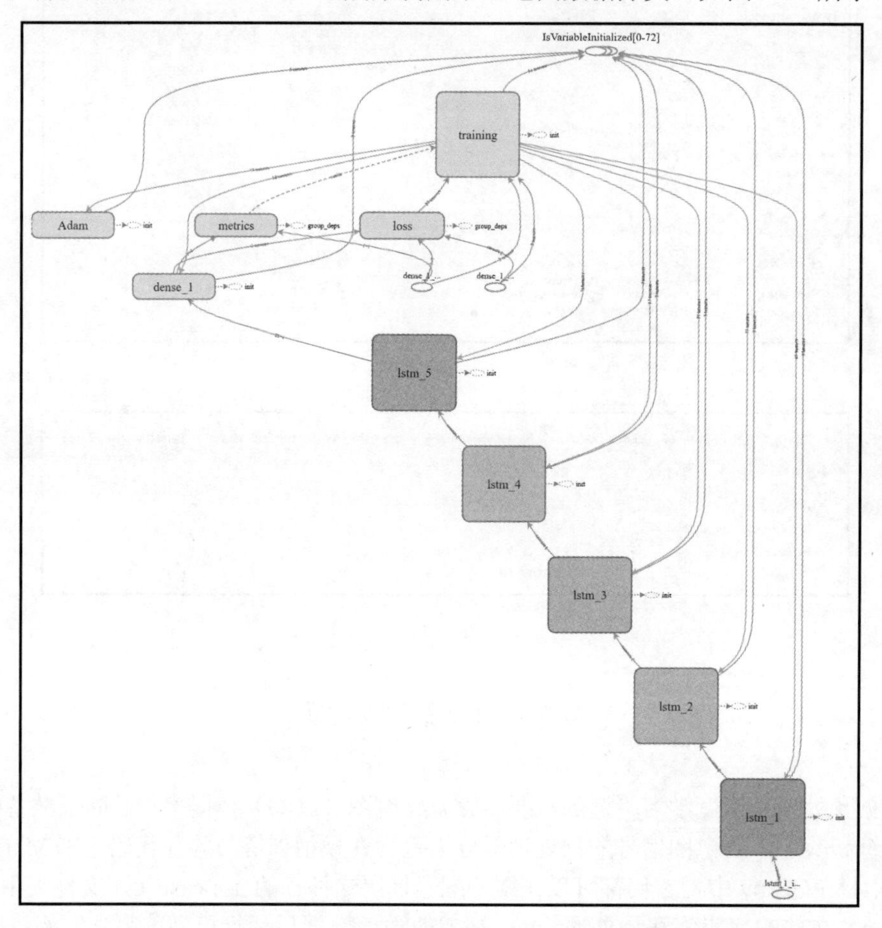

图 9-13

可以通过运行本章配套代码文件夹 use-case-1 子文件夹中的 LSTM_ECG.py 文件来训练和测试模型，对应命令如下：

```
python LSTM_ECG.py
```

对于远程患者管理系统中的心电图数据，我们还测试并验证了卷积神经网络模型。

图 9-14 显示了用于心电图数据集的卷积神经网络架构。从该图中可以看到，该卷积神经网络架构由 4 个卷积层组成。

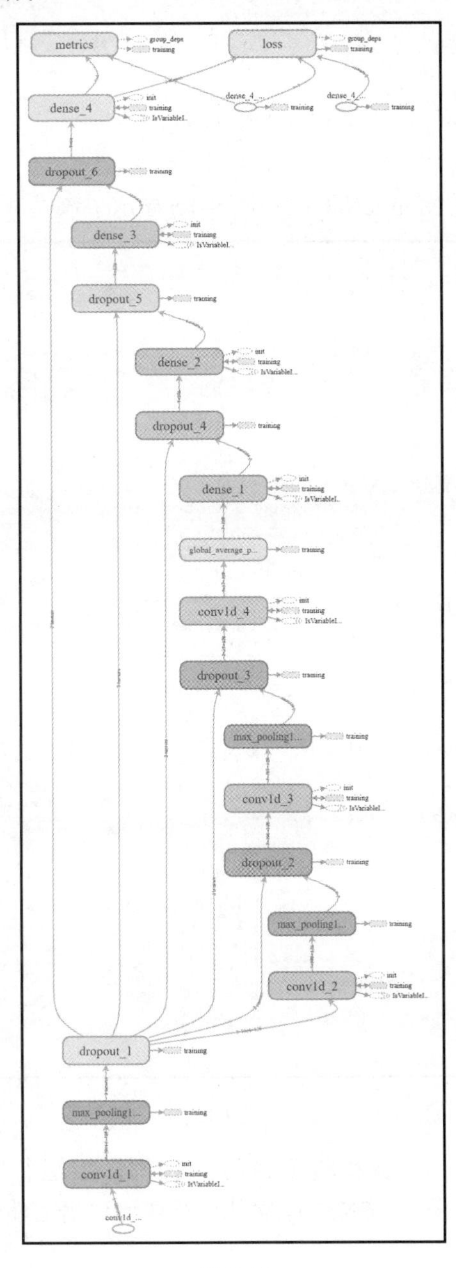

图 9-14

可以通过运行 CNN1D_ECG.py 文件来训练和测试模型，该文件位于本章配套代码文件夹的 use-case-1 子文件夹中，对应的命令如下：

```
python CNN1D_ECG.py
```

9.8.2 用例二

在用例二中使用的是 MobileNet V1，图 9-15 显示了该模型的架构。

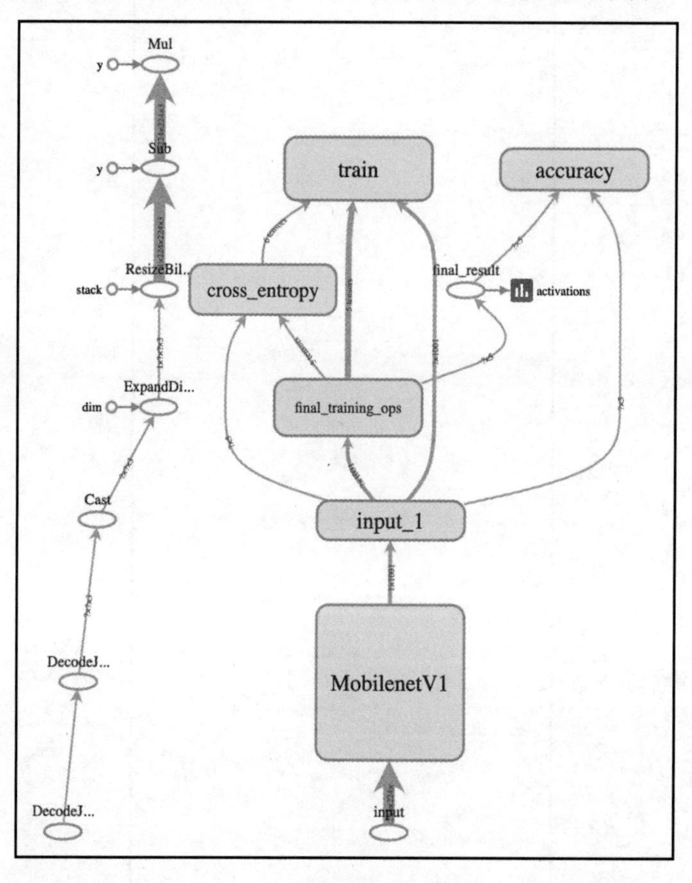

图 9-15

为了在痤疮数据集上训练和验证模型，我们需要运行本章配套代码文件夹中 use-case-2 子文件夹内的 retrain_CNN.py 文件。要训练和测试模型，只需要在命令提示符中运行以下命令即可：

```
python retrain_CNN.py \
--output_graph=trained_model_mobilenetv1/retrained_graph.pb \
--output_labels=trained_model_mobilenetv1/retrained_labels.txt\
--architecture mobilenet_1.0_224 \
--image_dir= dataset-Acne-reduced
```

MobileNet V1 训练的最后两个参数是强制性的，其余参数则是可选的。

9.9 模型评估

我们评估了模型的以下 3 个方面。

- 学习/重新训练时间。
- 存储要求。
- 性能（准确率）。

在训练时间方面，在具有 GPU 支持的台式机（配置为 Intel Xenon CPU E5-1650 v3 @ 3.5GHz 和 32GB RAM）上，针对心电图数据的 LSTM 和 CNN 1D 训练花费了 1h 多；而针对痤疮数据集的 MobileNet V1 训练则花费了不到 1h。

在资源受限的物联网设备中，模型的存储要求是必不可少的考虑因素。图 9-16 显示了针对这两种用例测试的 3 种模型的存储要求。

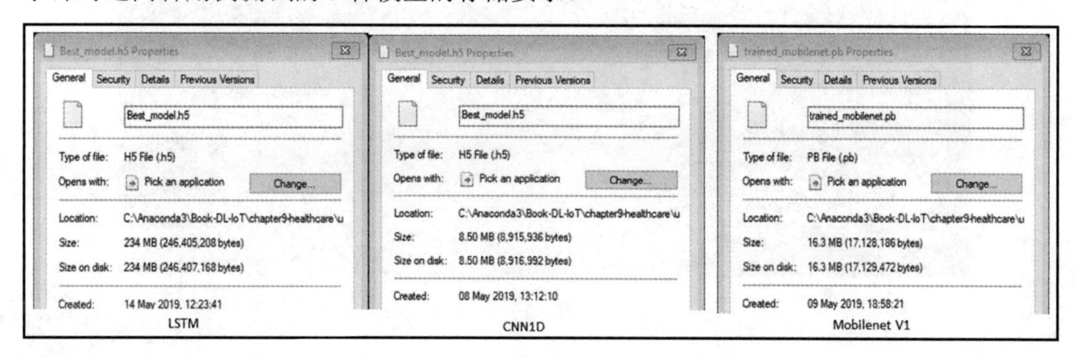

图 9-16

在图 9-16 中，已保存的 LSTM 模型占用了 234MB 的存储空间，CNN 1D 占用了 8.50MB 的存储空间，而 MobileNet V1（CNN）则占用了 16.3MB 的存储空间。在存储需求方面，除当前版本的 LSTM 外，所有模型都可以很好地部署在许多资源受限的物联网设备中，包括 Raspberry Pi 3 或智能手机。

最后，我们还评估了模型的性能。在这两个用例中，在训练阶段都在桌面 PC 平台/服务器端执行了全数据集范围的评估或测试，但是也可以在 Raspberry Pi 3 或任何物联网边缘计算设备中对它们进行测试，因为这些模型是可迁移的。

9.9.1 模型性能（用例一）

图 9-17 显示了在心电图数据集上使用 LSTM 的训练和验证结果。从图 9-17 中可以看到，测试的准确率始终非常接近 1.0 或 100%，但是验证的准确率则不是很高，并且对于模型的两次不同的运行（分别运行了 100 个和 500 个 Epoch），验证准确率都在 50%的范围内。图 9-17 还显示了 LSTM 模型在训练阶段的进度情况。

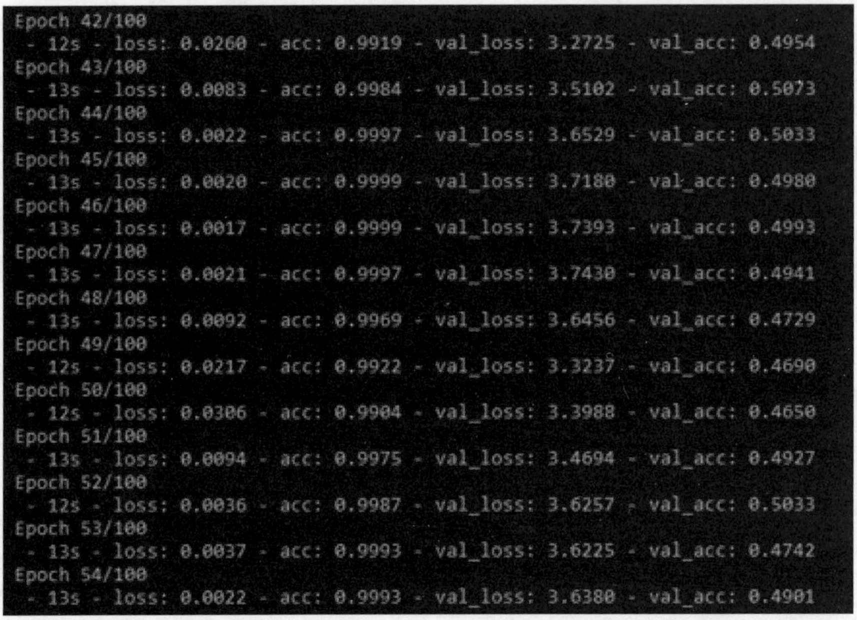

```
Epoch 42/100
 - 12s - loss: 0.0260 - acc: 0.9919 - val_loss: 3.2725 - val_acc: 0.4954
Epoch 43/100
 - 13s - loss: 0.0083 - acc: 0.9984 - val_loss: 3.5102 - val_acc: 0.5073
Epoch 44/100
 - 13s - loss: 0.0022 - acc: 0.9997 - val_loss: 3.6529 - val_acc: 0.5033
Epoch 45/100
 - 13s - loss: 0.0020 - acc: 0.9999 - val_loss: 3.7180 - val_acc: 0.4980
Epoch 46/100
 - 13s - loss: 0.0017 - acc: 0.9999 - val_loss: 3.7393 - val_acc: 0.4993
Epoch 47/100
 - 13s - loss: 0.0021 - acc: 0.9997 - val_loss: 3.7430 - val_acc: 0.4941
Epoch 48/100
 - 13s - loss: 0.0092 - acc: 0.9969 - val_loss: 3.6456 - val_acc: 0.4729
Epoch 49/100
 - 12s - loss: 0.0217 - acc: 0.9922 - val_loss: 3.3237 - val_acc: 0.4690
Epoch 50/100
 - 12s - loss: 0.0306 - acc: 0.9904 - val_loss: 3.3988 - val_acc: 0.4650
Epoch 51/100
 - 13s - loss: 0.0094 - acc: 0.9975 - val_loss: 3.4694 - val_acc: 0.4927
Epoch 52/100
 - 12s - loss: 0.0036 - acc: 0.9987 - val_loss: 3.6257 - val_acc: 0.5033
Epoch 53/100
 - 13s - loss: 0.0037 - acc: 0.9993 - val_loss: 3.6225 - val_acc: 0.4742
Epoch 54/100
 - 13s - loss: 0.0022 - acc: 0.9993 - val_loss: 3.6380 - val_acc: 0.4901
```

图 9-17

图 9-18 是通过 TensorBoard 的日志文件生成的，并显示了心电图数据集上 LSTM 模型的训练准确率。

图 9-19 显示了 LSTM 模型对心电图数据的验证结果的混淆矩阵。该图中的混淆矩阵清楚地表明了 LSTM 模型在心电图数据上表现较差的事实。特别是，它无法识别大多数的心房颤动测量值（异常的心律）。

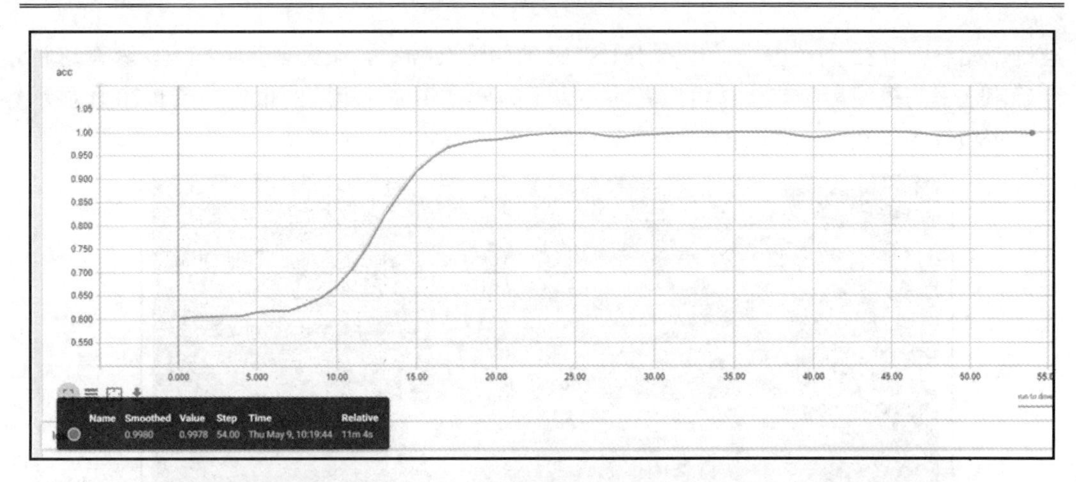

图 9-18

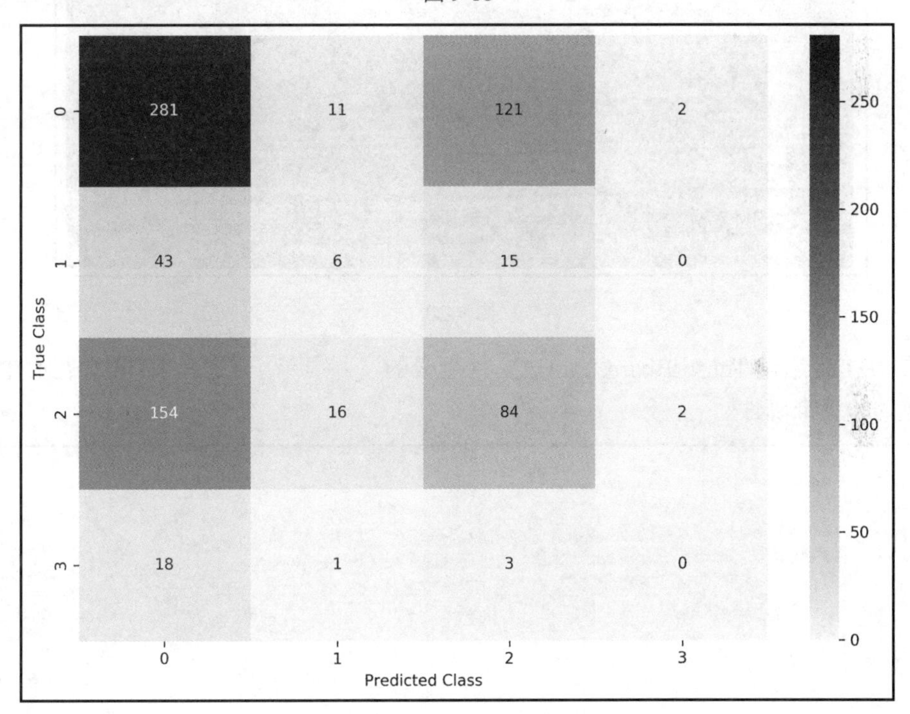

图 9-19

LSTM 在心电图数据集上的糟糕表现促使我们在数据集上测试 CNN 1D 模型。图 9-20 显示了 CNN 1D 模型在心电图数据集上的性能。从该图中可以看到，卷积神经网络的一维模型测试准确率始终高于 0.96 或 96%（略低于 LSTM 模型），但更重要的是，其验证准确率始终在 0.82 的范围内，远高于 LSTM 的验证准确率。在大多数情况下，具有这种准确率水平的模型都应该能够对患者的心律正确分类并进行相应的报告。图 9-20 还显示了 CNN 1D 模型在训练阶段的进展情况及其最终训练和验证准确率。

```
 - 10s - loss: 0.1073 - acc: 0.9634 - val_loss: 0.8192 - val_acc: 0.8394

Epoch 00495: val_acc did not improve from 0.85815
Epoch 496/500
 - 10s - loss: 0.1155 - acc: 0.9623 - val_loss: 0.7955 - val_acc: 0.8406

Epoch 00496: val_acc did not improve from 0.85815
Epoch 497/500
 - 10s - loss: 0.1181 - acc: 0.9618 - val_loss: 0.8229 - val_acc: 0.8488

Epoch 00497: val_acc did not improve from 0.85815
Epoch 498/500
 - 10s - loss: 0.1081 - acc: 0.9634 - val_loss: 0.9242 - val_acc: 0.8406

Epoch 00498: val_acc did not improve from 0.85815
Epoch 499/500
 - 10s - loss: 0.1013 - acc: 0.9643 - val_loss: 0.8431 - val_acc: 0.8394

Epoch 00499: val_acc did not improve from 0.85815
Epoch 500/500
 - 10s - loss: 0.1054 - acc: 0.9642 - val_loss: 0.8921 - val_acc: 0.8288

Epoch 00500: val_acc did not improve from 0.85815
Last epoch's validation score is  0.8288393903868698

(tf-gpu) C:\Anaconda3\Book-DL-IoT\chapter9-healthcare\use-case-1\DeepECG-
```

图 9-20

图 9-21 是通过 TensorBoard 的日志文件生成的，并显示了 CNN 1D 模型在心电图数据集上的验证准确性。

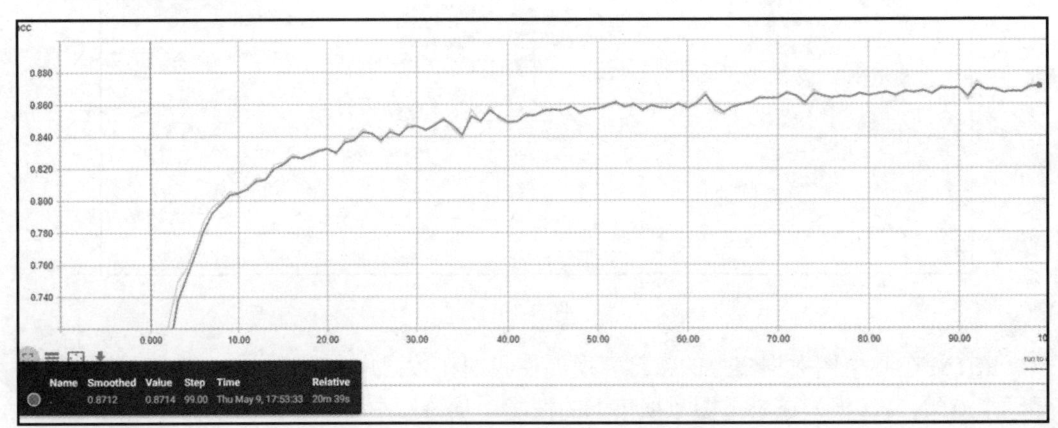

图 9-21

图 9-22 显示了 CCN 1D 模型对心电图数据的验证结果的标准化混淆矩阵。

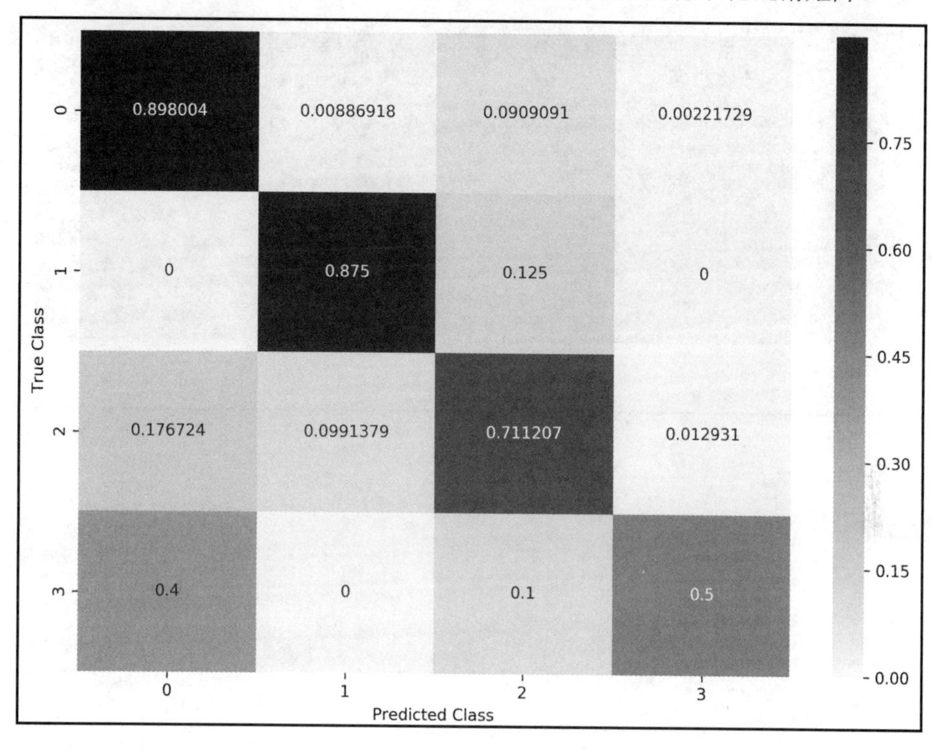

图 9-22

图 9-22 中的混淆矩阵清楚地表明，在心电图数据上，该模型的性能比 LSTM 模型要好得多。重要的是，它可以在大多数情况下（87.5%）成功识别出心房颤动（心律异常）。

CCN 1D 模型的性能还是可以改善的，通过使模型的网络更密集，它甚至可以非常接近 100%。当然，这也将使模型变得复杂，并且训练之后的模型将需要更多的内存，从而使其不适用于资源受限的物联网设备。

9.9.2　模型性能（用例二）

我们已经在简化的痤疮数据集中训练并验证了 MobileNet V1 模型。图 9-23 显示了该模型的评估结果。从该图中可以看到，训练的准确率在大多数步骤中为 1.0 或 100%，最终测试的准确率为 0.89 或 89%。

图 9-24 是在 TensorBoard 中使用模型的训练和验证准确率的日志文件生成的，它显示了训练准确率在早期步骤中有些不一致，而之后则始终接近 1.0 或 100%。换句话说，

验证准确率为 80%～89%的范围有些不一致。

```
INFO:tensorflow:2019-05-12 14:29:29.897619: Step 3960: Train accuracy = 100.0%
INFO:tensorflow:2019-05-12 14:29:29.897619: Step 3960: Cross entropy = 0.002337
INFO:tensorflow:2019-05-12 14:29:29.999564: Step 3960: Validation accuracy = 81.0% (N=100)
INFO:tensorflow:2019-05-12 14:29:30.962488: Step 3970: Train accuracy = 100.0%
INFO:tensorflow:2019-05-12 14:29:30.962488: Step 3970: Cross entropy = 0.002503
INFO:tensorflow:2019-05-12 14:29:31.069451: Step 3970: Validation accuracy = 83.0% (N=100)
INFO:tensorflow:2019-05-12 14:29:32.018879: Step 3980: Train accuracy = 100.0%
INFO:tensorflow:2019-05-12 14:29:32.018879: Step 3980: Cross entropy = 0.002206
INFO:tensorflow:2019-05-12 14:29:32.098854: Step 3980: Validation accuracy = 84.0% (N=100)
INFO:tensorflow:2019-05-12 14:29:33.001305: Step 3990: Train accuracy = 100.0%
INFO:tensorflow:2019-05-12 14:29:33.001305: Step 3990: Cross entropy = 0.001930
INFO:tensorflow:2019-05-12 14:29:33.089275: Step 3990: Validation accuracy = 81.0% (N=100)
INFO:tensorflow:2019-05-12 14:29:33.907782: Step 3999: Train accuracy = 100.0%
INFO:tensorflow:2019-05-12 14:29:33.908782: Step 3999: Cross entropy = 0.001757
INFO:tensorflow:2019-05-12 14:29:33.992750: Step 3999: Validation accuracy = 86.0% (N=100)
INFO:tensorflow:Final test accuracy = 89.5% (N=76)
```

图 9-23

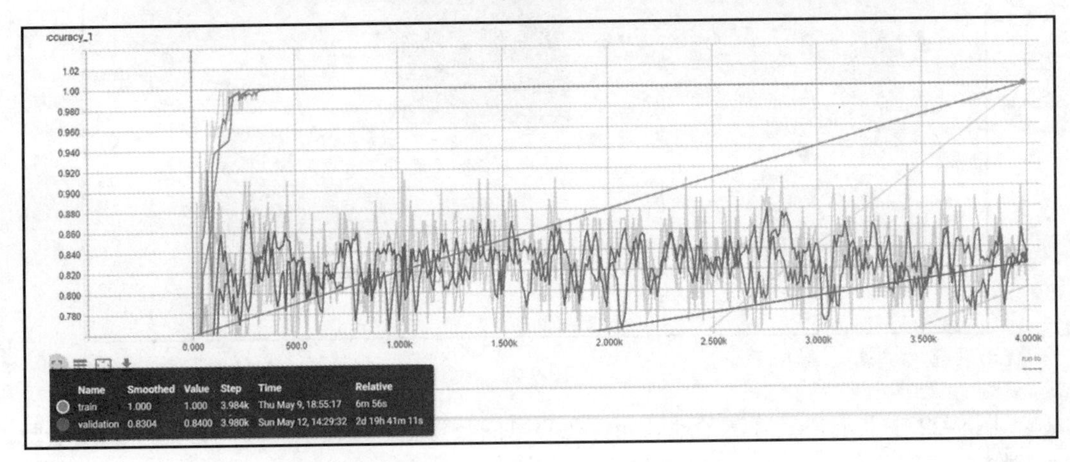

图 9-24

我们认为，即使存在这种不一致的情况，该模型仍应能够在 80%以上的情况下检测出痤疮的类型。

9.10　小　　结

医疗保健行业正在为各种应用采用机器学习和深度学习模型。物联网医疗应用需要采用机器学习和深度学习技术才能真正实现医疗物联网。在本章中，我们已试图展示基于深度学习的物联网解决方案的实用性，以及如何在医疗保健应用中实现它们。在本章的第一部分中，我们详细介绍了物联网在医疗保健中的各种应用，然后讨论了心电图识别和痤疮检测两个用例，这两个用例都可以通过深度学习支持的物联网解决方案来改善医疗服务或实现医疗服务的自动化；在本章的第二部分中，我们详细介绍了这两个用例基于深度学习技术的医疗事件或疾病检测部分的实践经验。

深度学习在物联网中的应用正在蓬勃发展。但是，还需要尽快解决深度学习技术和物联网相关的挑战，以便我们能从这两种令人兴奋的技术的集成中获得最佳结果。在第 10 章也就是最后一章中，我们将确定并讨论这些挑战。另外，我们还将提供对某些问题的未来发展方向的讨论。

9.11 参考资料

[1] Bahar Farahani, Farshad Firouzi, Victor Chang, Mustafa Badaroglu, Nicholas Constant, and Kunal Mankodiya, Towards fog-driven IoT eHealth: Promises and challenges of IoT in medicine and healthcare, Future Generation Computer Systems, volume 78, part 2, 2018, pages 659-676.

[2] Missed GP appointments costing the NHS millions: https://www.england.nhs.uk/2019/01/.missed-gp-appointments-costing-nhs-millions/.

[3] World Health Organization, (September 10, 2017), Noncommunicable diseases: http://www.who.int/mediacentre/factsheets/fs355/en/.

[4] MACAELA MACKENZIE, All the Ways Acne Can Mess With Your Mental Health: https://www.allure.com/story/how-acne-affects-mental-health-depression.

[5] Vallerand IA, Lewinson RT, Parsons LM, Lowerison MW, Frolkis AD, Kaplan GG, Barnabe C, Bulloch AGM, and Patten SB: Risk of depression among patients with acne in the UK: a population-based cohort study, Br. J. Dermatol, (2018) 178(3): e194-e195.

[6] Riccardo Miotto, Fei Wang, Shuang Wang, Xiaoqian Jiang, and Joel T Dudley, Deep learning for healthcare: review, opportunities, and challenges, Briefings in Bioinformatics, Volume 19, Issue 6, November 2018, pp. 1236-1246.

[7] Goldberger AL, Amaral LAN, Glass L, Hausdorff JM, Ivanov PCh, Mark RG, Mietus JE, Moody GB, Peng C-K, Stanley HE. PhysioBank, PhysioToolkit, and PhysioNet: components of a new research resource for complex physiologic signals, Circulation (2000) 101(23): e215-e220.

[8] AliveCor: https://www.alivecor.com/.

[9] Dermnet Skin Disease Atlas: http://www.dermnet.com/dermatology-pictures-skin-disease-pictures/.

第 10 章　挑战和未来

在我们的生活中，物联网的使用将变得无所不在，它们会产生各种应用形式，包括互联医疗保健服务、智能家庭和智慧城市。尽管物联网应用的发展前景令人兴奋，但要完全实现它们，还需要克服重大的科学和技术挑战。物联网的关键技术挑战之一是深度学习（DL）模型的设计和开发，该模型需要在资源受限的物联网设备或边缘/雾计算设备中很好地工作，并且能够满足实时响应的要求。本章将首先介绍前面各章节内容的摘要，然后通过示例讨论现有深度学习技术在开发和实现资源受限的嵌入式物联网环境时面临的主要挑战。最后，我们将总结现有的解决方案，并指出一些可能的解决方案，这些解决方案可以填补基于深度学习的物联网分析的空白。

本章将讨论以下主题：

- 本书用例概述。
- 深度学习解决方案在资源受限的物联网设备中的部署挑战。
- 在资源受限的物联网设备中支持深度学习技术的现有解决方案。
- 潜在的未来解决方案。

10.1　本书用例概述

大多数物联网应用都会生成大数据或快速/实时的流数据，此类大数据或数据流的分析对于学习新信息、预测未来见解以及做出明智的决定至关重要。包括深度学习在内的机器学习是此分析的关键技术。虽然物联网应用中的深度学习模型在用于数据分析方面最近取得了进展，但是在物联网环境中深度学习模型的整体应用图景目前仍然是欠缺的。本书通过展示来自各个领域的物联网应用及其基于深度学习的实现，努力弥补了这一空白。

本书第 1 章介绍了物联网、关键应用、三层和五层端到端物联网生命周期及其解决方案，这对于了解和应用物联网生态系统中基于深度学习的数据分析很有用。我们概述了深度学习及其流行的模型和实现框架，包括 TensorFlow 和 Keras。在其余的章节（第 3～9 章）中，通过各种用例介绍了深度学习模型在不同的物联网应用领域中提供的各种通用服务（如图像处理）。表 10-1 按照各章中的重点总结了这些章节内容。

表 10-1 各章重点内容

章　名　称	物联网用例	使用的深度学习模型	模 型 性 能
第 3 章 物联网中的图像识别	❑ 基于图像的自动故障检测 ❑ 基于图像的智能固体垃圾分离	卷积神经网络的两种实现： ❑ Incentive V3 ❑ MobileNet V1	❑ 存储需求适用于迁移学习 ❑ 这两个用例的训练和验证准确率都在 90%以上
第 4 章 物联网中的音频/语音/声音识别	❑ 语音控制的智能灯 ❑ 语音控制的家庭门禁系统	卷积神经网络的 3 种实现： ❑ Incentive V3 ❑ MobileNet V1 ❑ CIFAR-10 CNN	❑ 存储需求适用于迁移学习 ❑ 用例一的训练和验证准确率大约 75%，用例二大约 90%
第 5 章 物联网中的室内定位	使用 WiFi 指纹进行室内定位	自动编码器	❑ 存储需求适用于迁移学习 ❑ 用例的验证准确率大约 90%
第 6 章 物联网中的生理和心理状态检测	❑ 远程理疗进度监控 ❑ 基于物联网的智能教室	长短期记忆和卷积神经网络的两种实现： ❑ 简单 CNN ❑ MobileNet V1	❑ 存储需求适用于迁移学习 ❑ 用例一的训练和验证准确率在 90%以上，用例二大约 70%
第 7 章 物联网安全	❑ 物联网中的智能主机入侵检测 ❑ 物联网中基于流量的智能网络入侵检测	长短期记忆、深度神经网络和自动编码器	❑ 存储需求适用于迁移学习 ❑ 这两个用例的训练和验证准确率都在 90%以上
第 8 章 物联网的预测性维护	飞机燃气涡轮发动机的预测性维护	长短期记忆	❑ 存储需求适用于迁移学习 ❑ 能够成功进行预测性维护，并且其误差率是可以接受的
第 9 章 医疗物联网中的深度学习	❑ 慢性病的远程管理 ❑ 用于痤疮检测和护理的物联网	长短期记忆、CNN 1D 和 MobileNet V1	❑ CNN 的存储需求适用于迁移学习，但是长短期记忆则面临问题 ❑ 长短期记忆的验证准确率大约 50%，CNN 1D 用例的准确率大约 85%，用例二中 MobileNet V1 的准确率大约 90%

从表 10-1 中可以看出，在大多数用例中，我们使用的都是卷积神经网络（CNN）及其变体。潜在的原因可能是，CNN 模型在图像数据集上的表现非常好，并且大多数数据

集是图像或可以转换为图像（如语音数据）。该表中以及各章中提供的模型性能并不是最终的性能值，相反，它们只是指示性的性能值，因为深度学习模型对数据的结构和大小很敏感。在数据集和/或深度学习架构的结构中的更改可能会更改深度学习模型的性能。一般来说，与浅表模型相比，深度学习模型在具有广泛特征的大型数据集上效果很好。

10.2　深度学习解决方案在资源受限的物联网设备中的部署挑战

尽管表 10-1 中的物联网应用用例及其基于深度学习的实现展示了深度学习在物联网中的潜力，但仍然在许多方向上存在一些开放的研究挑战，特别是在许多领域都需要研发支持。研究与开发的几个关键领域是数据集预处理、安全和具有隐私意识的深度学习、处理大数据以及资源的有效训练和学习。在以下各节中，我们将从机器学习的角度以及从物联网设备、边缘/雾计算和云的角度简要介绍这些尚存的挑战。

10.2.1　机器学习/深度学习观点

最近，机器学习和深度学习技术正在各种应用领域中用于做出明智的决策。但是，机器学习和深度学习将面临一些挑战，具体如下。

（1）缺少大型物联网数据集：许多物联网应用领域都采用深度学习进行数据分析。遗憾的是，包括本书用例在内的大多数现有工作都依赖于不是来自物联网应用或现实应用程序的数据集进行模型训练和测试。其后果之一便是模型中并未显著反映许多特定于物联网的问题。例如，物联网设备比通用计算设备更容易发生硬件故障。在这种情况下，在物联网用例中使用通用计算数据可能会提供对事件的错误预测。此外，硬件故障可能被报告为安全事件。最后，这些数据集中的大多数数据集并不足以克服过拟合的问题。所有这些与数据集相关的问题都是部署和接受基于深度学习的物联网分析的重要障碍。数据集是实证验证和评估的关键要求，可用数据集的可访问性是许多人面临的另一个大问题，包括本书用例在内。医疗保健和人类活动检测是物联网的重要应用领域，但是它们的相关数据通常受版权保护或出于隐私考虑而被限制使用，这种限制使我们不能完全自由地使用数据。许多 Web 资源已经汇编了有用数据集的通用列表，相似类型的集合将对物联网应用程序开发人员和研究人员有很大帮助。

（2）预处理：预处理是深度学习中必不可少的步骤，该步骤将原始数据处理为合适的表示形式，然后输入深度学习模型中。与深度学习的许多其他应用领域不同，这在物联网应用中是一个挑战，因为物联网传感器和事物生成的数据采用的是不同的格式。例如，考虑一个远程患者监护物联网应用，该应用需要使用各种传感器，并且它们将生成不同格式的数据。要收集这些数据并做出有关患者的正确决定，就需要对数据进行预处理，然后再将其应用于深度学习模型。

（3）深度学习中的安全和隐私保护：安全和隐私是物联网的首要挑战。因此，大多数物联网应用都致力于在数据的端到端生命周期中保证数据的安全性和隐私性。在大多数情况下，物联网大数据将通过互联网传送到云中，以进行基于深度学习的分析，因此可以被世界各地的人们或设备看到。许多现有的应用程序都依靠数据匿名化来保护隐私。这些技术不是防黑客的。有趣的是，大多数人都谈论物联网设备生成的数据的安全性和隐私性，但是操作的安全性，包括机器学习和在该数据上运行的深度学习的安全性呢？实际上，深度学习训练模型还可能遭受各种恶意攻击，包括错误数据注入（False Data Injection，FDI）或异常样本输入。通过这些攻击，物联网解决方案的许多功能或非功能性需求可能会面临严重的危险，或者可能使该解决方案对预期的目标毫无用处，甚至会产生危险。因此，机器学习和深度学习模型需要配备一种机制来发现异常或无效数据。在主模型之上的数据监视深度学习模型在这里可能是一个潜在的解决方案。安全解决方案需要进一步研究和开发，以保护深度学习模型，防止和抵御这些攻击，并使物联网应用真正实用且可靠。

（4）大数据问题（6 个 V）：物联网应用是大数据生成的主要贡献者之一，因此深度学习在大数据方面所面临的挑战也是深度学习在物联网方面的挑战。物联网大数据有 6 个 V 特征，即容量（Volume）、速度（Velocity）、多样性（Variety）、真实性（Veracity）、易变性（Variability）和价值（Value），每个特征都对深度学习技术提出了挑战。我们分以下几点简要讨论了它们面临的挑战。

- 大量的数据给深度学习带来了巨大的压力，特别是在时间和结构复杂性方面。时间是实时物联网应用中的一个严重问题。大量的输入数据，其异构属性及其分类可变性可能需要一个高度复杂的深度学习模型，该模型可能需要更长的运行时间，以及在大多数物联网应用中不可用的巨大计算资源。深度学习模型通常擅长在模型学习过程中处理嘈杂且无标记的内容，但是物联网的大量嘈杂和无标记数据可能会遇到问题。
- 来自异构源和设备的物联网数据格式的异构性（多样性）可能是物联网应用中深度学习模型需要面对的问题。如果这些来源相互冲突，那么这可能是一个很严重的问题。许多物联网应用会产生连续且实时的数据，并且它们还需要实时响应，而这在物联网设备中并不总是可能的。基于流传输的在线学习是一种潜在的解决方案，当然，如何在深度学习模型中集成在线和顺序学习方法，以解决物联网中数据的速度问题，这仍然需要做进一步的研究。

- 在医疗保健、无人驾驶汽车和智能电网等许多应用中，数据的真实性（准确性）是一项强制性要求，可能会给物联网中的深度学习模型带来挑战。缺乏真实数据可能会使物联网大数据分析无用，因此需要在数据分析的每个级别检查数据验证和真实性。数据可变性（如数据流速率）可能会对流数据的在线处理带来其他挑战。
- 最后，对物联网应用及其相应的大数据的商业价值有清晰的了解是至关重要的，然而大多数决策者无法理解该价值。

10.2.2　深度学习的限制

即使在各种应用领域中都取得了巨大的成功，深度学习模型在未来仍有许多需要解决的问题。例如，由深度学习模型做出的任何人类无法识别的错误声明就是一个问题。另外，深度学习模型缺乏回归能力是许多物联网应用所面临的问题，因为它们需要某种回归作为其核心分析组件。很少有人提出在深度学习模型内集成回归能力的解决方案，我们需要朝这个方向做进一步的研究。

图 10-1 总结了与深度学习相关的主要挑战。

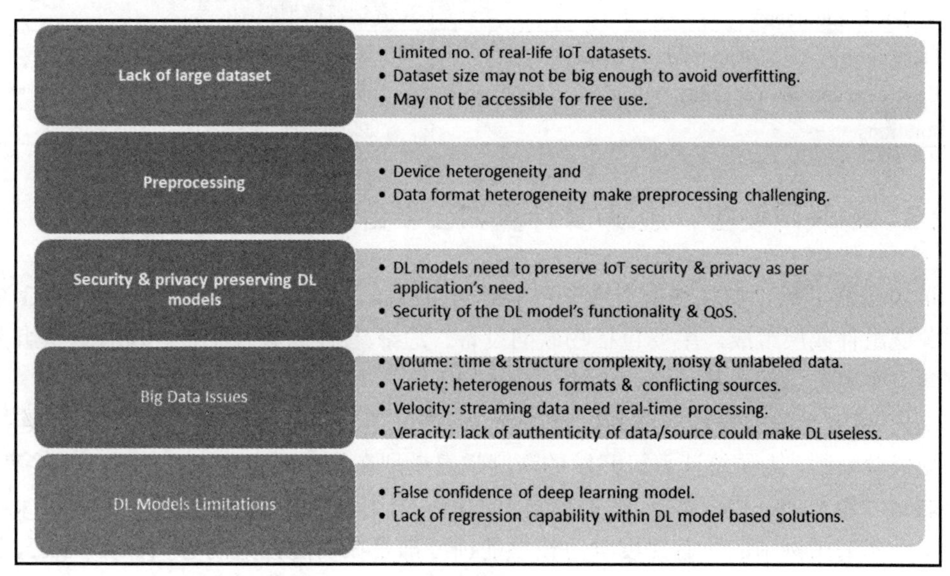

图 10-1

原　　文	译　　文
Lack of large dataset	缺少大型数据集
● Limited no. of real-life IoT datasets ● Dataset size may not be big enough to avoid overfitting ● May not be accessible for free use	❑ 现实物联网数据集的数量有限 ❑ 数据集大小可能不足以避免过拟合 ❑ 可能无法免费使用
Preprocessing	预处理
Device heterogeneity and Data format heterogeneity make preprocessing challenging	设备异构性和数据格式的异构性使预处理充满挑战
Security & privacy preserving DL models	深度学习中的安全和隐私保护
● DL models need to preserve IoT Security & privacy as per application's need ● Security of the DL model's functionality & QoS	❑ 深度学习模型需要根据应用程序的需求来保护物联网安全性和隐私性 ❑ 深度学习模型的功能性和 QoS 的安全性
Big Data Issues	大数据问题
● Volume: time & structure complexity, noisy & unlabeled data ● Variety: heterogenous formats & conflicting sources ● Velocity: streaming data need real-time processing ● Veracity: lack of authenticity of data/source could make DL useless	❑ 容量：时间和结构的复杂性，嘈杂且无标签的数据 ❑ 多样性：格式异类和来源冲突 ❑ 速度：流数据需要实时处理 ❑ 真实性：缺乏数据/源的真实性可能使深度学习无用
DL Models Limitations	深度学习模型限制
● False confidence of deep learning model ● Lack of regression capability within DL model based solutions	❑ 深度学习模型的错误信心 ❑ 在基于深度学习模型的解决方案中缺乏回归能力

10.2.3 物联网设备、边缘/雾计算和云平台

正如在第 1 章“物联网生态系统”中提到的那样，端到端物联网解决方案由 3 个不同的关键组件或层组成，主要包括物联网设备、边缘/雾计算和云平台。所有这些组件在深度学习实现方面都有其自身的挑战。具体如下。

（1）资源受限的物联网设备：物联网设备在处理器、电池能量、内存和网络连接方面均受资源限制，为传统计算机开发的深度学习模型在物联网设备中可能并不直接有用。重要的是，由于训练过程是一项耗费资源的操作，因此无法在物联网设备中训练深度学习模型。本书用例中的所有深度学习模型的训练都是在功能强大的台式计算机或云上完成的。在某些情况下，资源如此稀缺，以至于可能无法在其上运行预训练模型来进行推

理。图 10-2 是本书第 3 章“物联网中的图像识别”中讨论的卷积神经网络实现的两个版本，它们用于图像分类，需要大约 90MB 的空间来存储其预先训练的模型，而在许多物联网设备中，可能提供不了这么大的存储空间。因此，我们需要轻量级的深度学习模型，尤其是轻量级的预训练深度学习模型。有许多现有解决方案可用于解决与物联网设备相关的问题，我们将会在 10.3 节简要介绍这些解决方案。

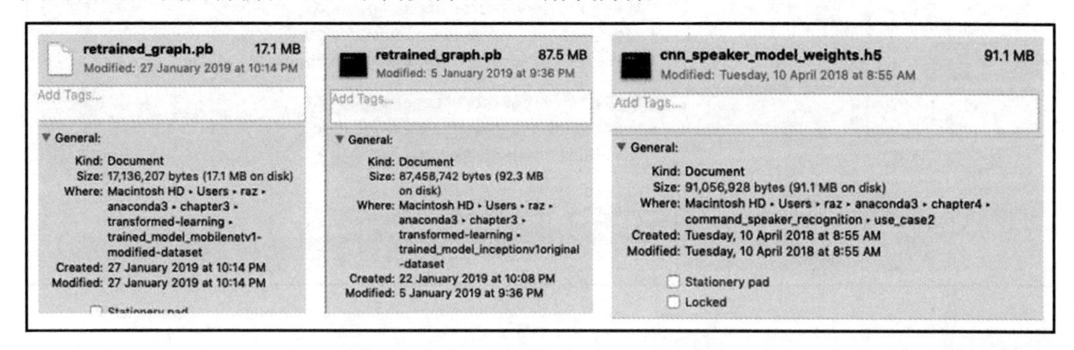

图 10-2

（2）边缘/雾计算：边缘/雾计算正在成为物联网解决方案中流行的计算平台，尤其是对于实时应用，因为这些应用中使用的数据不必始终移至云平台。但是，该技术尚处于早期阶段，面临许多挑战，具体如下。

- 设备的深度学习服务发现：边缘/雾路由器或网关将形成地理上的分布，并将使用特定的深度学习模型为物联网最终用户/节点提供服务。例如，某个雾节点（Fog Node）可以通过卷积神经网络提供图像分类服务，而另一个附近的节点可以使用长短期记忆（LSTM）提供入侵检测服务。在这种情况下，设备需要服务发现（Service Discovery）协议，这些协议可以根据其需求和环境有效地发现适当的数据分析服务。
- 深度学习模型和任务分配：雾计算将依靠分布式学习方法，因为它可以通过在不同雾/边缘节点之间共享学习责任。这需要一些时间来拆分深度学习模型执行过程及其任务分配，而这对于实时物联网应用可能是一个问题。
- 将移动设备作为边缘设备：智能手机无处不在，并且正在成为物联网生态系统中的关键元素。但是，这些设备在加入/离开网络方面的动态特性对于依赖它们的基于深度学习的分析服务而言是一个挑战，因为它们可以随时离开网络。另外，需要在任务分配器处获得其能源使用情况和其他与资源有关的准确信息，以便为其分配适当的任务。

（3）云计算：云是物联网大数据分析的重要计算平台，但是其响应时间和法律/政策方面的限制（如数据可能需要从安全边界转移）可能是许多物联网应用的问题。此外，在处理和存储过程中，保持物联网数据的安全性和隐私性也是许多物联网应用需要考虑的问题。

图 10-3 总结了物联网设备、边缘/雾计算和云计算的关键挑战。

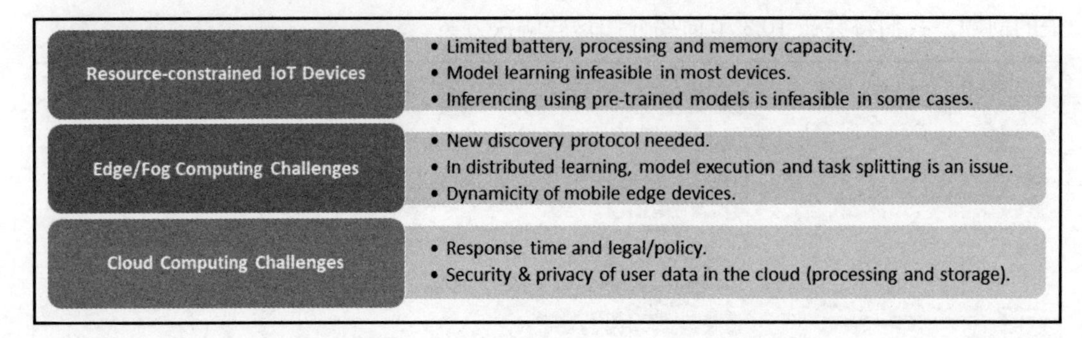

图 10-3

原　文	译　文
Resource-constrained IoT Devices	资源有限的物联网设备
● Limited battery, processing and memory capacity ● Model learning infeasible in most devices ● Inferencing using pre-trained models is infeasible in some cases	❑ 电池容量、处理和存储能力都很有限 ❑ 在大多数设备中无法进行模型学习 ❑ 在某些情况下，使用预训练模型进行推理是不可行的
Edge/Fog Computing Challenges	边缘/雾计算挑战
● New discovery protocol needed ● In distributed learning, model execution and task splitting is an issue ● Dynamicity of mobile edge devices	❑ 需要新的发现协议 ❑ 在分布式学习中，模型的执行和任务拆分是一个问题 ❑ 移动边缘设备的动态特性
Cloud Computing Challenges	云计算挑战
● Response time and legal/policy ● Security & privacy of user data in the cloud (processing and storage)	❑ 响应时间和法律/政策面的问题 ❑ 云中用户数据的安全性和隐私性（处理和存储）

10.3 在资源受限的物联网设备中支持深度学习技术的现有解决方案

一般来说，深度学习模型需要计算超大型（数百万至数十亿范围）的参数，这需要具有强大存储支持的强大计算平台，而这在物联网设备或平台中是不太可能提供的。幸运的是，可以使用现有的方法和技术（本书用例中并未使用这些技术，因为我们在台式机上进行了模型训练）解决物联网设备中的上述问题，从而使它们能够支持深度学习。

- 深度学习网络压缩：深度学习网络通常是密集型的，需要巨大的计算能力和内存（这是进行推理和/或分类所必需的），而物联网设备可能无法提供这些计算能力和内存。深度学习网络压缩可以将密集的网络转换为稀疏的网络，这是资源受限的物联网设备的潜在解决方案。包括 MobileNet V1 和 V2 在内的许多现有服务已经对该技术进行了测试。例如，使用 MobileNet V1 架构，可以将卷积神经网络的 Incentive V3 架构从 87MB 的存储压缩到 17MB（详见本书第 3 章"物联网中的图像识别"）。但是，该方法仍然不够通用，无法用于所有的深度学习模型，并且压缩技术可能需要特定的硬件才能执行操作。
- 深度学习的近似计算：这种方法的工作原理是将预测视为可接受值范围的一部分，而不是精确值（如 95%的准确率）的一部分，因为许多物联网应用程序可能不需要精确值。例如，许多事件检测应用程序仅要求检测事件，而不要求事件的预测准确率的精确值。近似计算将节省能量，但这不适用于需要精确值的关键应用（如医疗保健应用）。
- 加速器：用于深度学习模型的基于硬件的加速器最近已经引起了一些研究和开发关注。可以使用特殊的硬件和电路来最大限度地减少内存占用并提高能效，以便在物联网设备上运行深度学习模型。此外，软件加速也可用于此目的。但是，加速器可能无法与传统物联网硬件一起使用。
- Tinymotes：研究人员正在开发使用电池运行的微型节点，并通过支持硬件加速器进行基于机载数据的深度学习分析，这些对于实时应用很有用。但是，它们适用于专用的深度学习网络，而对于它们来说，安全性是一个问题。

10.4　潜在的未来解决方案

本节将简要讨论一些潜在的研发解决方案，以解决上面提到的一些问题。

- 分布式学习：本书用例的模型学习或训练都是集中进行的，但这在许多物联网应用中可能并不可行。在这种情况下，分布式学习可能是一种潜在的解决方案。当然，分布式计算存在安全性问题，可以通过基于区块链的分布式学习将其最小化。
- 物联网移动数据：智能手机是物联网扩散的关键因素。通过深度学习模型进行移动大数据分析的高效解决方案可以在包括智慧城市在内的各种应用领域中提供更好的物联网服务。该领域需要进一步研究。

- 背景信息的集成：背景信息对于正确使用和解释基于深度学习的数据分析至关重要，但是很难理解使用物联网传感器数据的物联网应用的环境背景。环境传感器数据与物联网应用传感器数据融合在一起可以提供背景信息。因此，开发与背景信息集成的基于深度学习的解决方案可能是另一个未来的方向。
- 边缘/雾计算中的在线资源配置：边缘/雾计算资源的需求可能是动态的，以便对流式物联网数据进行实时数据分析。因此，需要在线或需求驱动的资源供应来为各种物联网应用提供数据分析服务。有一些建议方案可用于此目的，但它们只针对特定的应用领域。对于更广泛的物联网应用，还需要做进一步的研究。
- 半监督数据分析框架：监督数据分析需要大量的标记数据，但是许多物联网应用可能无法提供这些标记数据。一般来说，与标记数据相比，无标记数据会更多，因此半监督框架可能是一个更好的选择。目前已经有一些这方面的研究，但是还需要进一步的工作来支持该解决方案的采用。
- 安全的深度学习模型：基于深度学习的数据分析只有在其正确运行并且维护了它们的非功能属性（如可信赖性和可用性）后才有用。但是，深度学习模型也可能会成为各种恶意攻击的目标，从而使其容易受到攻击。该领域的研究和开发非常有限，这可能是潜在的研发方向。

10.5 小　　结

作为本书的最后一章，我们介绍了前几章内容的摘要，然后讨论了资源受限和嵌入式物联网环境中现有深度学习技术面临的主要挑战。我们从机器学习的角度以及物联网解决方案的组成部分（如物联网设备、雾计算和云）的角度讨论了这些挑战。最后，我们总结了一些现有解决方案，并指出了未来解决方案的一些潜在方向，这些解决方案可以填补基于深度学习的物联网分析的现有空白。

10.6 参 考 资 料

[1] Artificial intelligence: https://skymind.ai/wiki/open-datasets.

[2] List of datasets for machine-learning research: https://en.wikipedia.org/wiki/List_of_

datasets_for_machine-learning_research.

[3] Deep Learning for IoT Big Data and Streaming Analytics: A Survey, M Mohammadi, A Al-Fuqaha, S Sorour and M Guizani, in IEEE Communications Surveys & Tutorials, vol. 20, no. 4, pages 2,923-2,960, Fourthquarter, 2018.

[4] Compressing Neural Networks with the Hashing Trick, W Chen, J T Wilson, S Tyree, K Q Weinberger, and Y Chen, in the Proceedings of the 32nd International Conference on Machine Learning, vol. 37. JMLR: W&CP, 2015.

[5] Ensemble Deep Learning for Regression and Time Series Forecasting, in Computational Intelligence in Ensemble Learning (CIEL), 2014 IEEE Symposium. IEEE, 2014, pages 1-6.